我是谁？

我从哪里来？

我将去向何方？

为了成为我想成为的那个人，

我可以做些什么？

本书告诉我们，通过创造自己的生命故事，我们得以认识自己，理解自己的人生历程和发展走向，并最终找到自己的生命意义。

生命故事的发展贯穿我们的一生，从婴儿咿呀到垂垂老矣。

每个人在不同阶段都有自己的发展使命，我们不必追随社会时钟埋头往前赶，屏蔽自己内心的需求。只要完成每个阶段的发展任务，我们就能在回顾自己的生命故事时，相信自己创造的是一份有价值的礼物。

U0125829

THE STORIES
WE LIVE BY

Personal Myths and
the Making of the Self

[美] **丹·P. 麦克亚当斯**
Dan P. McAdams 　　著

隋真 译

我们赖以生存的故事

如何讲述过去的故事，
决定了你的未来

机械工业出版社
CHINA MACHINE PRESS

图书在版编目（CIP）数据

我们赖以生存的故事：如何讲述过去的故事，决定了你的未来 /（美）丹·P. 麦克亚当斯（Dan P. McAdams）著；隋真译. —北京：机械工业出版社，2024.2

书名原文：The Stories We Live by: Personal Myths and the Making of the Self

ISBN 978-7-111-74890-8

I.①我… II.①丹…②隋… III.①人格心理学–通俗读物 IV.①B848-49

中国国家版本馆CIP数据核字（2024）第024364号

机械工业出版社（北京市百万庄大街22号　邮政编码100037）

策划编辑：欧阳智　　责任编辑：欧阳智
责任校对：张亚楠　　责任印制：单爱军
保定市中画美凯印刷有限公司印刷
2024 年 7 月第 1 版第 1 次印刷
130mm×185mm · 11.375印张 · 2插页 · 221千字
标准书号：ISBN 978-7-111-74890-8
定价：79.00元

电话服务　　　　　　　　网络服务
客服电话：010-88361066　机　工　官　网：www.cmpbook.com
　　　　　010-88379833　机　工　官　博：weibo.com/cmp1952
　　　　　010-68326294　金　书　网：www.golden-book.com
封底无防伪标均为盗版　　机工教育服务网：www.cmpedu.com

《我们赖以生存的故事》是一把通向心灵深处的钥匙。作者麦克亚当斯在书中梳理的人生八大关键事件，不仅是理解个人叙事的有效框架，更是洞察人生主题与意向的利器。阅读这本书，就像在专业咨询师的引导下，通过自我叙述，拨开迷雾，接受冲突，拥抱局限，挖掘生活的连贯主题，并触摸到生命的完整和意义。

——琬文，东木咨询人生发展咨询师

我们叙述的人生故事和真实的人生经历之间往往有差异，而这种差异会导致内心的纠结、行动上的乏力。让叙述的故事更贴近真实经历，并积极地诠释，会让我们在现实生活中更幸福和有行动力，创造自己更期待的经历。这本书作为叙事心理学代表人物麦克亚当斯的经典之作，是理解和重新叙述人生故事的绝佳指南。

——向开亮，人生发展咨询师，《财新周刊》专栏作者

过去的我、今日的我、未来的我，人类是如何将不同时间线上的自我整合为一个整体的？答案正是源自"叙事同一性"。伟大的心理学家埃里克·埃里克森发现，人们在青春期期间，借助"自我同一性"整合自我，然而，在成年时又是如何整合自我的呢？叙事心理学奠基人麦克亚当斯告诉我们，人类正是通过"叙事同一性"整合一生的自我。我们用一生讲述自己的故事，这个故事里面，有只属于你自己的叙事基调、意象原型，或是关乎爱，或是关乎成就。这本书是叙事心理学领域的里程碑式经典作品，值得向每一位渴望了解自己及他人故事的人推荐。

——阳志平，安人心智董事长，"心智工具箱"公众号作者

这本书告诉我们：每个人都会活两次。一次是"事故"，一次是故事。在"事故"中，你不断地被锤打、被锻造、被改变。在故事中，你成为一个创造者，你为经受的这一切赋予意义，你将重获新生。

——郑世彦，《看电影学心理学》作者，《中年之路》译者

（以上推荐人按姓氏拼音排序）

　　20 世纪 60 年代以来，特别是到 80 年代，人文社会科学领域兴起了一种新的认识论范式。这种新的范式注重通过叙事赋予人的生存世界意义，乃至通过叙事构建人的生存世界。这是学界对实证主义、全球化的现代主义、西欧文化殖民主义、启蒙范式等一系列欧美中心的文化范式的反抗。这种新的范式被称为叙事转向（narrative turn）。

　　叙事转向的影响深远，诸多社会科学领域都因为这个新的思潮而发生了重大的改变。社会学家、人类学家、历史学家、文学家，尤其是心理学家开始注意到过度依赖数理统计的研究范式，会造成对研究对象的"非人化"（dehumanization）。心理学的"科学化"执念，会导致这个学科对人的经验世界的背离，最终可能会付出巨大的认识论代价。这种对逻辑实证主义在研究人的精神世界过程中的局限性的警觉，以及对主流话语压制的反抗，形成了一个更大范围的新思潮，被称为后现代主义思潮。

《我们赖以生存的故事》一书正是在这个大的思想史背景中绽放的杰作。作者借助翔实的科学研究材料，令人信服地阐发了个人神话（personal myth）在人的自我塑造过程中的重要作用。以一种平和而又坚定的立场，解构了"人格"作为人的内在结构的传统心理学观念。为读者揭示了一个令人耳目一新的人格心理学新篇章。在这个新的范式下，人格不再是内在于个体的某种结构——稳定不变，等待被发现；而是一个不断被改写的过程——每个人生阶段可能会有相近的主题，可是最终每个人的故事都会有独特的风景。人生故事不再仅仅是人格的"反映"，而是成了人格本身。"我们"就是"我们的故事"。

对于习惯了实在论的读者而言，"人即故事"的表述一定难以理解。这涉及一个非常根本的认识论切换。我们习惯了"语言是真理的载体"这样的"说法"，难以理解语言可以构造某种"真理"。因为在实在论、反映论的语境中，语言构造了"真实"即便不是不可理解的，至少也不会被认为是严肃的表述。毕竟，这种表述和"编造事实"也相差不远。本书的副标题，其实可以从另外一个角度给我们一些启发：自我可能是我们根据个人神话"构造"出来的。

当我们试图回答"我是谁"这样的问题时，我们不可避免地要从生命故事中选取一些片段，组织成一个可以理解的主题或者一系列的主题。这些故事看似客观地"反映"了我们个人历史的某些"真相"，实则是经过了我们有意无意的编排，是我们主动参与的产物。当这个编排的过程被干扰乃至被打断时，我们就会产生这样或者那样的心理困扰。因为我们将无法理解我们自身存在的意义。

根据作者多年的研究，每一个自传体的故事都有一些基本的元素，包括叙事基调、主题线、意识形态背景、故事角色以及结局等。这些要素并不是固定不变的，而是随着我们的成长以及我们与这个世界互动的过程不断演变的。换句话说，我们讲述和理解我们自身所借助的意义框架，是我们自己创造出来的。如果这个创造的过程受到了打扰，就有可能造成我们"自我分裂"，意义的统整会难以完成。人是无法生活在一个意义无法统整的精神世界之中的。

人心是故事的集结。借助这些故事所构成的网络，我们得以理解我们所处的世界，也创造着我们所生存于其中的世界。作为序言，不应对本书内容做更多的概括，以免给读者造成先入为主的成见。作者本身便是讲述故事的大师——识别个人神话，实践个人神话，创造个人神话——个中妙处，尚待读者诸君细细品味。

是为序。

李明

甲辰年二月

在实践中，明了本书价值

2023 年 11 月，我刚远离家乡，在陌生的地方落脚，为适应当地迥然不同的机制头痛不已。一天晚上，我意外收到了编辑陈兴军的邮件，言及出版社打算再版《我们赖以生存的故事》，好实现它应有的价值，以触及更多潜在的读者。远方的问候一下子将我与故乡、现在与五年前的时光牵系在一起，我又惊又喜，并对编辑的话深感同意。五年过去了，经历了新冠疫情后，不确定感空前高涨，渗透到社会和个人的每个层面。正如尤尔根·哈贝马斯（Jürgen Habermas）教授所说：我们从未像现在这样，对我们的无知，以及在不确定性中行动和生活的必要性，有如此充分的了解。[一]此时这本书的再版，希望能为面对着不确定性怒涛的人们，提供一项有益的应对策略。

怀着这样的愿望，我想着重讲一下这本书的应用意义。尽管麦克亚当斯教授指出本书并不是自助书，不会给出直接的解决方案，但它能帮助人们加深对自我的理解，让过去未识别却困扰着我们的主题与模式显现，为改变提供了明确的线索。同时，本书也并不像某些流行心理学书籍那样，许诺一旦发现了什么洞见或是内在神祇，就能一劳永逸地解决所有的问题。诚然，并不存在如此偷懒的途径，也并不存在一个简单的答案，不过，构建生命故事和个人神话确实可以提供意义感和目的感，在失控中串联起我们的生活，从而提高获得幸福的可能性。

我将在接下来的内容中简单介绍生命故事是什么，并结合其他读者和我自己对这本书的实践经验，来阐释这本书的价值。

什么是生命故事

作者提出人格有三个层次：①基本特质；②个性化适应；③生命故事。[二]基本特质描述了一个人在不同情境下会表现出的稳定的总体特征，一般心理学家会用量表和问卷测量它，例如人

[一] Schwering, M. (2020, May 3). *Interview mit Jürgen Habermas: "So viel Wissen über unser Nichtwissen gab es noch nie."* Kölner Stadt-Anzeiger.

[二] McAdams, D. (2006). Culture, Narrative, and the Self. In McAdams, D. (Eds), *The Redemptive Self: Stories Americans Live by* (pp. 281-292). Oxford University Press.

格五因素测试。基本特质是对一个人的粗略概括，而个性化适应则增添了细节，它是人们为了适应某些场景、时间段、社会角色而发展出的适应性特质，例如动机、防御机制等。

但不论是基本特质，还是个性化适应，都没有回答最关键、最终极的问题："我是谁？"作者认为，只有人格中最核心的层次，才回答了这道与"身份认同"（identity）相关的问题，那就是生命故事。它是我们为了诠释人生意义而不断演绎、生成的内在叙事，是一则讲述了你从哪里来、你是谁以及你要往哪里去的故事。每个人的生命故事是独一无二的，因为没有人会有完全一致的过往经历与成长背景、当下的重点与未解决的困境，以及对未来的想象。可以说，是生命故事区分了"我"和其他人。

与其他故事一样，生命故事也包含着多种元素，例如叙事基调、主题线、意识形态背景、故事角色（们）等。随着我们人生的发展，这些元素在不同的阶段登场、调和、完善，直至生命的终点。它可能是少数的一项人们会持续一生的工作。

认识生命故事，有"什么用"

在阅读本书书评时，我注意到一部分读者并不满意于阅读所得，他们提出本书只提供了单一视角（"只是在说我们以讲故事的方式构建生命的意义"），或是认为只需要简单认识一下生命故事里包含哪些内容就已足够（"阅读序言和目录就可以了"）。实话说，我曾经对构建生命故事也是轻视的，直到我按照作者提供的框架写下了自己的生命故事，并用它访谈了其他人、聆听了他们的生命故事后，我才体悟到仅仅知晓概念是单薄的，无法替代亲手实践后的所得。对于生命故事的各项元素，我也鼓励读者们去细细地阅读作者在阐述时所介绍的研究背景，以及他引述的来自别人的故事。因为，当我们对着概念词语猜想它的内容时，会受到原有认识的局限，而别人的故事和研究内容可能会提醒我们，去注意到过去未曾留意或是习以为常的部分，那里往往是完善自我认识的"突破口"。"原来这样的行为也体现了能动性（agentic）吗？那我好像也没有那么被动""我从没想过这样的说话方式算叙事基调，好吧，我换一下试试看"类似这样的话在访谈过程中出现了好几次。

综合我和其他人的实践经历以及本书中的理论框架，我感到识别和构建生命故事满足了两种"动机类需求"（能动需求和共融需求）与两种"朝向型需求"（面向过去的疗愈需求与朝向未来的生成需求）：

- 追求自主的能动性。作者赞同人的动机主要分为两类：能动性动机和共融性（conmmunal）动机。有些人的生命故事只会主要体现其中一种动机主题，也有些人会比较平衡，而整理生命故事可以同时满足两者。渴望能动性的人会追求自主，即自己能够决定自己是谁、怎么做。掌握对"我是谁"的认识，就是掌握对自己的定义。如今，越来越多的力量在抢夺对人的定义权：总有声音（无论是来自上级的、商业的、亲朋的）告诉我们该怎么做。在这种时刻，构建生命故事尤为重要，它能帮助我们拒绝来自强权者的定义，比如，有访谈参与者提到，老板对她的定义是"供老板使用的员工"并传递出贬低的意思，但通过觉察生命故事中活跃的多种角色，她强烈地意识到自己并非如此，这让她充满力量。"我让你剥削的部分就到此为止了，"她说，"我知道我远远不止这些，而且这是老板无法伸手进来的地方。"当面临增长的生存压力和意外事件时，回溯生命故事之前的章节，能让我们发现被忽视的、过往留下的经验和资产，并且，顺着前后贯通的叙事链条，这份资产也可能被我们继承到当下，成为力量的来源。

• 追求联结的共融性。共融性动机包含了对亲密的渴望和对爱的追求，受它驱动的人希望能加强人与人之间的联系。聆听生命故事使得我们离叙事者更近了。而且，由于生命故事里包含丰富的元素，因此，当叙事者按照作者提供的框架叙述时，并不像是在进行一场碎片式的日常闲谈，而是深入的对话。毕业于罗得岛设计学院的卓燕在自己的毕业设计中，基于本书设计了一套辅助玩家交流生命故事的卡牌，并邀请了妈妈参与游戏。她感慨道："以前还是聊得太少了，聊完感觉对家人的了解不够。"她说，生命故事提供了一个内容丰富的聊天框架，确保对话继续的同时，也让她惊喜地意识到自己缺失了很多理解对方人生的维度。这份对缺失的觉察，并不一定会在当下立刻导向迅速的转变，但是它使得卓燕在后来以一种更立体的方式去和妈妈沟通，关照了对妈妈来说很重要而她过去未曾在意的地方。对此我心有戚戚，在和伴侣交换生命故事的过程中，我感到即使和一些我们在意的人朝夕相处，我们也很少有机会如此系统性地、有条理地去了解对方。而如果我们在乎一个人，就会想要去知晓和讲述这个人的故事。当一个人去世后，爱着逝者的人往往会撰写纪念对方的文字，叙述逝者的一生，并尽可能让别人看见这则故事；但到了那时，许多片段无法再寻回，也无法再知道逝者对这份记述是否满意。何不趁我们爱的人还活着时聊聊呢？

"改写"过去的疗愈性。有时过去的失败和创伤使得我们倾向于淡忘，仅仅回忆就过分痛苦，于是煎熬和羞耻变成盘绕在我们的生活中的模糊阴影，干扰着行动和选择，但我们却意识不到它的影响。在梳理生命故事的过程中，我们得以后退一步，看见影响如何变成了重复创伤的模式，找到调整的入口。人们会说："回忆改变不了已有之事。"是的，已经发生的事无法抹除，但当时的痛苦常常会成为我们注意力的全部焦点，使我们无法看见生活中其他同样重要的事件和经历；我们的叙事方式也会使我们遗漏一些支线故事，而重拾它们会丰富我们对自己的认识。⊖

⊖ Payne, M. (2006). *Narrative Therapy: An Introduction for Counsellors*. 2nd ed, London: SAGE Publications Ltd.

梳理生命故事并不是要强迫我们觉得"好起来",它只是扩充和丰富了图景。正如作者所说:"……重新书写过去——并非歪曲或隐藏事实,而是……找到能更好地反映过去的历史。"当然,对创伤的梳理需要在安全、稳定的环境下完成,必要时最好由专业人士陪伴。

- 追求不朽的生成性。生成性(generativity)的概念最早由心理学家埃里克·埃里克森(Erik Erikson)提出,指的是对建立和指导下一代的关注,目前学界普遍将这个词翻译成"繁殖",但我更倾向于译为"生成性"。因为在本书中它不仅与生育有关,也包括了对后辈或他人的创生、成就与放手。生成性回应的是我们面对死亡结局的焦虑——既然无论高低贵贱,死亡都会将我们带走,那么我们存在过的意义是什么?而在梳理生命故事的过程中,我们会发现自己的个体故事与其他人和社会的故事之间有着千丝万缕的纠缠。通过将一部分自我与更大的叙事关联,我们得以让自己的存在超越肉体的局限,实现某种程度的"不朽"。北美洲原住民讲故事的传统正体现了这一点——在篝火边,人们会讲述来自先辈的故事,提及那些过去叙述者的名字,并加入自己的故事分享给同伴。[⊖]在这个过程中,个人的生命故事成了公共知识的一部分,代代相传,承载着经验和支持。

⊖ Absolon, K. E. (2022). *Kaandossiwin: How we come to know: Indigenous re-search methodologies*. 2nd Edition. Halifax, NS: Fernwood Publishing.

在实际应用之前，卓燕和我都担心过本书理论的文化适应问题，但在实际应用过后，我们都感到，有些元素经过调整，仍然可以被本土理解。例如我们会根据情况弱化"英雄"的概念；在谈及意象原型时，我不使用希腊神话作为例子，而是使用历史名人，或是直接讲述"角色"；对于不喜欢读书的人来说，比起人生章节，使用"旅途"可能更好理解。卓燕认为比起词汇，更可能产生隔膜的是我们的文化对"自我探索"比较陌生。但外在的不关注不代表个体没有自我探索的需求，反而个体更需要有资源提供自我探索以及彼此支持的方式。而且我们都注意到，有些人在一开始认为自己并没有"谈谈自己，认识自己"的需要（特别是年长者），但最终聊完后，面对被写下的生命故事，他们也会感到新奇和满足，发现过去从未注意到的部分。"我的故事是一个'我属于我自己'的故事，"我的伴侣说，"但在故事最终被说出来之前，我不会这么认为；直到我讲完，我才突然确定：对，这就是一个'我属于我自己'的故事。"

感谢初版中译本的编辑曹文、张昕曾经辛勤的工作；感谢负责本次再版事宜的编辑陈兴军和欧阳智，没有两位老师的意愿、耐心与付出，这本书不会再次面世；感谢过程中贡献了许多细致劳动的文字编辑王雨菲及其他老师，确保本书易读又精美，无有疏漏。

感谢接受我访谈的参与者们。从聆听故事的分享中，我学到了很多，也更完善了我自己的生命故事。

感谢我的好友，艺术家唐菱珑，设计了精装版封面的主视觉元素。我曾希望封面能体现"再叙事就像在已有星星的基础上串联出新的星图",她采纳了这个想法,并通过生命之树和生命之火的描绘,以古代人提出的构建个人宇宙的方法论,呼应了本书中关于叙事的力量。我实在是想不出有比这更好的表达了。

感谢我的伴侣蒋雪玮,没有她,曾经的翻译工作和此次的译者序写作都不可能完成。很高兴在构建和发展生命故事的道路上能有她陪伴,她是我的生命故事里不可或缺的重要部分。

感谢音乐剧演员米开朗基罗·洛孔特(Mikelangelo Loconte)。五年前我曾经在译者序中致谢;很巧的是,在编辑通知我译本再版的同一天,我也刚得知他即将时隔五年再次回到中国出演《摇滚莫扎特》。或许只是巧合吧,但我选择将它编织成叙事,它对我有意义。五年的结束与开始在这里构成回环,两封同时而来的远方信息仿佛潮汐的前奏,告诉我过去总会归来,并且将再次归来。

愿我们都能讲述一个自己满意的故事。

当我们自称了解一个人时，我们到底了解他哪些方面？我们自认为了解自己，又了解了哪些部分？这些问题看似简单却又意义深远。大多数人或是在一段重要的关系里，或是在思考自己是谁、是什么让人生有意义时，多多少少地思考过它们。对像我一样的人格心理学家而言，这些问题也很重要。我们会收集关于人的数据，解释它们，形成科学理论，来阐述人类生命的意义。

本书的中心思想极其简单：在你我生活的现代世界里，生命故事就是我们的身份认同，也即是个人神话。个体在青春期快结束、迈入成年早期时开始编撰它，为了使他的生命具有统一感和意义感，并阐明自己的心理社会（psychosocial）方面的发展状态。本书着重介绍了在人们从出生到老去的过程中，生命故事如何演变。我用生命周期发展理论阐释了现代人如何用叙事法塑造了自己的身份认同：我们从婴儿时期开始叙事，及至中老年时期，我们通过创造自己有生成性的传承，来为故事塑造一个令自己满意的结局。我提出的理论，来自我参与的关于人格的科学性实验、我所阅读的大量研究和其他领域的专业文献。

那么，当我们了解一个人，我们究竟了解了一个人的哪些方面呢？首先，我们了解了一个人的"特征"。基本上所有认识我妻子的人，都会将她的特征描述为"热情""良善"和"温暖"。而等他们进一步了解她，他们会做出更细微、更个人化的描述："她喜欢听古典音乐，但厌恶听歌剧"，"在法院中，她是律师们的主宰；但在家里，当她面对十岁孩子稀奇古怪的要求时，她又变得柔软和蔼"。但对特征的形容和对生活片段的描述，只能让人浅显地认识我的妻子。如果你想要更深地了解她，你需要清楚她的身份认同，也就是说，你得知道在她生命中，是什么为她提供了人生的意义感、统一感和目的感。而为她提供了上述感受的事物，也就是"故事"，也同样让其他现代人的生活充满意义感、统一感和目的感。如果你真的想了解我的妻子，你就得了解她的生命故事。

吉尔福德出版社（Guilford Press）愿意发行纸质版的《我们赖以生存的故事》（*The Stories We Live By*），一是肯定了它获得的积极评价；二是认可了如今"叙事法"在心理学和其他人文社科领域中的影响力。近几年来，书中提到的"个人生命故事"，已经成为像依恋理论一样的重点研究领域。就连浪漫爱情也被视为个人与他们的恋人共同谱写的一则故事。

在所有这些当代学术文献中，这本书的独特贡献在于重点关注生命故事的结构化细节，指出这些细节会随着时间的推移而发展。正如我们将看到的，生命故事包含许多不同的元素和方面，包括独特的叙事基调、个人意象、主题线、意识形态背景、关键场景、相互冲突的角色，以及对未来自己结局的预期。上述每一类元素都有它们自己的发展逻辑。它们都会在人类生命周期的特定点出现，并结合不同的时间、地点、个人的精神气质发生变化。

我想我们现代人所面临的主要的心理社会性挑战，是如何利用自己的时间、空间和人格魅力，来做一些有益于我们生活的事情。为此，我们试图将自己的生活变成有意义的故事，而这些故事有助于我们的孩子、朋友、邻居，甚至我们的世界公民创造他们的故事。在很大程度上，有好的生命故事证明了你活过好的一生，且美好的生命故事是我们能为彼此提供的最重要的礼物之一。

生命与神话

如果你想了解我，那你一定要了解我的故事，因为我的故事定义了"我是谁"。而如果我想理解自己，如果我想洞察自己生命的意义，那么和你一样，我也需要理解自己的故事。在人生的各个阶段，我都在默默地，甚至无意识地撰写着属于自己的神话。我必须看清它的所有细节。随着生活继续，我不断地修改着个人神话。我把它说给自己听，有时也讲给别人听。

我们都在讲故事。每一个人都有散乱的，或是令自己困惑的经历。为了赋予它们条理感，我们把生活的种种情节串成故事。这并不是在妄想或是用故事自欺欺人。相反，通过叙述这些故事，我们挖掘出自己生活的真相和意义。为了帮助自己过上幸福、完整、有目的的生活，我们谱写着关于自己的英雄传说，来呈现出自己的生命本质。就像几个世纪以来，人类真理始终在各个神话寓言中闪耀。

在书中，我提出了一种关于"身份认同"的新理论。这种理论认为，人们创造了关于自己的个人神话，并借此来理解自身。在书中，我将为大家解释：我们通过了怎样的方式，来有意无意地构建个人神话。对你而言，你的故事是专属于你、独一无二的，也是你的故事将你变得与众不同。我不会跟你说"你的故事与别人有多么相似"，然后把你归到不同的分类里，这不是我写书的目的。因为我不相信仅仅通过找寻自己的类别，人们就能认清自己。如果想要搞明白自己是谁，想了解如何才能过得有意义，我们每个人都必须竭尽全力，去理解自己生命历程的具体含义。

什么是个人神话？首先，它是一种特殊的故事，人人都在讲它。通过编织个人神话，我们自然而然地把自我与生活中的不同方面融合在一起，形成一个有意义的、令人信服的整体。与其他的故事一样，个人神话也分为开头、中段和结尾，也有情节的推动与人物的发展。我们将过去的记忆、现在的感受与对未来的期望按一些方式整合起来，并尝试把这故事说得优美、迷人。身为故事的作者，也是它的读者，我们会欣赏它的美丽，以及它所反映出的人们在环境中心理变化的真实。

在日常生活中，我们仅仅演绎、呈现出故事里的一部分。个人神话深埋在我们心中。出于探索与享乐的目的，我们有意无意地撰写它，又改写它，将它放在我们心灵的秘密角落。不过，当我们感到与他人非常亲密时，我们或许会与对方分享几段重要剧情。[1]而有时我们福至心灵，一部分故事会忽然在头脑中浮现；也有时候我们猛然认识到：过去自以为微不足道的片段，其实比我们所想象的要更寓意深远。

一些流行心理学书籍宣称："古希腊神话可以指引人们的生活"。[2]这些书籍的作者鼓励人们踏上一段刺激的心灵之旅，来找出栖居在我们内心的神。有一位作者甚至认为："人们只要找到自己的'内在神祇'，这神祇就能引领人们到达应许之地，在那里，他们会过上兴旺繁盛、充满关爱、幸福快乐的生活。"[3]这类书籍里描述的人格分类，是过于简化和浪漫化的。这些书的理论大多参考各种逸事，而不是基于科学研究。

人类是复杂的，我不相信简单的人格分类能解释一切；而且，人类太容易被社会环境影响，那些"只要研究内在，就能发现人生真理"的说法根本站不住脚。我也不相信人的体内存在某种神，等待被人发掘。人类并不是在神话中找到自我；相反，人类通过撰写"个人神话"来构建自我。我们的人生真理是建立在自己生活上的：我们的爱与恨；我们尝到、闻到和感觉到的事物；我们日常的约会与周末的激情；我们与爱人的絮语和与陌生人的交谈。远古的神话是为个人神话提供了材料，但它们的贡献未必超过电视情景喜剧。个人神话的来源广泛多样，我们拥有的可能性，比神话传说要多得多。

个人神话的发展贯穿我们的一生，从婴儿咿呀到垂垂老矣。在本书的第 1 章，我会提供许多情境，解释个人神话对生活的意义，来阐述个人神话是如何发展的。在第 2 章，我会着眼于婴幼儿时期对个人神话的影响。在明白什么是故事之前，我们已经开始为将来的叙事收集素材。在生命的第一年，人们与父母建立的早期依恋关系，将会影响他们成年后的叙事基调，决定了他们会乐观还是悲观地叙事。第二种影响则源于我们儿童时期的幻想，这些幻想会成为独特的、富含情感的片段，出现在未来的个人神话中。第 3 章提到，成年时期的个人神话往往围绕着"权力与爱"的主题进行，对"权力与爱"的追求，可以追溯到我们小学时耳闻、学习与创造的故事。第 4 章探讨了人们的青年时期，在这一阶段，我们会依照心中真实而良善的标准，为自己的叙事创造一个理想中的场景。青春期是人们撰写个人神话的开始，因为青少年开始能够从一种故事的、历史的角度看待自己的生活。

第 5 章和第 6 章讨论了成年早期。在这一阶段，人类开始塑造与细化个人神话中的角色。角色的存在，使得人类对权力与爱的基本欲望得以人格化，最终成为人的形象。这些主要角色，或者说是人们内化了的"意象原型"，会被设定为战士、圣徒、爱者、照顾者、人道主义者、治疗师或幸存者等。我们在自己个人神话中设定哪种角色，将会影响身份认同。第 7 章谈到，我们在成年早期的不满与痼疾可能会表现在个人神话中，这些不满与痼疾将对人们的信仰造成影响，并促使人们去追寻生命的意义。

在第 8 章，我们迈入中年阶段。个人神话在这一阶段将会变得更加完整和深刻，我们会寻找先前故事中对立、缺失的部分，并将这部分一同整合到个人神话中，使故事成为一个生动、和谐的整体。同时，我们会开始预想生命故事将如何结束，以及该如何在工作领域、家庭和社区中生成新的开始。第 9 章提到个人神话中的"生成性脚本"。"生成性脚本"包含一系列与他人有关的活动，它们或是伟大或是微不足道，例如养育子女、教育与督导、维持长时间的友谊、工作上的承诺与成就、对艺术与科学的创造性贡献、志愿者活动等。通过"生成性脚本"，人们将自己的个人神话同社会的集体叙事结合在一起，在个人神话中加入了"提升人类幸福、促进下一代福祉"的部分。

在本书的最后章节，我鼓励读者们试着研究自己的个人神话，我简单地介绍了识别、实践与改变个人神话的方法。

在我们成年后的大部分时期里，个人神话会持续地发展与变动。但当人们面临生命的终结，他们会停止撰写个人神话，转而回顾起自己的一生。心理学家埃里克·埃里克森指出，在人类生命周期的最后阶段，人们将经历"自我完整感对失望"的冲突[⊖]。4

⊖ 埃里克森提出了人格发展八阶段，认为每个人在不同阶段都会遇到不同挑战，只有克服了挑战才能进入下一阶段。八个阶段中，最后的阶段是"自我完整感对失望的冲突"阶段，该阶段发生在人们的老年期（65 岁以上）。埃里克森认为，人们在这一阶段将回顾自己的一生，该阶段的目标是"对自己的一生感到满意"，不然人们可能在对自己的失望中死去。——译者注

按照我的理解，在回顾个人神话时，只有接受"我的故事中有缺点也有局限，但它仍然是足够好的"，人们才能感受到生命的完整。就像当创作者审视自己的创造时，应能欣然接受自己创造的一切。如果创作者抗拒自己的成果，那么他难免会感到绝望。他无法接受自己的身份认同，但是再创造一篇新的叙事又已经太晚了。

我想大多数人在回顾自己的个人神话时，都抱着复杂的心情：他们欣然接纳部分叙事，又对另一些部分心生抵触。在等到足够年长、能回顾自己的故事之前，我们在悬念中忐忑不安地等待着。我们是自己故事的作者与实践者，同时也是它的批评者、分析者与审视者。

本书基于科学研究与理论写就。书中的数据与信息，都是我从真实的人身上收集而来。他们中大部分的人都是"普通人"——没有接受过长期的心理治疗，也没有因为精神疾病而入院治疗。在过去 13 年，我进行了一系列的心理学研究，并在芝加哥洛约拉大学与圣奥拉夫学院任教；最近，我搬到了西北大学继续我的教学生涯。书中提及的部分研究成果，已刊登在学术刊物中，也出现在我出版的心理学和其他社会科学类书籍里。[5] 而这本书的核心观点，也可以在我 1985 年出版的书籍《权力、亲密与生命故事》（*Power, Intimacy and the Life Story*）的第 1 章中找到。[6]

研究方面，我得到了芝加哥洛约拉大学的许多小额资金的支持，并在 1988 年获批冬季与春季的学术休假。此外，来自美国路德教会1980年的赠款，被用于对学生宗教信仰系统的研究，在书中我也将简要提及这件事。最后，斯宾塞基金会在1990年夏季提供的大额资金，与来自西北大学的资助，助我得以完成新数据的收集和分析，以及手稿的最终准备工作。

在本书的出版过程中，许多朋友和同事提供了各种帮助。我想将自己最真挚的感谢，献给我1986~1989年间在芝加哥洛约拉大学的研究生们——Rachel Albrecht, Ed de St. Aubin, Barry Hoffman, Denise Lensky, Tom Nestor, Julie Oxenberg, Dinesh Sharma, 以及Donna Van de Water。我教导他们，也与他们一起工作。我也想感谢Katinka Matson, 她为本书的写作提供了不懈的支持；感谢Maria Guarnaschelli, 她的热情感染了我，并在我写书过程中提供了智慧的引导。还有一些人帮助并鼓励了我，包括Becky Blank, Marcus Boggs, Rodney Day, Bob Emmons, David Feinstein, Bob Hogan, George Howard, Jane Loevinger, Gina Logan, David McClelland, Richard Ochberg, Karen Rambo, Mac Runyan, Janet Shlaes, Abby Stewart, Carol Anne Stowe, David Winter, 以及我的妻子Rebecca Pallmeyer。

目录

第一部分

将生命变作故事

The Stories
We Live by

Personal Myths
and
the Making
of the
Self

这就是令人上当的关键：一个人永远是故事的讲述者。他的生活被自己的故事和他人的故事所包围，他通过这些故事看待自己所经历的一切。而在过日子时，他试图以讲故事的方式生活。

——让-保罗·萨特

（Jean-Paul Sartre）

第 1 章

故事的意义

　　35 岁时，玛格丽特·桑兹（Margaret Sands）和她还在青春期的女儿一起横跨国家，开展了一段长达两千英里⊖的朝圣之旅。旅行的目的是闯入一个废弃的小教堂并"将它撕成碎片。"[1] 这座小教堂曾是天主教女子寄宿学校。母女两人爬过小教堂外的藩篱，女儿撬开窗户挤进房屋，跑到小教堂的后门处，开门让玛格丽特进来。距离玛格丽特离开学校已过去了 25 年。在已长大的玛格丽特看来，这所学校的一切如今显得那么小，但房屋里的味道没有变，这熟悉的味道激起了玛格丽特久远的厌恶与恐惧。

　　曾经，女性不允许来到祭坛后方的位置，如今玛格丽特自己

⊖　1 英里＝1.609 千米。

大摇大摆地走过去。她踢踹着墙壁，捶打着祭坛与长椅，对着十字架与圣像做出亵渎的姿势。她拿着车钥匙，在小教堂的木质大门上刻下两句粗糙的文字："我讨厌修女"以及"她们打小孩"。一切都做完后，她平静地告诉女儿："现在我们可以离开了。"

等拜访完亲戚与老朋友后，玛格丽特开车回到芝加哥。她已完成了一项对她个人而言具有超凡意义的任务。在他人看来，玛格丽特的行为或许只是在搞破坏，但对玛格丽特来说，这次行动是根植于个人神话的一项神圣仪式——用玛格丽特的话说，她的生命故事具有悲剧色彩和英雄气概，讲述的是一个人"无用的一生"。在面对充满忽视与虐待的世界时，她的个人神话可不是一则允诺有希望、进步和胜利的故事。

我得知玛格丽特的故事，是因为她志愿参加了1986年秋天的一项社会科学研究。我让人们向我倾诉他们的故事，是因为我相信他们的叙述中埋藏着个人神话的要点。我知道不是所有人告诉我的故事都重要，我也明白有些人告诉我一些故事只是为了让我觉得他们"很好"。我同样清楚不论我们的访谈有多成功、我和他们的关系有多么亲密，人们还是会有许多无法宣之于口的故事。[2] 但是人们无法在访谈过程中无中生有地造新故事。他们的个人神话一直在那里，存在于他们心中。它是一项随着时间缓慢变化的心理结构，为他们的生命不断地注入统一感和目的感。而访谈能够探寻出个人神话的几个方面，为我昭示出故事讲述者内心早已存在的真相。

玛格丽特的访谈里充满了她人生中一连串戏剧性事件，这当中包括许多活生生血淋淋的吓人场面、层出不穷的反派，以及一两个英雄角色。我仔细聆听了这则定义了她自我的故事——那是她个人神话的核心，能最清楚地描述她作为成年人的身份认同。这则故事镶嵌在一连串复杂的叙述中。在告诉我许多其他情节片段后，她讲出了这则核心故事。

玛格丽特怀着庄严的决心开始了访谈，就像她当年也怀着同样的决心走向祭坛，并摧毁了她作为天主教徒的过去。"我的生日是1941年7月21日，出生于加利福尼亚州的圣迭戈。在45岁时，我开始怀疑自己作为一个人类的基础。"玛格丽特讲述了一则关于生命基础的故事。这基础脆弱又坚强。你看不见它，但它不可或缺地支撑着人们的生活。

玛格丽特的个人叙述显示，她的童年没能为她提供足够牢固的基础，来支撑她成长并过上快乐的生活。当两个小时的访谈接近尾声时，玛格丽特总结道："你不可能再修改你的基础，并期望自己成为一个充实而完满的人。"不过，玛格丽特还是试着给女儿提供自己从未获得的关怀和爱，借此试着抹去玛格丽特生命中的创伤。即使玛格丽特做不到修补自己灵魂中的裂痕，她至少能给自己的孩子——她曾经想要遗弃的孩子——打下坚实的生命基础，为她女儿争得一丝机会去成为一个稳定、快乐、感觉完满的人。玛格丽特的苦痛与她对女儿的赠予，都和她的个人叙述有千丝万缕的联系。正因为玛格丽特被伤得如此之深，她才千方百计地为女儿挡住同样的伤害。

"在我出生之前,我的生命基础就注定会充满压力。"玛格丽特说。玛格丽特的母亲是一位演员,同时也是一位作家。她美丽、聪慧却又天真到无可救药,选择嫁给比自己年长19岁的、酗酒成性的歌剧演唱家。玛格丽特的母亲来自中上层阶级,是"半个犹太人";而玛格丽特的父亲则是一名新教徒,曾有过一次婚姻。虽然婚事遭到父母反对,但玛格丽特的母亲却觉得这个男人生机勃勃又深沉复杂。两人打算在好莱坞闯出一番天地。

玛格丽特不太记得自己人生头四年过得怎样,她只知道父母在她四岁半时离了婚。在那时,玛格丽特的母亲刚打算在房地产行业开始一番新事业,于是在当地牧师的建议下,将小玛格丽特送去了一所精英化的天主教寄宿学校。这开启了玛格丽特称为"将人类强行制度化——我的五岁到十岁"的篇章。这可怕的五年摧毁了玛格丽特的人生基础。在这所学校中,尽管玛格丽特接受到良好的教育,却也一直遭受着修女的毒打、虐待和羞辱。而在此期间,玛格丽特的母亲同样罹患重病,包括周期性的呼吸方面问题。玛格丽特谈论道:"妈妈的肺部有个洞,她的生命基础同样糟糕。"由于生病,玛格丽特的母亲很少有机会去看望自己的女儿。"在那五年里我被囚禁着,我被她抛弃,被迫和那些痴傻可怜的老女人们待在一起。我离开学校以后,这段岁月的记忆依然对我纠缠不休。"

玛格丽特清楚地记得她离开寄宿学校的那天。那时母亲身体

　　　　　　　第一部分　将生命变作故事

好多了，她们一起回到芝加哥，同玛格丽特的外祖父母住在一起。但让玛格丽特害怕的是，她的母亲决定不把她送去一所当地的好学校。这所好学校位于犹太人聚居区，如今玛格丽特自己正住在那里。相反，母亲把玛格丽特送去了另一所寄宿学校。用玛格丽特自己的话说，这第二所学校仿佛一处"垃圾收容所，堆放着街头混混和无可救药的年轻人……我被其他孩子欺凌。他们偷我的录像带收藏，偷走了我所有东西。"在新学校待了一年半后，她逃了出来，一路跑到芝加哥市中心的一家沃尔格林（Walgreens）药店。她先是在午餐柜台吃了一碗墨西哥辣肉汤，接着打了付费电话威胁她的母亲，告诉母亲要是她还不让自己离开那所寄宿学校，那自己就再也不回家。"我威胁了她。"玛格丽特说。在打那通电话时，她只是一个 12 岁的小姑娘。这是她人生中第一个紧要关头，而她大获全胜。

谈起童年时期身处权威地位的人们，玛格丽特表达了巨大的愤怒与苦涩，那些人包括忽视孩子的邻里、虚伪的老师和虐待成性的修女们。可一旦谈及母亲，玛格丽特的满腔怒意又转为怜惜。她将母亲视作一个倒霉的受害者，认为是母亲糟糕的健康与孱弱的意志造就了她自己残缺的生命基础。而当修女虐待玛格丽特和同学偷窃她的物品时，玛格丽特似乎也将迈向同自己母亲一样无助悲惨的命运。但在青春期与成年早期发生的事，预示了她会形成一个坚定的自我，一个"从地狱来的人"。玛格丽特认为，她和母亲不一样："我会全力以赴。不论我做什么，我都要留下记号。"

如果说药店那通电话第一次预示了玛格丽特会成为一个大胆无畏的人，那么她同收养机构的抗争是她第二次胜利，其意义比第一次更为重大。21岁那年，未婚先孕的玛格丽特被家人和朋友催促着把肚子里的孩子交给领养机构。她答应生下孩子后，会把孩子送到私人领养机构待上两周，并在那之后签署机构领养协议。但当两周过去后，她拒绝签署协议。机构负责人气势汹汹地试着说服她，让她照着计划来，但玛格丽特丝毫不让步，她冲着负责人尖叫，让他们把孩子还给她。领养机构的工作人员嘴里骂骂咧咧，试图羞辱玛格丽特，但最终他们不得不低头。玛格丽特又一次胜利了。她说："这对我接下来的生活而言意义非凡。"

玛格丽特的生活重心放在女儿和体弱多病的母亲身上。她同时照顾着两个人。玛格丽特再也没有结婚，尽管她和那名令她怀孕的男子对外宣称已经结婚，但那不过是对外"装个样子"。在生下女儿后，玛格丽特曾与许多人有过性关系，其中包括许多男人和至少一个女人，她试着让"风流韵事"成为她自己的秘密，来确保这些关系不会登上她个人神话的主要舞台。如果一个人想要建立长期、有承诺的关系，坚实的生命基础不可或缺，而玛格丽特坚称这是她不会拥有的。所以，她只敢对女儿许下承诺——承诺会关怀女儿、会帮助女儿建立她的生命基础，而这些承诺是玛格丽特成年后始终努力的方向。

到了1970年，"我的母亲死在我怀里，"玛格丽特说，她的母亲在家中突发心脏病去世。整整 16 年过去了，谈起她母亲的离开，玛格丽特仍旧会哭。而玛格丽特的女儿几年前就已高中毕业，并从家中搬出，正打算谋求一份帮助他人的职业（比如护士或者社工）。玛格丽特认为她依然在努力帮助女儿塑造她不曾有过的生命基础。

玛格丽特做过的工作有杂志编辑、办公室主任和销售员。她的政治倾向深受 20 世纪 70 年代女性运动的影响，在那段运动期间，她为好几家女性机构做过志愿服务。虽然她现在担心自己的未来似乎太模糊，但她最终希望在"妇女健康"领域做出实质性贡献。为此她需要回到大学，至少取得一个本科学位。大多数美国女性，就算能像玛格丽特那样充满决断力，也会发现在将近 50 岁时变换工作领域是很难做到的事。我们很难精确地预测，在玛格丽特为自己建立的生命故事的框架里，她下一步会做什么。

我们为玛格丽特安排了心理测试。结果显示，玛格丽特表面上认为她是一个不那么传统的女性：她蔑视社会文化对女性气质的定义，凭此得以在这个世界中留下深刻的记号。在衡量自己的"性别角色"时，她形容自己是一个特别"独立""有攻击性"并且"个人主义"的人，这些形容词往往与男性化的刻板印象挂钩[3]。然而，在一项更细微的、针对心理动机的测试中，玛格丽特显示出极强的对亲密感的需求——渴求与他人亲密地、温暖地和彼此分享地互动。女性在该项得分上比男性高一些，但即使以女性的标准来衡量，玛格丽特对亲密的渴求也非常高。[4]而她在对权力的需求一项上的得分令人惊异的低，表明虽然她极力主张自己有攻击性、偏向个人主义，但在生活中，她并没有强烈的对权力追逐的欲望。

玛格丽特创造了一个富有悲剧色彩的个人神话，讲述她如何竭力用坚定的行动与对他人温和的照料来消除自己可怕的过往。她的生命故事为她带来了统一感与目的感。故事中不乏挫折与失败，但至少她承认自己实现了两项意义重大的成就。首先，她成功地为女儿打下了自己未曾有过的生命基础。其次，她实现了对修女象征意义上的复仇。对小教堂的亵渎破坏，是玛格丽特走向重塑生命故事、使之变得圆满且重要的第一步。但我们明白她还有很长的路要走。

从玛格丽特个人心理发展的角度出发，我们建议她将自己富有创造力的能量投入到重建自己的身份认同上来，因为她曾经帮助过别人建立他们的身份认同，比如她的女儿。而如今她的女儿已经从她身边搬离，玛格丽特或许能认识到，现在她有时间来修复她自己的生命基础，而这一次她会比小时候更强。她的故事证明她能在修复的过程中坚持下来。玛格丽特不像她母亲那样脆弱天真，她是一个能突破自己环境限制的坚强幸存者。

玛格丽特需要重塑她的个人神话，凸显出她的英勇成就。这或许能促使她同自己的过往和解，并推动她、让她充满能量地向前，能满怀骄傲地创造未来。我相信她的故事总会带有悲剧色彩，但她的生命故事会变得能够激励他人（更重要的是，能够激励玛格丽特自己）去寻找更深层次的满足。在那孤独的下午，在沃尔格林药店的午餐台边上，当 12 岁的玛格丽特第一次镇定自若地尝试掌控她自己的人生时，她不会想象自己有朝一日能获得那样的满足。

什么是故事

我六岁的女儿都知道什么是故事。她当然没有办法给出学术词汇来定义什么是故事，但当她听到故事时，她知道那是故事。有次我给她念了两段不同的、陌生的段落，总共花费了五分钟。其中一则故事是关于一个有魔法的男孩的民间传说，而另一个段落则是关于一种儿童游戏的介绍。我的女儿毫不费力地指出第一个段落才是故事。而第二个段落，虽然它的用词对孩子来说也有趣好玩——但我的女儿说，那是"另一种东西"，且"不像是个故事"。她才只有六岁，但是她已经能初步感觉到故事文法（story grammar）。[5]

和我的女儿一样，我们都认为故事应当包含几种要素。首先，我们知道故事一般有背景，且一般在故事开头就能看出。"这是圣诞节的前夜，家中一切已经备齐……"瞬间让我们明了时间和情境，准备听到一则发生在圣诞季节的故事。看到"很久很久以前，在一处遥远的地方……"就会明白，接下来讲的并不是日常生活的故事。但不是所有故事都会有背景——有一些故事能让我们联想到它们发生的时间和地点，另一些故事则飞速地略过了地点和时间，直接开始。一个背景模糊的故事会叫人困惑甚至不安。塞缪尔·贝克特（Samuel Beckett）在他的《等待戈多》（*Waiting for Godot*）里就用了相应的手法。故事的背景是一处荒地，挨着一条小路和孤零零的树。这背景乍一看似乎能在任何地方出现，而作者随意地提到埃菲尔铁塔与之前的灾难，只能叫人获得一个模糊的结论：也许这故事发生在满目疮痍的欧洲。贝克特对故事背景的交代如此有限，这并不是讲故事一贯的手法。贝克特推翻了我们对故事元素的假设，我想我六岁的女儿，和我们中间的许多人，并不会喜欢他的写法。

人们对故事的第二个印象，是故事会有人类，或是类人的角色。在故事开头，角色们就平静地存在着，直到风起云涌时。在一切事件发生之前，我们往往已经了解到关于角色的基本特征，比如他们是什么样子、几岁等。最终，起始事件发生了。在一个著名故事里，起始事件是一位母亲把小红帽送出门，让她照顾外婆，这件事是故事的开始。起始事件促使角色做出尝试，试着达到一个特定目标。即使角色希望能顺利地实现目标，但不可避免的，会有一个大恶狼（或是一个等同的邪恶势力）在路边等着。

当小红帽遇到恶狼时，"情节更复杂了"。按故事文法的话说，我们会看到角色的尝试导致了一个后果。遇见大恶狼，是小红帽尝试给外婆送蛋糕导致的后果。她对此的反应是泄露了外婆小屋的位置。现在外婆陷入了危险，而我们明白随着故事发展，

　　　　　　　　　　　　第一部分　将生命变作故事

小红帽与大灰狼最终会见面。小红帽一心想把蛋糕给外婆，而恶狼一心想吃了小红帽。他们想法的差异必定让他们彼此冲突。

每个故事情节都可以被视作一连串上述要素的组合。起始事件接着角色的尝试。后果激起角色的反应。一个情节接着一个情节，每个情节都包含着同样的结构框架。[6] 情节环环相扣，构成了故事。

在基本的框架之下，有无数的文学手法与惯例，借由情节之间不同的串联方式，来增进故事的张力、丰富故事的内容。举个例子，作者可能用记忆闪回的手法，在故事中途告知读者，我们的中年英雄在刚诞生之初就惨遭父母遗弃。作者也可以运用变动的视角，展现不同角色与观察者对同一事件的不同看法。也有些故事中，早期微不足道的细节，可能会在以后触发数不清的事件。

随着情节推动、张力不断累积，我们期望看到一切的结束。亚里士多德认为张力会步步增加直至最高点，于是在戏剧中出现高潮或是转折点。随之而来的便是结局。

在小红帽的故事中，情节张力随着小红帽深入树林走向外婆的小屋而逐步攀升。而恶狼正身披睡袍等着小红帽。第一次听到这故事的人，会在此时感到一丝悬疑和好奇——这两种情绪对好故事来说必不可少。[7] 恶狼最后吞下女孩沉沉入睡。直到伐木工路过，拿出斧头劈开恶狼肚子，救了小女孩和她的外婆。在这个高潮剧情之后就是结局。令人惊异的是，狼依然在沉睡。伐木工用石块填满了狼的空肚子。等恶狼醒来，由于肚子过于沉重，恶狼落在地上活活摔死。小红帽安全归家，故事也随之结束。结局又一次把我们带回了故事开头她离开的家，但小红帽已经发生了改变——而读者也是一样。

如果你仔细地关注平时你听到和诉说的事，你会惊讶地发现日常生活中蕴含了多少故事。我们看电视时，我们看到的是数不清的、形式多样的故事。像《我爱露西》（I Love Lucy）和《罗斯安家庭生活》（Roseanne）等情景喜剧就是一些有着精致背景的简单故事。好笑的高潮后故事就会飞快地迎来结尾。等广告过后，一个简短而乐观的对故事的总结，让故事安稳地结束。

像《我的孩子们》（All My Children）与《洛城法网》（L. A. Law）等电视剧里有一系列互有重复、彼此相关的故事。电视剧编剧不会想在一个简单的情节里就把所有事情都解决。他们希望能一直吊着观众的胃口，于是编剧们一周接一周地展开情节，保持故事张力。[8] 即便是有奖竞赛节目和深夜秀都有着与故事一般的结构。我们观看竞赛节目，希望能看到谁将获胜。当人们播报新闻时，也会谈到背景、角色与情节。主持人、播报员和气象专家也会隐隐约约地用说故事的方式带领我们走上叙事之旅，最终"平安无事"地结束，他们会用乐观而有趣的故事、轻快的解说作为谢幕。他们希望人们能微笑而如释重负地离开，希望人们能更愿意再一次观看节目。

除了电视节目之外，我们在每天的社交活动中都能听到各种各样的故事。我们从朋友、熟人和陌生人嘴里听到故事；我们在办公室、教室、家里听到故事；当我们购物、玩耍、饮食时也能听到故事。我们会梦见故事，或是用叙事的方式来理解故事。我们为世界与我们的行为赋予故事的特性。

热爱叙事的心智

人类天生爱讲故事。人们口中的故事有各种各样的形式：民俗、传说、神话、史诗、历史、动态图片与电视节目。故事存在于每一种人类文化中。故事是一个天然容器，能容纳众多信息。而讲故事是我们对他人和世界表达自我的一种基本方式。

回想一下你最近一次向别人解释"为什么这件事对我来说很重要"的场景。你很可能是用说故事的方法完成解释。或者回想一下过去你和他人的一段亲密对话。我想之所以这段交谈很美好，是因为这段对话里包含的故事和听故事的人的反应起了作用。实话说，人们平时交流中传递的就是一个又一个的故事。这个现象太普遍，以至于许多学者提出：人类的心智或许就是用来讲故事的。[9] 他们说：我们生来有一个叙事的大脑。

想象一下，在很久以前，一天的生活结束了。日光逐渐消退，夜晚即将来临，那会是一个充满了睡眠和看不见的危险的黑暗世界。我们的祖先结束狩猎，回到家中，在整天地搜集食物、喂养孩子、保护部落之后得以休息。祖先们围坐一团，清点一天的收获。他们诉说着自己的经历，借此来互相逗乐，有时也为了保持清醒。小说家爱德华·摩根·福斯特（E. M. Forster）曾推测道：

> 从史前人类的头骨中，你就能判断出他们会听故事了。这些听众是一群围着篝火、哈欠连天的原始人。这些人被猛犸象或犀牛折腾得筋疲力尽，只有故事里的悬疑才能使他们不致入睡：接下来还会发生什么呢？[10] ～

在一天结束时讲述的故事是对历史的共享。故事中的时间和事件把人们联系起来，分成了演员、讲述者和观众。借由故事的讲述，人们挖掘出更多生活中未展开的情节，这一过程胜过了人们在实际活动中获得的体验。故事不仅仅是一则"编年史"，或是像秘书写下的会议纪要，精确地记录下在什么时候发生了什么。故事中事实部分更少，而意义部分更重要。通过对过去主观地、添油加醋地叙述，人们重新构建了过去——历史是可以被重制的。人们判断历史正确与否，不是仅仅参照了一段历史是不是如实反映现实。相反，我们是通过"是否可信"与"是不是前后因果串联有条理"等叙事方面的标准来评判历史。生活中蕴含着叙事性的真相，且它与逻辑、科学和实证论证无关。我们只在意它是不是"一个好故事"。按一位作家的话，故事是我们古代先祖所熟悉的一种真相：

> 世上没有一个人知道什么是真相，直到有第一个人学会了诉说故事。闪电或是野兽的咆哮没办法成为人类生活中的

一部分，只有这些事在后来形成的故事才能组成人类的生活。如果一位遥远的先祖能描述出或表演出自己在森林深处的屠杀，这位先祖便会得意非凡。在诉说与表演故事的过程中，故事融入了部落的生活，也帮助部落更加了解了自己。我们与野兽搏斗并获得胜利，于是我们才能活着并诉说这些故事。故事虽有修饰，但不能说它不真实，因为真实不仅仅是确切发生的事件，也包括在事件发生时和发生后人们对它的感想。[11]

心理学家杰罗姆·布鲁纳（Jerome Bruner）认为人类通过两种不同的方式认识世界。[12] 第一种他称为"典范式"思考模式。用典范思考时，我们试着用理性分析、逻辑数据与实证观察来理解个人的体验。而在第二种"叙事式"思考模式中，我们在乎的是一个人的愿望、需要和目标。叙事式是类似故事型的思考方式，在叙事过程中，我们关注在不同时间里人们"不断变化的意图"。

"典范式"思考者在说话时试图做到"不过度表达"。[13] 科学家与逻辑学家就是例子，他们试着找到因果关联来解释事件、控制现实和预测未来。而他们在解释事物时，会努力去除假设性的部分。他们在构建理论框架时，不喜欢一则理论可以有多种不同的解释；相反，理论应当用来阐述毫不含糊的、客观的真理。只有这样，人们才可以检验理论并得出结论：这条理论是行得通还是有问题。对于"典范式"思考者来说，模糊的表述是没有用的，因为没有一种严格的方法能用来检验含糊不清的、相对而非绝对的"真理"。我们许多教育都在强化人们的"典范式"思考。

尽管典范式思维有它的力量和精准性，但它仍比不上叙事式思维。人们无法用典范式思维来理解人类的欲望、目标与社会行为。现实中的事件背后的原因往往是暧昧不明的，用典范式思维可能无法理解它们。相反，那些叙事式思维大师，例如好的诗人与小说家，他们笔下的故事对描述人类事件尤其有效，特别是那些"底下的意义远胜于表面表达"（布鲁纳语）的事件。[14] 一个故事会使得人们做出种种假设。当我们看完一个好电影、戏剧或是小说后，我们会和朋友互相讨论、比较各自想法，结果往往发现双方对同一个故事的理解很不一样。这是故事的有趣之处，也是它价值的体现。故事让人们有了不同的想法与意见，于是人们能就故事做出一番精彩的讨论与争执。好的故事会诞生出不同的意义。这些不同的意义就像故事的"孩子"。

采纳叙事式思考时，我们认为人的行为受到过去经历的影响。当我的朋友行事异常时，我会推测他是在渴望着什么却无法得到。我或许会溯及既往，将他的异常行为归因于他和妻子三年前的感情不和。而为了理解他的行为，你必须要理解我诉说的关于朋友的故事。同样的，我们必须得听桑兹诉说她悲惨的童年故事，我们才能理解为什么一个35岁奉公守法的女性，会一路开车驶过几千英里，只为破坏一个废弃的小教堂。

人类的经验之所以呈现出故事的形态，是因为我们通过说故事的方式来把人们在不同时间的行为组织起来加以理解。事实上，故事之所以听起来如此精彩，正是源于我们对时间的独特观念。哲学家保罗·利科（Paul Ricoeur）曾写道："时间通过被叙述才成为人类的时间；而叙事正是作为对时间实质的描述而具有了意义。⊖"15 利科的意思是人们一直通过说故事来理解时间性。时间流淌了，于是事件发生了。而事件不会随机发生——人的行动导致彼此互动，随后人们做出种种尝试，最后迎来结果。对大多数人而言，时间似乎不断地向前走，而随着时间不断流淌，人们会发生变化、成长、生产、死亡等一系列事件。时间过去，有了发展与成长，也有死亡与衰败。

当我们用时间变迁的角度看待我们的行为时，我们便把这些行为变成故事。我们看到随着时间过去，人们会克服阻碍、理解意图，时不时也会感到沮丧。当我们从过去来到今天，再进一步走向明天，生活中的张力不断累积至顶峰，顶峰让位于结局，随后张力又一次回归，于是我们继续前行与改变。人类的时间都可以被叙述成故事。

⊖ 译者引用的是南开大学文学院比较文学与世界文学专业博士生于文思老师在其《历史与叙事的同一性融合——保罗·利科"圣经叙事学"中的群体身份建构》中的翻译方式。于文思. 历史与叙事的同一性融合——保罗·利科"圣经叙事学"中的群体身份建构 [J]. 基督教文化学刊, 2015（2）: 167-184.

治愈的故事

我们因为很多原因被故事吸引。故事使我们开心、欢笑和哭泣。故事吊着我们的胃口，直到我们了解事情的走向。故事教导我们如何行动和生活。通过故事，我们了解不同的人物、背景和想法。[16]《伊索寓言》和《圣经》中耶稣的故事都会给我们建议，有的简单而有的深刻。它们教我们识别善与恶的行为，分辨生活方式是道德的还是不道德的，给我们展现在好与坏之间进退两难的困境。故事帮助我们整理思想，让我们能更方便地记住和讲述人们的意图和人际交往活动。在某些情况下，当我们心碎时，故事会修补我们；当我们生病时，故事能治愈我们，甚至进一步帮我们获得心灵上的满足，从而使我们变得更加成熟。

精神分析学家布鲁诺·贝特尔海姆（Bruno Bettelheim）动人地写出了童话中蕴含的心理能量。[17]贝特尔海姆认为，像《杰克与魔豆》和《灰姑娘》这样的故事能帮助儿童解决内部的冲突和危机。贝特尔海姆认为：当一个四岁的女孩听灰姑娘的故事时，她可能会无意识地认同女主人公，将主人公的无奈、悲哀和最终的胜利与自己关联起来。同样，一个孩子可能认同男主人公杰克，杰克面临着巨大的威胁，但最终他以智取胜，变得更富裕和聪明。这些故事的主角都是平凡的孩子，就像故事的听众一样。主角们深层次的恐惧和担忧与孩子心中潜藏的无意识恐惧紧密地结合在一起。

在贝特尔海姆看来，童话温柔而巧妙地推动孩子的心理成长，提升了孩子的心理适应能力。童话鼓励孩子满怀信心和希望地面对世界。灰姑娘和杰克从此过着幸福快乐的生活。邪恶的姐姐们和食人魔最终被惩罚。凡事终有出路，即使刚开始乍一看很可怕。

作为成年人，我们可以像孩子一样，对一个故事的角色产生强烈认同。通过间接地经历故事中的事件，我们能变得更快乐、更有适应能力、更有见地，或是在其他方面有所提升。在畅销书《当好人遭难时》（*When Bad Things Happen to Good People*）中，作者哈罗德·库什纳（Harold Kushner）讲述了许多他亲眼看见的令人痛苦与心碎的真实故事。[18] 这本书对许多人而言是极大的安慰。我有些好朋友的孩子是死胎。这些朋友告诉我：阅读库什纳的书有助于他们处理自己的哀恸。朋友们与库什纳产生了强烈的认同，而库什纳本人之所以写这本书，正因为他的儿子早早夭折。库什纳表示，写下这些故事对他自己也有帮助。通过收集和思考他作为拉比时所遇到的悲惨故事，库什纳得以将自己破碎的生命重新黏合。

简单地写或表演一个关于自己的故事，被证实能帮助人们愈合和成长。一部好的自传能将生活融入故事的形式，故事的背景、人物、反复出现的主题与意象一应俱全。并且能通过叙事，来实现对个人所经历的时间的自觉重建。在西方历史上，第一部自传由圣奥古斯丁（Saint Augustine，354—430）撰写，这本自传也相当出名。奥古斯丁的自传《忏悔录》（*Confessions*）是一种回顾性的自我分析，旨在重组并恢复他所说的"破碎"与"混乱"的精神状态。通过创作这个故事，奥古斯丁得以认清了自己在所处的位置。有了这个新的自我观，他得以为自己的生活找到方向和宗旨。[19]

许多人尝试着去做奥古斯丁所做的事情，并取得了不同程度的成功。写自传有很多原因，而按照人们自己普遍的说法，他们希望通过写自传来实现某种有意义的个人整合。通常由于生活环境的缘故，叙述者开始了这项整合工作。也许是因为他们终于有了足够的时间来回顾人生，又或者是因为他们有了某种更深的需要，比如像奥古斯丁所说的：讲述故事，找到方法，来拯救或应对即将到来的生命危机。

小说家菲利普·罗斯（Philip Roth）在他简短的自传《事实》（*The Facts*）里写道：在经历了数年的困惑和烦恼后，他正试着"去病化"自己的生活。[20] 罗斯试图从自己复杂的过去中找出一些直白的真相——所谓"事实"——来说清他如何成为作家。他认为写自传是对自己创作的一系列虚构故事的清理过程，并借此获得一个简单而可信的故事。而在自传里，罗斯与自己虚构小说里的主角，内森·祖克曼（Nathan Zuckerman），发生了一系列虚构的对话，并从中发现：这个去病化的过程很棘手，甚至可能是很不明智的。在自传里，祖克曼自称是罗斯的一部分，并且这部分比罗斯自己更加罗斯。"因为这就是你会从那些没有想象力的作家身上得到的，"祖克曼说，"你真正无情的媒介，你用来自我抨击和自我对抗的媒介，就是我。"[21]

也许罗斯同意祖克曼的观点，认为把过去称为"事实"是不够的。他在书中把章节命名为"男大学生""我梦中的女孩"和"我的一家"。显然，罗斯发现，一旦他除掉了在小说中投射进去的自我（比如祖克曼这样的角色），剩下的内容都是陈腔滥调。一旦把虚构的故事部分清理掉，罗斯的生活里只剩下陈腐老套的模式和平淡无奇的情节。当讲故事的人开始怀疑他讲的故事的真实性，罗斯的自传变得讽刺和自嘲。然而整个过程还是有点启发性，也很有趣。因为我们确实从罗斯的自传中了解到了他生命中一些重要部分；而罗斯也在写作中发掘了自我。看起来，他还是在"去病化"人生的目标方面取得了适度的进展。

在那些明确以"人生去病化"为治疗目标的心理治疗中，故事的疗愈力是一个重要主题。这些治疗里的主要目标，是帮助来访者创造一个连贯的生命叙事。分析师与来访者会尝试构建更充实的、更有生机的有关自我的故事。[22] 一位学者写道："理想状态下，一个人的一生应当是一个内容彼此关联且连贯的故事，所有的细节都得到解释，所有（或尽可能所有）内容都能找到彼此之间的因果关联，或者有其他类型关联。"类似的说法还有："心理疾病至少部分是由于不连贯的生命故事或对自己不足的叙事而导致的。"[23]

部分心理问题和众多情感痛苦之所以会产生，是由于我们没办法通过故事来弄明白自己的人生。治疗师帮助我们修改我们的故事，以产生一个能自我疗愈的叙述。这个过程中人们可能会获得胜利，像圣奥古斯丁所享受的那样；也可能会像罗斯一样，进步得慢一些，或者进步得不明显。

神话与故事

人们广泛接受一些故事，因为它们有能力传达关于生活的基本真理。这些故事被吸纳进一个特定人群的文化。我们认为这些故事是神圣的，并将他们称为神话（myth）。在宗教社会中，人们认为神话体现了现实的原始特征，因此有别于民间传说或其他较不神圣的故事形式。传统神话关注的是超自然的存在，如神、圣灵、伟大的贵族和英雄，如俄狄浦斯。[24]

如果人们的想象力足够活跃，能意识到或是好奇于人类的起源和命运，就会看见神话里包含了诸多原型符号，这些符号如今依然有效。[25]神话中包含着一个社会中基本的心理学、社会学、宇宙学与形而上学真理。一个社会的神话反映了一个民族最重要的问题。通过收集社会中各种要素并变成可叙述的形式，神话有助于维护社会的完整，保证社会的可持续与健康性。[26]

一则个人神话对一个人类的影响，与传统神话对文化的影响是相同的。[27]个人神话描绘了一个身份，照亮一个人生命的价值。个人神话不是民间传说或童话故事，而是能体现出个人真理的神圣故事。

之所以说个人神话是"神圣的",是因为人们创造个人神话所应对的终极问题,也正是那些神学家与哲学家所关注的。许多社会评论家认为,美国人和欧洲人生活在一个"去神话化"的世界;我们中的许多人不再相信自己生活在一个有序宇宙中。我们活在一片存在的虚无里,被迫去创造属于自己的意义,去发现我们自己的真理,并撰写出个人神话来赋予生活独特的神圣含义。

尽管玛格丽特·桑兹生活在一个"去神话化"的世界中,她从来没有放弃去寻找生活中的统一感和目的。她必须从自己的艰难过去与不确定的未来前景中吸取意义。玛格丽特无情地拒绝一切有组织的宗教,称自己是"燃烧的不可知论者",但她经常向死去的母亲和外祖母祈祷。两者占据了玛格丽特生命中神圣的位置,在她的个人神话中是核心人物。她去往幼年天主教寄宿学校的朝圣之旅是她神圣的仪式;而通过诅咒那个小教堂,她得以肯定自己的美好良善与生命的神圣。她得以身体力行地表达她心目中的真善美,并痛击她心中的邪恶与亵渎。

塑造个人神话不是在创造一场自恋的幻觉,或是妄想自己成为上帝。相反,通过塑造个人神话来定义自我,是在履行对我们的心理与社会的责任。因为世界再也不能替我们回答:"我们是谁,我们应该怎样生活?"我们必须自己解决问题。制作个人神话是一种心理社会性追求。作为成熟的成年人,我们都面临着挑战:我们需要要构建我们对权力和爱的需求,要在我们所处社会和历史背景下，塑造一则个人神话。并且，我们对自己的个人神话负有道德责任和人际责任。

人们如何发展自己的个人神话

即使在婴儿时期，我们也在为自己的个人神话收集材料。婴儿们自发且无意识地收集着素材，并受到各种各样的影响，最终形成了他们对生命和神话的期望。甚至在孩子们了解什么是故事之前，他们就在经历着一些事物，并且这些经历会影响他们将来遭遇和构建的故事。

在婴儿第一次建立爱和信任关系时，他们就会无意识地发展出或希望或绝望的态度。婴儿无意识地学习了第一堂课程，了解到世界是什么样子，以及他们应该对人类的行为抱有何种期待。婴儿与母亲和父亲之间的关系，有可能影响他们叙事基调的长期发展。每个人的神话都有一种基本的叙事基调，从无望的悲观主义到无限的乐观主义。对于玛格丽特·桑兹，她的基本叙事基调是悲观的。她在充满不安全感的叙述中寻求意义和目的，并且她的故事由悲剧的内容构成。

学龄前儿童会收集核心意象，有一天这些意象会激活他们的个人神话。栩栩如生的意象会加深孩子的记忆力。尽管学龄前儿童很难完全地掌握故事的情节，但他们能记得意象。四岁的孩子能通过搜集情感符号和意象来理解自己经历的事物，这些意象包括家庭和学校、妈妈和爸爸、上帝和恶魔、白雪公主和邪恶的西方女巫。尽管在成长过程中孩子会遗忘部分意象，但一些重要的意象和象征在成年时期依然存在，并被纳入个人神话。当玛格丽特·桑兹谈起她回归教堂时，我们能瞥到她用来定义自我的形象。她童年时代的宗教偶像和象征承载着她内心深深的憎恨和遗憾。

随着孩子们开始接受正规教育，他们越来越发展出逻辑思维和系统化思维。在鉴赏故事时，孩子们会把故事当作按主题组织起来的整体，而不是随机的片段。他们认识到故事里的人物会朝着某种目标努力。于是，孩子们从故事或其他途径学习，建立起自己的动机模式。围绕着对权力和爱的需求，孩子们进一步强化了个人目标和需求，有了稳定的喜好倾向。孩子们的个人神话主题将最终反映出他们内在的动机模式。由于对亲密的强烈需求，玛格丽特创造了自己的个人神话，在其中强调要照顾和帮助别人。但是，关于要不要与朋友或恋人建立长期的亲密关系，玛格丽特仍感到相当矛盾。

在青春期后期我们开始遭遇身份认同危机，这时我们第一次有意识地创造起个人神话。从青少年开始，我们有意无意地为个人神话创造一个意识形态背景——使得生命故事拥有伦理道德与宗教信仰背景。因此，从青春期后期到成年早期，是人类身份发展的一个特别重要的阶段。该时期创造个人神话的根本挑战，是要在回答有关意识形态的种种问题时，发现对自己来说有意义的答案。这样，我们才能有一个稳定的基础来建立身份认同。人们一般在青春期后期和成年早期形成自己的意识形态背景。一旦意识形态建立完毕，绝大部分的意识形态在人们余下的一生里都不会发生改变。比如，玛格丽特曾固执地相信不可知论，它成了她个人神话的意识形态背景。而直到今天，不可知论仍然是她的生命故事中一个毋庸置疑的背景。

在二三十岁阶段，人们集中精力创造并细化神话的主要角色。我们的个人神话与生活往往过于复杂，只有一位主要角色登场是不够的。神话中的角色源于我们的意象原型。意象原型是一种复合体，它内化了多种现实中或想象里的人物角色。许多个人神话里包含不止一种意象原型，在建立身份认同的过程中，神话里的核心人物们会在我们的内心里互动，甚至有时会彼此冲突。举个生动的例子，"爱照顾人的玛格丽特"与"从地狱来的反叛者玛格丽特"之间就存在着紧张的冲突。事实上，最丰富多彩和最有活力的个人神话一般会充满大量的矛盾和复杂的意象原型。在中年时期，一个人有了成熟的自我认同的标志，就是能够整合并平息个人神话中意象原型之间的冲突。

所有好的故事需要一个令人满意的结局。随着我们步入中年，我们越来越关注个人神话的结局。我们所有人对结局的感觉都是矛盾的。很少有人会向往死亡。成熟的自身认同会促使我们建立功绩，留给后人。某种程度上，这份遗产将在我们身后长存。许多人在生命的这个阶段，会重制个人神话，以确保我们身上重要的东西能够传递下去。正如我们在玛格丽特的故事中看到的，孩子可能象征了我们能将自己好的部分传递给下一代。

正如伟大的神话学家约瑟夫·坎贝尔（Joseph Campbell）所说："神话和仪式的主要功能一直是提供象征，使人类精神向前发展，以对抗那些常出现的、试图将人类精神束缚住的人类幻想。"[28] 人类创造了一些流传千古的宗教与宇宙神话，像它们一样，我们创造的个人神话中也承载着对人类有益的东西，而它们值得被保护和改进。我们创造的生命故事会影响他人的故事，他人的生命故事进一步改变了更多人的生命故事。人们创造生命故事、实践生命故事，形成故事与故事的网络，并从中找到意义和联系。通过创造个人神话，我们塑造了世界，同时它也塑造了我们。

第 2 章

叙事基调与意象

在我每期发展心理学课程的第一堂课上，我会要求每个学生想象有天自己被一家全国性杂志采访，并要求他们讲自己出生后第一天的故事。这个练习要求他们想象一下新生儿的生活是什么样的，来看出他们对人类初期发展有哪些假设。我得到了一个非常惊人的描述：有些"新生儿"脐带还没剪断，视线就能穿过重重人墙，一下子认出了他们的父亲、婶婶和侄子（当然，这些人为什么会在产房里出现，我也不是很明白）。而我班上的其他婴儿的发展比较迟缓：有的婴儿试着观察世界，但所见之处只是一片喧嚣和混乱；或者他们什么也看不见，沉浸在幻想与睡眠中。

当然，我的作业要求学生们加快了人的成长进程。我们都知道新生儿不会说话也不会讲故事。等人们有能力做这些事时，他们早就忘了人生的第一天是什么样子。事实上，对比其他动物，人类似乎是成长得最慢的生物。刚出生的小鸡在头一天快结束时，就能跟着母鸡满农场走。而我们需要一两年的时间才能发展出类似的运动技能。但我们成长的潜能比小鸡要厉害得多。毕竟小鸡即使长大了，也不会被全国性杂志采访，去讲述它们作为一只鸡的生命故事。到了五六岁，人类才对什么是故事有一个相对清晰的认识。而直到青春期后期或成年早期，人们才开始以神话或是故事体系来思考自己的生活。在青春期之前，我们没有生命故事，我们也没有身份认同。

但这并不意味着在青春期时，我们是无中生有地产生了身份认同。相反，尽管我们不记得人生第一天发生了什么，但我们从出生第一天就一直在为故事"搜集素材"。婴儿期和童年期为我们的身份认同提供了一些最重要的原材料。生命的头两年给我们留下了一份你意识不到的馈赠，它将强烈地影响我们对生命故事的叙述。这份馈赠有关希望与信任，有关世界是如何运作的而故事又是如何发生的。在我们生命里接下来的四年里，我们下意识地收集了大量的意象，而在往后的人生中，我们的生命故事中将充满这些意象。

依恋关系

在生命的第一年，婴儿同母亲和其他照顾者建立起爱的纽带，发展心理学家称之为依恋关系。[1] 刚出生时，婴儿没有任何意义上的"依恋关系"，那时他们还没有与母亲或任何其他人建立一种特殊的信任和安全关系。而且，刚离开子宫时，也不会有任何神奇的事情发生；至少从婴儿的角度来看，在那一刻婴儿并没有突然就和谁产生"联结"。[2] 相反，依恋关系是要在第一年逐渐培养的，并且会经历一系列可以预见的阶段与发展顺序。等婴儿一岁时，他通常至少建立了一种依恋关系，关系的对象一般是他的母亲或其他主要照顾者。一些理论家认为，建立这种关系是人生第一年最伟大的成就。[3] 这是一个心理上的里程碑，对人类所有后续发展都有导向意义。

在婴儿两个月大时，我们能看到依恋关系开始发展的迹象。这时，婴儿开始与其他人的目光接触，在别人面前表现出可爱的微笑。起初，婴儿在社交场合的表现可能多变而混杂。当德怀特叔叔第一次来到镇上看他四个月大的侄女时，她会以热情的微笑和仿佛看着情人的目光向他致意。五个月后，当他再次来访时，她却可能吓得后退。吓到了侄女的既不是德怀特叔叔的新胡子，也不是他的新女友，而是因为小婴儿在短暂的时间里长大了很多。在九个月大的年纪，婴儿会变得很挑剔，开始有选择地对他人微笑、凝视和发出咕咕声，而德怀特叔叔对小侄女来说是个陌生人。在生命的第一年的后半段，大多数婴儿会产生"陌生人焦虑"。这是正常的，不应责怪德怀特叔叔。他的侄女正为一些她选出的人保留爱的存款——为那些她感到安全和信任的熟人们。

儿童精神病学家约翰·鲍尔比（John Bowlby）认为依恋关系是一套"目标校正系统"。[4] 该系统由许多依恋行为构成，包括微笑、眼神接触、哭泣、跟随、紧贴和吸吮。每一种行为都按照自己既定的时间顺序，在人类最初几个月里发展出来。因此，婴儿从第一天起就可以哭和吮吸，但直到几个月后他们才展现出社会性微笑，而直到第一年晚些时候，他们才开始爬行和跟随他人。这些行为都是依恋关系系统的一部分。这套系统的形成和发展是人类的本能。

该系统有两个目标：一个是短期的；一个长期的。短期目标确保婴儿和照顾者保持身体邻近。于是，每种依恋行为都朝着这个目标努力。婴儿会微笑或与照顾者眼神接触，来让双方的互动变得更温暖，并示意照顾者来到自己身边。他们会跟随照顾者以保持距离亲近。婴儿用哭声作为一种求救信号，使照顾者再次靠近，来帮助婴儿减轻痛苦。各种依恋行为会结合成复杂而动态的系统，在其中彼此协作或相互补充。

依恋关系的长期目标是婴儿的生存。如果人类的婴儿和母亲不愿意结成依恋关系，那么婴儿就无法生存。人类婴儿是如此依赖他人和无助，以至于依恋系统必须成为人类天性的一部分，否则早在我们的基因能复制并传递给下一代之前，我们就已死去了。考虑到人类在地球上大部分时间的生活状态与生存方式，这个论点令人信服。古生物学家和人类学家推测，人类进化历史中95%的时间里，我们是猎人和采集者，结成小团体跨越草原与森林。我们凭借个人狡诈和社会合作得以幸存下来并蓬勃发展。从过去到现在，依恋关系一直能保护婴儿免受掠食者和其他危险的侵害。

当婴儿一岁时，几乎所有婴儿都形成了依恋关系。但依恋关系的类型并不完全相同。越来越多的研究表明，不同依恋类型有不同特点，相互之间可能差异很大。[5] 在研究中，心理学家在实验环境下，将婴儿和母亲短暂分开，并通过观察婴儿的表现，确立了四种依恋类型，有时我们称它们为 A 型、B 型、C 型和 D 型依恋。

最受青睐的依恋类型是安全型依恋。表现出对母亲有安全型依恋的婴儿有时被称为"B 型婴儿"。安全型依恋的婴儿在与母亲分离时，会像任何一岁孩子那样大力抗议。但当三分钟或四分钟的分离结束、母亲回来时，安全型依恋的婴儿会温暖又热情地欢迎母亲。这些婴儿似乎把母亲当作他们探索世界时的"安全基地"。当母亲和他们在一起时，他们会非常轻松和自信地在环境中走动，并对着母亲回头看一眼，微笑一下，确保一切还好。对于 B 型婴儿，母亲似乎提供了基本的信任感：母亲使世界值得信赖。

除了安全型依恋，研究者还发现了三种不安全型依恋。A 型婴儿表现出"回避型"依恋模式。当母亲待在他们身边时，他们往往不会像 B 型婴儿一样积极和自信地探索世界。如果母亲离开一段时间再返回，当她尝试与婴儿重新在一起时，婴儿可能会无视母亲的存在或拒绝她的提议。好像在说："你曾经离开了我——好的，那我将离开你！"而 C 型婴儿表现出另一种不安全型依恋模式，被称为"反抗型"或"矛盾型"依恋。当母亲在短暂分离后返回时，C 型宝宝可能会友好地靠近她，但当母亲试图抱起他们又会遭到婴儿的愤怒抵抗。C 型婴儿因他们对回归的照顾者的愤怒举动而闻名。不过，有些 C 型宝宝对返回的照顾者也没什么反应，让人想到 A 型婴儿。最后，D 型婴儿表现出严重紊乱和"无组织"的依恋模式，这是遭受反复身体虐待的婴儿会有的特征。即使母亲在身边，这种婴儿似乎依然感到困惑和迷失方向。一旦他们感到不舒服，母亲很难让他们冷静下来。当母亲在场时，这些婴儿依然不去探索周围环境。

研究表明，大多数的一岁婴儿是安全型依恋。大约三分之二的中产阶级家庭的婴儿被归为 B 型婴儿。余下的婴儿中，A 型与 C 型占多数，占 25%~30%。值得庆幸的是，D 型婴儿比较少见，尽管我们不能确定这点，因为 D 型婴儿在几年前才刚被发现。[6] 大部分的研究中，研究的都是头胎婴儿与母亲之间的依恋关系。然而，大多数婴儿在第一年就发展了不止一种重要的依恋关系。对父亲的依恋、对其他家庭成员和保姆的依恋，在婴儿早期的发展中可能都是极其重要的，但科学研究还没有深度探讨过这些关系。

人们对哪些因素会造成不同的依恋模式很感兴趣。看上去照顾者与婴幼儿在最初几个月的互动可能起着重要的作用。一项研究表明，比起不安全型依恋婴儿的母亲，安全型依恋婴儿的母亲会更小心、更温柔、更长时间地抱孩子。[7] 而其他研究表明，母亲对婴儿的需求是不是敏感，也与婴儿的依恋类型挂钩。[8] 有研究观察了在家里和实验室中母亲与头三个月内的婴儿互动，发现安全型依恋婴儿的母亲会更多地对婴儿哭声做出回应，在抱着宝宝时流露出更多的感情，进入宝宝的房间时更多地用微笑与交谈来和婴儿打招呼，并且因为能注意到婴儿发出的种种信号而更好地喂养宝宝。

心理学家还不知道儿童依恋的差异如何影响成年后个性的发展。到目前为止，对依恋关系的研究仅限于小学阶段。然而，这些研究表明，婴儿一岁时形成安全依恋，与童年后期的一些积极状态有关。比如，比起不安全型依恋的小孩，一岁时是安全型依恋的孩子会比同龄人更多地玩扮演游戏⊖，也有更多的探索性行为。[9] 在托儿所和幼儿园里，老师认为这些孩子有更强的社交能力，在同龄人中也更受欢迎，并表现出更多的支配性与主动性。因此，那些人生第一年在关系中感受过信任的孩子，在童年时期会表现得更自主、更有掌控力。婴儿时期的安全型依恋关系能促使孩子在儿童时期发展出更自信和更有内聚性的自体⊜。

⊖ 扮演游戏（pretend play），意思是"模拟场景、角色的游戏"，比如有些孩子会假装自己是超级英雄拯救世界等。——译者注
⊜ 内聚性的自体（cohesive self），指的是一个人有稳定的身份认同，即使面对冲击和威胁，也能比较清楚和稳定地认识到"我是谁"。——译者注

自体

在青春期时，我们会提出疑问：在众多我扮演的角色之下，究竟哪一个才是"真实的我"？但早在那之前，当我们还是小孩时，每个人就已确定："我"存在于时空之中，乃是一个有因果性、连续性和独立性的行动者。即使我们还是小孩子，就已知道"当我做某事的时候，是'我'在做它"，"我可以让事情发生"，而且"我与他人不同，他们有他们的对于自身的认识"。如果我不知道这些，就几乎无法生活。想象一下：当你在骑自行车或开车时，移动你胳膊和腿的不是你自己，而是"别人"。想象一下：当你今晚去睡觉时，你不知道第二天早上醒来的"你"到底是否依然是"你"。当意识状态产生变化，或是遭受巨大的压力和一些特殊情况下，人们会经历这种关于自体的扭曲感。这种感受也是患有精神病（像精神分裂症）时常见的症状。但对于我们大多数人来说，大部分时间我们对自体存在一种基本意识，我们不会质疑这种意识，只是承载着它。

人们在青春期和成年期间对统一感与目的感的追寻——对创造个人神话的追求——不会让人们对最基本的自体意识产生怀疑。事实上，一个人必须有一种基本的自体意识，来作为他或她找寻身份认同的开始。在我们能定义自己是谁之前，我们必须清楚地知道：我是一个有一定自主权与控制权的人。

在生命的最初两年或三年中，我们会巩固自体意识。许多学者认为，在照顾者与婴儿产生依恋关系时，自体意识会浮现出来。[10] 精神病学家丹尼尔·斯特恩（Daniel Stern）认为，在八个月或九个月大的时候，婴儿开始产生"主体我"。[11] 此时，母婴之间的玩耍活动可能会发生重要的变化。婴儿开始与照顾者分享他们的主观感觉，而且婴儿似乎希望照顾者也能向自己分享照顾者的主观感受。这一切都在无言之中发生。例如，当婴儿抓住一个玩具，他会变得很兴奋，并用大声的"啊啊啊啊"来表达自己的兴奋。接下来他会看着妈妈，看看她会有什么反应。母亲的反应可能是耸肩并前后摇摆。摆动的持续时间与婴儿的"啊啊啊啊"声相同，并且显得母亲与婴儿有同等的兴奋、快乐和热情。母亲的行为像镜面一样应和了婴儿的"啊啊啊啊"。这两种行为本质是相同的，即使一个用行动表达，而另一个用声音表达。

当母亲和婴儿像这样互相回应时，他们就在分享内心的感受，并试图调整他们的情感状态以互相匹配。他们调整自己的反应，肯定对方的体验，整个过程充满微妙的艺术性。通过"前语言"的方式，他们互相对对方"诉说"："我知道你所经历的感受。我正在经历同样的事！"斯特恩称这是"情感同调"。[11] 通过情感同调，婴儿能更好地理解自己和他人的内心状态。在前语言层面，婴儿明白了：人有独立的经历体验，但人们可以彼此分享，并在分享中了解和关心彼此。

精神分析学家海因兹·科胡特（Heinz Kohut）关于自体的发展也有类似的理论，他称这个过程为"镜映"（mirroring）。[12] 科胡特认为，在孩子生命第一年，在促成孩子发展出内聚性自体时母亲能发挥的最重要作用，是镜映出孩子的"自我夸大"（grandiosity）。这意味着她必须承认并欣赏孩子的力量、健康、伟大和特殊性。她必须得如实地映照并庆祝孩子正在萌发的主体性和力量。婴儿需要能感受到自己是母亲的珍宝。在一个根本的、无意识的层面上，婴儿需要相信母亲会认可他的主体经验的好与完整，相信母亲会在那里为自己鼓掌，分享自己的兴奋和喜悦。于是，由于母亲的存在，婴儿感到这个世界是安全和值得信赖的。

许多和自体有关的精神疾病，如病理性自恋与分裂，可能起源于最初几年的错误镜映。这些疾病可以变得非常严重。他们中的一些人无法与他人建立有效的关系，因为他们对内在的个人完整、良善与活力缺乏自信。而你可以在那些被低自尊反复折磨的人身上，见到这种问题没这么戏剧化的表现。

通过情感同调与镜映，婴儿形成了"主观我"。在两岁和三岁时，孩子的自体意识进一步扩展。孩子们能在镜子中认出自己，开始形成关于自己的脸与身体的自我形象。[13] 随着语言的出现，他们开始在自己和他人身上应用语言标签，发展出"言语我"。言语我建立在主观我的基础上，但并不能取代它。对于两岁的孩子而言，言语我仅限于简单的表达，如说出自己的名字和自己头发的颜色。当孩子用越来越复杂的方式来描述自己时，言语我变得更加精细和清晰。在孩子们对自己的描述中，一个三岁的孩子可能会说他的名字叫杰森，他喜欢看《芝麻街》节目（*Sesame*

Street)。一个六岁的孩子可能会说自己是一个"好女孩"，并且是"珍妮佛最好的朋友"。十岁的孩子可能知道他是"学校里的聪明学生"，是"一个好的二垒手，但不善于击球"，并且往往"在周六早上和哥哥争论谁应该打扫房间"。最终，言语我会发展并把个人神话纳入其中。

叙事基调

我们在婴儿时还无法讲故事。但是当我们第一次在依恋关系中体验到人际交往，当我们第一次产生了一种基本的自我意识时，我们也在学习关于故事的第一课。头两年的生活，教给我们一套无意识、非言语的"态度"，这个态度关乎我们自己、他人与世界，我们认识到这三者如何相互关联。在我们了解什么是故事之前，我们已经见识到人类之间如何互动，以及人们的行为如何受到时间的影响。我们有了自己的意图，试图在这个世界上有所作为，并且见证了自己努力的成果。

我们头两年岁月对后来个人神话的根本影响，就是定下了叙事基调。有些生命故事散发出乐观和希望的味道，而另一些故事充满着不信任与拒人千里之外的冷漠。埃里克·埃里克森（Erik Erikson）写道：婴儿时期留给我们的不朽馈赠便是希望感。与照顾者有着安全和信任的依恋关系的婴儿，会在童年及以后，对世界的美好与未来有希望而充满信心。希望是"持之以恒地相信愿望终究会实现的信念。"[14] 在生命的最初两年，婴儿形成了一个无意识的、普遍的、"经久不衰的信念"。婴儿相信自己的愿望、意图、欲望和梦想"终会实现"。安全型依恋强化了婴儿乐观的叙述基调。婴儿无意识的信念得到肯定，并相信：当人们尝试做事时，他们最终会成功。婴儿会宣称世界是可信赖、可预测、可被了解并且是良善的。而不安全的依恋创造出不太乐观的基调。不安全型婴儿会悲观地认为：人类无法得到他们想要的，人们的意图会一再地被挫败。从更悲观的角度来看，这个世界变幻莫测、喜怒无常，事情总会发生意外的转折，故事必然会有不愉快的结局。

在成年人的个人神话里，叙事基调遍布其中。它是个人神话里重要的部分。当我采访人们、要求他们告诉我他们的故事和人生时，我在访谈的开头就能察觉出他们的叙事基调。事实上，我在玛格丽特访谈中的第一句话中就发现了她的叙事基调。基调既表现在故事内容上，也通过叙述方式来传达。乐观的故事之所以让人感到乐观，是因为故事中好事发生了；或因为即使坏事发生了，人们仍满怀希望、相信事情会好转。同样，悲观的故事里充斥着不幸和坏事，或者即使有好事发生，叙述者仍然会负面地看待它。

叙事基调表明作者对人类意图和行为的潜在信念。它反映了一个人在多大程度上相信世界是美好的，活在世界上是安全的。这种信念超越了理性和逻辑。人们一般意识不到他们独特世界观的起源，因为基调已成为日常体验的一部分，人们对自己的基调太习以为常了。但这并不是说与基调有关的信念是不可改变的。重大的生活事件和发展变化，肯定会影响我们对生活抱有相对乐观或悲观的看法。但对我们中的许多人来说，对叙事基调影响最大的是我们早期发展的过程，在那期间，我们会建立一个相对安全或不安全的依恋关系。

心理学家和常识告诉我们，我们通常更善于用积极基调而非消极口吻来创造故事、理解生活。在过去的30年里，有很多文章谈论"积极思考的力量"。人们普遍认为：积极的思维方式可以帮助人们从疾病中恢复，忍受个人的痛苦，并战胜许多其他的逆境。[15]尽管其中许多说法被夸大了，但科学研究表明，其中有些观点可能确实是真的。最近的研究表明，"气质性乐观"——"对未来的看法上，整体倾向于事情最终会有好的结果"——在人们应对疾病上有积极作用。[16]比起悲观主义者，乐观主义者更有可能采取积极的行动来应对生活中的压力和挑战。此外，显而易见的是，认为事情最终走向好结局的信念，能在困难时期支撑着人们继续积极应对困境。

在新书《积极错觉》（*Positive Illusions*）中，社会心理学家谢利·泰勒（Shelley Taylor）用大量的研究和理论论证了：比起客观地评价自己的生活，人类更倾向于积极地看待它。[17]泰勒指出：人们反复欺骗自己，以为他们比"真实的"自己要更好。我们倾向于靠"积极错觉"生活。只要这些错觉不是太夸张，它们总能哄骗住我们。如果我们有积极错觉，我们会相信生活是相

　　　　　　　　　　第一部分　将生命变作故事

对美好的，而且我们能掌控自己的命运。我们能更好地应对逆境，并且满怀着信心和希望去迎接挑战。

泰勒调查了接受乳腺癌手术的女性的积极错觉。[18] 在对这些女性及其家庭成员深入访谈后，泰勒得出结论：当人们对癌症等威胁生命的事件做出自我调整时，会涉及三个相互关联的主题：寻找意义、获得掌控感和自我增强。寻找意义需要理解危机发生的原因及其影响。为了从一个糟糕的事件中找到个人意义，人们必须创造一个生命故事来理解事件。乳腺癌是一种复杂的疾病，有许多可能的病因，其中大部分仍不清楚。医生认为几乎无法查明个体患有癌症的确切原因。而泰勒的研究表明，大多数女性最终会创造出一个关于自己疾病起源的故事。许多人把疾病归咎于压力、遗传因素或饮食不良；有些人把癌症归结为他们可能接触过的特定致癌物；而有人则归结为一个特殊事件，例如某个受访者认为她的乳腺癌是由一个飞盘引起的！事实上，这些女性都没办法知道癌症真正发生的原因，但归因这件事反映了人类更渴望通过叙事来搞清楚自己的主观体验，而不是通过寻求事实证据来为自己的经验找原因。

泰勒认为，获得对事件的掌控感也能帮助人们应对威胁生命的事件。乐观错觉再一次起了作用：没有人能肯定生活方式的改变可以预防癌症，即使生活方式的变动或许真可能改变癌症发生的概率。但是，通过阐述关于过去（病因）和未来（掌控疾病）的生命故事，这些女性能够将癌症事件纳入自己的个人神话。此外，一些女性能通过关注积极的自我形象，来增强她们的自尊，进一步提高她们应对疾病的能力。这些形象也有虚幻的成分。人们用得最多的自我增强的方法，是将自己同其他状况不佳的癌症患者相比较。通过这样的比较，病人可能会乐观地想：在大家都有癌症的情况下，自己确实比其他大多数人过得更好。

由此，我们明白了：各种类型的故事——不论是在有关疾病的叙述性解释中，还是在人们的个人神话里——都有叙事基调的踪影。一些心理学家认为，人们对自己的故事持有积极偏见，这种偏见是有益的。[19]这一说法在泰勒等人的研究中被证实了，在他们的研究中，研究者很容易地就能将人们塑造的故事与客观现实相比较。然而，当涉及个人神话时，我更难将它和现实进行比较。个人神话可能会包含一定的偏见。尽管如此，我还是能观察到不同人的叙事基调之间有很大不同。我们会借助从喜剧到悲剧的各种叙事基调，来叙述和理解自己的生活。

神话的形式

我们每个人都创造了个人神话，我们自己的个人神话与世界中其他故事都不相同。我们的故事可以拥有许多不同的形式。但形式不是无限的。尽管故事形式多种多样，人们在创造个人神话时会采用一些基本的故事形式。文学学者们提出了四种基本形式——喜剧、浪漫故事、悲剧和讽刺故事之间的区别。[20]这些形式也为我们理解个人神话提供了途径。他们帮助我们理解神话的整体叙事基调。简言之，喜剧和浪漫故事拥有乐观的叙事基调，而悲剧和讽刺故事意味着悲观的基调。

喜剧总让人想起春天。像春天一样，它带来了一种感觉：世界正在复苏，事情将会有成果。不管一出喜剧是否滑稽，它的内容总是关于人们如何克服障碍和限制并找到幸福和稳定。主人公通常是一个普通人，追求生活中单纯和简单的乐趣。他通常会努力与他人建立温暖与有爱的关系。喜剧往往歌颂家庭的爱，它总以人们团聚告终，就像莎士比亚的喜剧中那些知名的婚礼，或如《灰姑娘》和《睡美人》这样的故事。喜剧传达的中心思想是：我们每个人都有机会获得幸福，都能避免人生的痛苦和内疚。我们每个人都有机会为自己的生活和生命故事寻求到一个圆满的结局。

浪漫故事也很乐观。不过，喜剧注重家庭生活与爱的喜悦，而浪漫故事歌颂冒险和征服带来的兴奋。浪漫故事就像夏季，它追求的是热情似火。英雄故事往往会成为浪漫故事的素材，从荷马的《奥德赛》(*Odyssey*) 到现代的《夺宝奇兵》(*Raiders of the Lost Ark*)。在这种故事中，主人公踏上了危险的旅程，克服了巨大的障碍，最终取得了胜利。故事中的其他人物要么支持，要么反对主角的追求。浪漫神话的核心问题是如何从一个冒险走向另一个冒险，最终目标是获得胜利与启迪。与喜剧不同，浪漫故事的男女主人公被视为高尚的人，他们比大多数人更勇敢、聪明或高尚。浪漫故事的中心思想是：我们在生活中踏上艰难的旅程，环境会不断变化，新的挑战会不断出现。如果想赢得最终的胜利，我们必须不断改变和旅行。但我们有信心：我们会赢的。

悲剧与喜剧和浪漫故事形成了鲜明对比，悲剧含有一种悲观的叙述基调。它就像秋天——是万物衰败与走向死亡的时节。悲剧故事包含了诸神和英雄的死亡、失宠、自我牺牲和被他人孤立。在经典悲剧中，主人公发现自己同事物的自然秩序之间存在着根本分歧。这种分歧造成世界走向失衡，而只有英雄的陨落才能扭转这种失衡。像伟大的希腊神话中的俄狄浦斯一样，悲剧英雄可能极度骄傲、热情高涨；然而正是这些非凡的特性造成了失衡，并使得英雄最终走向毁灭。在个人神话中，核心的悲剧性问题是避免或减少生命的荒谬，即使是最伟大的人，也不免受它们威胁。在浪漫故事中，英雄是崇高的；但在悲剧中，他是一个绝佳的牺牲品，而不是一个冒险的英雄。悲剧传达的核心思想是：我们面临不可避免的悖论，在这悖论中，我们发现痛苦和欢愉、悲伤和快乐总是混合在一起、不可分离的。你要当心了。世界是不可信的。最好的意图也会导向毁灭。

最后，讽刺故事的季节是冬天。在这一类故事中，混沌取得了胜利。一个具有讽刺意味的神话试图厘清人类生存的模糊性和复杂性。讽刺故事的主角可能有很多种。最常见的一种是成功的"无赖"或"愚者"，他们以讽刺来揭露荒谬和虚伪的社会规则。另一种是一些"反英雄"的现代小说，其中的世界似乎没有其他故事会有的英雄主义成分，取而代之的是一个谜，而人们永远无法揭开谜底。在个人神话中，讽刺故事讲述的是人们无法解决生命的奥秘。因此，叙事基调是悲观而消极的，混乱和悲伤的情绪占据了主导地位。和喜剧一样，讽刺故事里的主人公是普通人，而不是高尚者。讽刺故事的中心思想是：我们在生活中遇到的不确定性，比我们自身要更大，而且在很大程度上它超出了我们的理解范围。我们必须竭尽全力活着。

我们每个人都会在个人神话中融入每一种故事形式。没有一则生命故事是纯粹的悲剧或纯粹的喜剧。相反，它们是不同叙事形式的混合物。每种混合物都是独一无二的。然而，大多数混合物会强调一种或两种形式，并尽量减少其他叙事形式。乐观的个人神话往往采用喜剧和浪漫故事的形式。悲剧和讽刺故事的基调更悲观。心理学家不知道为什么有些人会选择乐观形式而另一些人选择悲观的形式。当然，人们会认为叙事基调是由生活事件决定的。如果好事发生在我们身上，那么我们的神话会成为戏剧或是浪漫故事；如果没有好事发生，那么它就是悲剧或讽刺故事。但叙事基调与生活史之间并非具有简单的对应关系。

人们根据自己对未来的展望，在个人神话中想象性地重建自己的过去。这种重建是一种主观创作——在某种意义上，也是一种幻想，可能积极也可能消极。研究自己的神话能给人们带来的好处之一，是使人们有意识地察觉到自己看待世界的个人偏见，这种偏见针对的是世界而非人们自己。

在婴儿期，我们还没有用神话的方式来理解这个世界。然而，在那个时期，我们正无意识地形成对生命故事的本质的态度。在我们最早的依恋关系与自我分化的经历中，我们正在发展一个基本的概念，即世界是如何运作的，以及随着时间推进，人们的意图会如何起作用。安全型依恋会推动我们朝着喜剧和浪漫故事走去；不安全型依恋则促使我们走向悲剧和讽刺故事。经过童年，我们有了更多体验，我们对故事的态度有了进一步发展，对人类意图的变迁也有了更深入的认识。当我们每个人进入青春期或青年期时，我们已准备好创造某种内容或类型的故事了。等我们开始认真思考人生意义时，我们心中已经有了倾向，准备用悲剧、喜剧、讽刺故事或浪漫故事的方式来阐述自己的意义。

意象与神话

我女儿生命的转折点是她看到《白雪公主与七个小矮人》（*Snow White and the Seven Dwarfs*）的那一天。当时她三岁，《白雪公主与七个小矮人》刚刚重映，在当地影院播放。鉴于露丝（Ruth）是第一次看长时间电影，我深感担忧。她能不能坐得住？这场演出至少要持续一个半小时，我担心她会感到厌烦。如果她要上厕所怎么办？我当然不能护送她进入女厕所，但我也不想把她带去男厕所，那我们得回家了。我把车停在离剧院出口很近的地方，并在过道上选了两个座位，这样我们可以很快地溜走。随后我们坐了下来，紧张地等着电影开始。

差不多两个小时后，露丝仍然盯着屏幕。她的眼睛贪婪地盯着结尾滚动的字幕，虽然我知道她一个字也看不懂。自从幕帘升起以后，她一丝肌肉都没动过。我得承认，我也很喜欢这部电影，被它的音乐和炫目的动画所吸引，但露丝似乎被彻底迷住了。

在这之后的两年里，我们一家一直同白雪公主和七个小矮人生活在一起。每天送露丝去幼儿园的路上，七个小矮人与我们一起坐在车里——他们是爱生气（Grumpy）、开心果（Happy）、万事通（Doc）、害羞鬼（Bashful）、瞌睡虫（Sleepy）、喷嚏精（Sneezy）与糊涂鬼（Dopey）。还有邪恶的皇后、小贩一样的女人（皇后乔装打扮而成）、皇后派出的猎手以及英俊的王子经常与我们共进晚餐。当露丝第一次遇见她叫威廉（William）的同学时，她告诉他，说自己住在一个小屋里、远远地藏在森林中。威廉坚称露丝疯了，他见过我们的房子，而且他知道芝加哥没有森林。威廉可不想每天跟这么傻的女孩一起坐车上学，他宣布他愿意将来要乘他那辆红色的飞行汽车独自旅行。

后来，威廉和露丝成了朋友。当威廉来我家吃午饭时，露丝可能会假装她是邪恶的皇后，而威廉则是皇后的猎手。他们一起会恐吓露丝的小妹妹阿曼达（Amanda）。阿曼达只有一岁，扮演的是可怜的白雪公主。他们偷了阿曼达的毛绒玩具，威胁要把她关起来，把毒苹果藏在她的枕头下面。而在其他的日子里，露丝可能自己扮演白雪公主，为她最爱的小矮人"爱生气"定期举办生日聚会，她会把粉红色的皱纹纸贴满餐厅，并用糖、胡椒粉、水与牛至叶做蛋糕。

我的女儿为白雪公主的故事深深着迷。然而，并非是那个漫长的故事从头到尾地让她沉迷。相反，是故事中的一些碎片、一些与文本无关的内容被女儿收录进她的幻想生活中。某一天，她可能是邪恶的皇后，但第二天，她就会成为害羞鬼。她对每一个角色的认同都短暂而怪异。有一次，当她扮演"爱生气"时，她救起了三个被困在悬崖上的"小马驹"。但在电影版的《白雪公主》中，"爱生气"从没救过任何人。而且白雪公主的故事里没有小马，露丝是在另一个受欢迎的电视节目中吸取了灵感。

学龄前儿童的假扮世界是不连贯的、充满魔法的、流动的。它由丰富的、不断扩展的意象构成。孩子喜欢的是故事中的形象，而不是故事本身。露丝了解白雪公主的整个故事，但并不是整个故事激发了她的想象力。因为原本的故事对一个孩子而言太大、太复杂、太系统化也太超前，她还无法利用这则故事来发挥幻想。相反，露丝沉迷于小矮人、皇后和无辜的小女孩的形象，改造了他们原本的故事、纳入她自己的幻想的情节。

这就是学龄前儿童如何玩耍、(并在某种程度上)如何思考的。他们从儿童的文化中选择合适的形象来满足自己的个人愿望和欲望。他们驱使这些形象做孩子们想做的事情。在成年人看来，这些事似乎奇怪又不合逻辑。白雪公主可能在某一时刻死去，却又在另一时刻复活。她可以参与与童话中她原来的身份完全无关的事情。她可以在扫帚上飞行，也可以像幽灵一样隐身。

她可以把稻草人、锡人、胆小的狮子带到奥兹国或天堂，或是去附近的杂货店买葡萄柚，挤在西方邪恶女巫的头上，这样邪恶的巫婆就会像她在电影里那样消失。

成年人所建构的个人神话不是童话故事。但就像童话故事（和几乎所有的故事）一样，每个个人神话都包含并表达了一系列独特的意象。一名股票经纪人的个人神话中充斥着"加速攀爬"的意象：生活节奏每天变得越来越快，人们竞相攀爬试图登上成功巅峰，却从来无法到达至高处。一位母亲讲述的故事中充满"繁盛花园"的意象，孩子们像花朵一样盛开，故事中的生命就像在自然界一样开花结果。在整个学龄前时期，我们不知不觉地忙于收集和储存意象。这样到了成年，我们已经积累了一个宝库，其中充满具象化象征与梦幻的物件。作为成年人，我们创造性地将意象用于塑造我们的个人神话。和露丝一样，成年人也会让这些意象做人们自己想做的事情。因此，为了了解我们自己的神话，我们必须探索，我们是如何运用了独特的方式，通过驭使意象来了解我们自己。

意象来自哪里：儿童的假扮世界

三岁的孩子通过意象了解世界，每一个意象都有自己的意义。露丝·克劳斯（Ruth Krauss）在她的幼儿诗歌《洞是用来挖的：关于定义的第一本书》（*A Hole is to Dig: A First Book of First Definitions*）中很好地诠释了这点：

土豆泥是用来填饱所有人的肚子的

脸是用来做鬼脸的

脸是用来给脑袋前方当门面的

狗是用来亲吻人类的

手用来相握

当你希望轮到自己时，一只手可以被你用来举起

而洞是用来挖的

土地用来做成花园

草被用来割去

草被用来长在土地中，覆着泥土、藏起三叶草

也许你可以把东西藏进洞里

派对被用来和人们说"过得如何呀"并互相握手

派对用来让孩子们快乐

手臂用来互相拥抱

脚趾用来摇动

耳朵也用来摇动

泥巴用来跳进去、滑倒并且大喊"嘟嘚哩嘟嘚哩嘟"

"啊——啊——嘟嘚哩嘟嘚哩嘟——"

城堡是让人堆沙堡的

洞用来让人坐进去

梦让你在夜晚看见事物

雪是用来打滚的

纽扣用来让人保持温暖

世界会存在，因为你需要有东西让你站在上面

太阳用来告诉你，现在是一天中的几点

当你该上床睡觉时，你会看见一颗星星

小石头用来让小孩收集它们，并堆成小小的一堆

哦！岩石是你用来站在上面，来查看你已经走了多远

孩子是用来被人爱的

兄弟的作用是来帮助你

校长的作用是帮你挑出扎到肉里的木刺

山的作用是被人爬到顶端

人们也用山来下到山脚

膝盖的作用是防止吃东西撒到地上

胡子可以在万圣节戴上

帽子用来在火车上戴起

脚趾用来让你踮脚跳舞

眉毛用来搭在你眼睛上

贝壳用来听海的声音

挥手用来挥舞说再见

大贝壳用来把小贝壳塞进去

洞用来种一朵花

手表用来听它滴答

菜肴被用来烹饪

而猫咪可以生下小小猫

老鼠用来吃掉你的芝士

鼻子的作用是用来刮

鼻子也被用来擤

比赛要进行

吹口哨让人跳起

有了地毯，你的脚就不会扎进木刺

唉！地毯也被用来做狗的餐巾纸

如果没了地板，你就会掉进家所在的大坑里

洞用来让老鼠生活

门用来开启

门用来合上

而洞用来让你往里看

台阶用来坐下

当你踩进洞你会跌倒

手用来创作东西

手也被用来吃东西

汤匙用来吃光桌上的汤

包裹被用来朝里面看

有了太阳，我们才有美好的一天

我们有了书，才能阅读[21]～

孩子们看待世界，依据的是这个世界能为他们做什么、对他们有什么意义。脸是用来做鬼脸的，校长是用来帮他们挑出木刺的。在研究儿童是如何理解世界后，瑞士著名心理学家让·皮亚杰（Jean Piaget）指出，学龄前儿童的认知能力处于前运算阶段。在前运算阶段，儿童的思维通常有惊人的自我中心特性。[22]"自我"或自己位于所有事物的中心。孩子对现实的解释是完全主观的，由自己的喜好、需求、愿望和一时的情绪所驱动。孩子很少会从其他人的角度出发去理解这个世界。[23]当你问道："天空为什么是蓝色的？"一个三岁的孩子可能会回答："因为蓝色是我最喜欢的颜色。"

在三岁孩子的眼中，这个世界还很复杂，还没有办法被他们用系统化、逻辑化的思维来理解。随着时间推移，孩子会逐渐发现事物之间的因果关系。三岁的孩子还不会按照社会约定好的标准与制度来分类和归纳经验。孩子的想法会跟随情况变化而变化。事实上，随着孩子们的主观取向和状态变化，他们领悟到的规则会随着每一个新的情境而改变。在这个意义上，前运算阶段的思考方式是情境性的。情境之间的关联常常不合逻辑。在这首诗里，孩子说："太阳用来告诉你，现在是一天中的几点。"接下来的一句话似乎和上文毫无关联："当你该上床睡觉时，你会看见一颗星星。"但两行字之间存在强烈关联，第二行诗与整首诗的"主旨"看似无关，实则有关——即用来定义事物。

诗中的核心意象显然是"洞"。听过这首诗，我们知道了洞是用来挖的，一个人可以挖洞来建造一个花园或种下一朵花，人们可以把东西藏在洞里，洞是用来坐进去的，洞是用来看进去的，等等。这些都是小孩子对一个洞的意象的理解。洞对孩子来说很重要，就像"木刺"。孩子们对这些事物有强烈的感受。而每个人以独特的方式将意象同自己的情感和思考联系起来。

大多数成年人眼里，现实与虚幻之间有明确的界限，但这条界限在三岁孩子的头脑里很模糊。那首幼儿诗歌里写道："梦让你在夜晚看见事物。"成年人会认为这句诗是错误的，因为清醒者在现实中看到的事物，怎么能和人在睡梦中看到的幻象混为一谈。正如皮亚杰多年前所说的那样，小孩没法搞清楚现实的本质。不过，看看自己的孩子再看看周围人的小孩，你会发现许多孩子都混淆了现实和想象，于是这种状况通常不会让我们感到困扰。皮亚杰也没有。他认识到孩子们的虚幻世界里蕴藏着一片沃土，孩子们在这个世界中探索事物的意义。我们会鼓励孩子通过意象与想象，来自我中心地用孩子自己的方式参与世界。许多父母会鼓励孩子去幻想和假扮，坚信这样做可以丰富孩子的游戏活动，促进孩子的心理成长和发展。[24]

　　学龄前儿童的主要游戏方式，被心理学家称为象征性游戏。[25]象征性游戏指由孩子使用特殊的象征与意象，来构建虚拟情节的游戏。这样的游戏被称为"模仿模式下的行为"。[26]游戏模仿真实世界中的事件，但在模拟的世界中"免于行为的后果"。[27]就算阿曼达吃了姐姐放在她枕头下的"毒苹果"，她也不会死，因为模拟游戏中的"后果"在现实中不会发生。游戏也不是为了与原作保持不变。白雪公主可能会吃下毒苹果，但她不会死，或是死一般地昏厥过去，而是可能与敌人决斗。因为在游戏中，我的女儿认定白雪公主应该在下一幕中这么做。在游戏的模拟模式下，白雪公主也会免于她行为带来的后果。如果我的女儿决定白雪公主不会死，那么她就不会死，不管公主吃了多少毒苹果。这种玩法不按故事原本的"规则"行事。

　　随着年龄的增长，游戏变得更加规则化。比起小孩子的虚幻世界，小学阶段后期的孩子们玩游戏时更不情境化、更不自我中心化。行为仍然在模仿模式下运行，游戏目的也同样不是与原作"保持不变"。但是游戏是依照规则、目标和主题组织起来的。如果球员们每次都改变规则，就没法好好玩棒球。不论你扮演的是白雪公主，或是韦德·博格斯（Wade Boggs），只要你三振出局，你就必须离开击球员区。游戏要求玩家们采用客观的、第三人称的视角，即要求他们对现实规则有共识。情节设计必须更有意义、更有目标，不能随机变化。随着我们的成长，游戏变得更复杂、更组织化和规范化。它不再是个人的象征化表演。孩子的个人意象必须屈从于游戏里的公共规则。

意象的来源：文化的作用

和身份认同一样，意象也是被人发现与创造出来的。儿童和成年人都创造了自己的意象。但是，创造的过程强烈依赖现有的原材料，而原材料包含在文化中。每种文化都为其成员提供了一个巨大而有限的形象目录。每个人都以独特的方式接触了目录的一部分，并据此绘制意象。因此，就个人拥有的意象而言，同一文化中的每个成员都是独一无二的。尽管如此，不同文化之间的差异也值得讨论，因为即使同种文化的成员彼此存在差异性，同种文化的成员也拥有群体内共同的意象。群体内意象与群体外、不同文化成员的意象之间存在着重要的不同。因此，如果我的女儿露丝出生于公元 800 年的法国乡村，她对自己的扮演游戏会有不同的想法，她的行为会反映出她所在的家庭和社会的特征，是它们塑造了她的世界。而如果我的女儿阿曼达在以色列的基布兹中长大，无疑会创造出与现在不同的关于"家"的意象。

社科研究者经常指出家庭是儿童文化传播的主要媒介。这个过程有时被称为社会化。意象也在家庭中传递。通过父母的行为和话语，父母让孩子接触到各种各样的形象和符号。这种接触大多是不知不觉发生的。孩子们在不知不觉中"融入"，或者内化了父母的形象：好母亲、沮丧的母亲、诱人的母亲、坚强的父亲、威胁的父亲、无助的父亲、巫婆、女神、食人魔等。孩子们可能会不自觉地将形象转化成他们的幻想和游戏，这些形象也可能保存在孩子无意识的世界中。[28] 通过心理学家称为"内化"的功能，这些承载了情绪的形象可能会成为自我的一部分，在成年阶段对人们的行为与体验产生持续的、无意识的影响。[29] 成人的个人神话里充满了童年早期无意识获得的意象。这些意象是人们三四岁时在复杂的家庭动力中获得的。

虽然人们可以从家庭中获得情感激烈的、持久存在的形象，但意象也源于文化的其他方面。对于许多西方儿童与成年人来说，宗教是更重要的意象来源。

电视非常适合传播意象。许多电视节目迅速地切换一幕幕场景，并快速播放各类小图样。这样可以最大限度地增加意象的数量和多样性。电视广告已经掌握了这种形式。最成功的广告并不是直接宣传它们的产品或服务。相反，广告商在几秒钟内创造出一系列积极的意象，希望人们把这些积极的意象与产品联系起来。麦当劳变成了一个干净、快乐的地方，家人们坐在里面边聊天边微笑。库尔斯啤酒让人联想到崎岖的地形和"亲近自然"的人。豪华跑车贩卖的是它高速、高贵和高雅的形象。

虽然许多人哀叹电视在美国文化中无处不在的影响力，但很少有人相信，在不久的将来电视的力量将无人能挡。几乎所有的美国社会都逐渐以视频为中心。当我写到这里的时候，我今天早上在我的办公桌上看见一份《纽约时报》(*New York Times*)，里面有一篇专文，写的是前总统布什和其夫人最喜欢的电视节目和电影。

鉴于电视广泛影响，很难就"电视对个人意象的影响，特别是对儿童的影响"得出一个简单的结论。电视当然得为那些节目中到处可见的令人厌恶的意象负责。当然，孩子们会依照自己的意愿、孩子气地任意驱使意象。但是，即使在一个四岁孩子的想象中，那些充满破坏的、暴力的意象，或贪婪的物质主义的意象，有时也难以转化为慈善和光明的东西。[30] 然而，电视也给我们带来了《芝麻街》里的大鸟与可爱的葛罗弗 (Grover)。像《罗杰斯先生的邻居》(*Mr. Rogers' Neighborhood*) 对成年人都有极强的建设性作用。即使是像忍者神龟 (Teenage Mutant Ninja Turtles) 这样的角色也充满了一些可取之处，尽管在很多父母眼里这些优点还远远不够。

让-保罗·萨特将意象定义为在一段时间内捕捉到的感觉、知识和内心感受的结合物。[31] 学龄前儿童的心智对这种结合物格外来者不拒。孩子们不能决定自己接触到的意象是不是有好品质。然而，他们接触到的意象的品质，与他们婴儿时期形成的叙事基调一样，对他们的人生与身份认同会产生长期的影响。在童年早期，我们开始收集各种意象。它们是制造个人神话的原材料。因此，意象与叙事基调是儿童对成年时期身份认同的重要贡献。这样，我们还未拥有理性时的过往将不可避免地回归，或好或坏地，形成我们对自己的理解，并帮助我们融入成人的世界。

第一部分　将生命变作故事

第 3 章

主题与意识形态背景

当我们从谈论故事的叙事基调与意象，转移到谈论故事的主题与意识形态时，我们就从人类的婴儿期和童年早期，来到人类的儿童后期与青春期。故事主题是循环往复式的人类意图形成的模式。主题关系到故事中的角色们的需求，以及他们如何随着时间的推移追求目标。小学儿童在理解故事的意义时，"故事主题"是他们能理解的最深层次。

意识形态是一个价值观与信仰系统。在青春期，意识形态极其重要。青少年塑造了自己的意识形态背景，如同绘制了一张包含信仰和价值观的背景幕布，而生命故事的情节就在上面展开。

童年动机主题的出现

在小学阶段（6岁至12岁），孩子们开始明白人类行为（在故事中和生活中）会受到了内在意图的驱使，并会随时间过去不断地表达出来。他们第一次意识到：不同的人物与角色都有始终如一的愿望，会激发和引导他们的行为。小学儿童开始遵照类似的框架理解自己的行为，明白人类的行为是有方向的、有目的的，而且行为会受到动机的驱使。随着他们更深入地了解了人类行为和经历，他们内在的需要和欲望形成了稳定的动机。

权力与爱是神话和故事的两大主题。故事的主角或反派总会千方百计地完成这两件事（或其中一件事）：①以有力的方式维护自己，并且②与他人建立有爱、友谊和亲密的关系。对力量与爱的欲望为人们提供相似的能量、方向和目的，不论这个人是神或女神，还是英雄或女英雄、国王或王后、好奇的小男孩或勇敢的小女孩。欲望让情节推动，使行为更有意义。如果我们不熟悉人类对权力与爱的体验，我们将无法理解我们所看到和听到的大多数故事。我们会不知道为什么故事角色会这么做。

权力和爱是故事的两大主题，因为它们对应着人类生命中两种主要的心理动机。故事中角色正试图完成我们在生活中所要完成的事情。他们正如我们一样，希望能拓展、保存与提升自我，成为世界上一个强有力的、有自主性的行动者，并在一个充满爱心和亲密的社群中，与其他人发生关联、融合并对他们屈服。

随着孩子在小学阶段的成长，他们的思维发展出系统性的能力，认知能力达到新的水平，进入具体运算阶段。[1] 年长的孩子理解世界上物体和概念之间的一致关系。他能依据一定的基本原则与系统——基本原则如"重力"和"物质守恒"，系统如"算术"——来认识事物现实而具体的运行方式。如果你掉了一个铅锤，而铅锤开始上浮，四岁的孩子可能会觉得有趣，而一个十岁的孩子可能会感到震惊、迷惘或怀疑。因为这个孩子了解世界应当如何运作，而这件事违背了他对现实的认知。

比起学龄前儿童，年长的孩子能更丰富而复杂地理解人们行为的动机。他们现在将角色看作有一致性的行动者，明白角色会被内在的欲望驱动，朝着可预期的目标行事。年长的孩子会想了解故事中的角色想要什么。孩子们意识到角色想要的东西会决定角色将要做什么。西方的邪恶女巫不仅仅是一个僵化的"意象"——一个黑色的、可怕的、会飞行的人，伴随着吓人的飞猴。邪恶女巫有更丰富的内涵，她是桃乐丝的克星，她需要红宝石鞋子，她有意违抗北方女巫格林达和曼吉精，她阻止桃乐丝与同伴们抵达奥兹国。[⊖]

当孩子从前运算认知阶段到达具体运算阶段时，思维就变得由规则支配。四岁时肆意的幻想现在变得更平和且束手束脚，因

⊖ "西方女巫""桃乐丝"等角色都来自莱曼·弗兰克·鲍姆（Lyman Frank Baum）的童话故事《绿野仙踪》（*The Wonderful Wizard of Oz*）。它讲述了桃乐丝在奥兹国同铁皮人、稻草人、狮子等经历了一系列冒险故事，最终他们打败邪恶的西方女巫。——译者注

为年长的孩子认识到逻辑与现实带来的限制。四岁的孩子自由地支配故事意象，让角色们做自己想要他们做的事。所以在四岁孩子的想象中，白雪公主可以在剑斗中击败敌人，并赢得胜利。然而，年长的孩子在此处感到了矛盾和限制，认识到这不是白雪公主想要做的事情。这行为不符合白雪公主的性格，因为她的动机倾向于温柔地交流，而不是勇猛地决战。叙述行动必须符合主题。根据白雪公主的愿望，有些事她就是不会去做。

我们想要什么

有关动机的问题是人类心理学中最古老的问题之一。动机是指是把事情向特定方向驱动起来的推动力。到底是何种力量在推动人类，让他们用行动表达出自己的想法？又是什么成了人类行为的内在"源泉"？人们把动机理解为是激励、引导和决定了行为的内在力量。一个人的动机就像引擎，促使人们用特定的方式去行动。

在过去三千年中，哲学家、诗人、科学家、心理学家和其他学者提出了许多人类动机理论。[2] 有人认为，人类的行为主要受到一种宏大的动机驱使，这种动机激励、引导和决定了行为。比如说，亚里士多德（Aristotle）认为宏大的动机驱使着人们去实现自己不可避免的命运。[3] 两千多年后，卡尔·罗杰斯（Carl Rogers）和卡尔·荣格（Carl Jung）等心理学家也有类似的理论，他们认为在人类健康的生活中唯一的、固有的动机是自我实现。[4] 尽管亚里士多德、罗杰斯和荣格在动机理论的许多细节方面持有不同意见，但他们都同意，人类内在存在着单一的、基本的力量，它可以被用来解释为什么人们会做出种种行为。

另一方面，有人提出，人类拥有多种动机，每一种动机都赋予了人类行为各自的特征和倾向。这一观点认为人的行为是非常复杂的，不可能只用一个动机就能解释一切。当然，是有一些动机可能比其他动机"更好"或更"成熟"，但仍然有很多不同的动机存在。柏拉图（Plato）提出了三个基本的人类动机，分别是：①由基本的身体需要决定的食欲；②促使人们冒险的勇气和刚毅；③激励人们行"善"的理由。这三种动机分别对应着心灵的不同部分。[5] 两千多年后的 1890 年，美国心理学的奠基人威廉·詹姆斯（William James）认为仅这三个动机是绝对不够的，为此他提出了一连串的人类本能或冲动，包括恐惧、同情、社会性、娱乐、占有欲、谦虚、养育和爱心。[6]

还有一些理论家站在两种理论的中间，他们认为人不是只有一种动机，但也没有太多动机。他们认为人们应当有两种基本的动机，且两种动机彼此对立冲突。古希腊哲学家恩培多克勒（Empedocles）认为，两个伟大的力量——"爱"和"憎"——是人最根本的动机。爱团结一切；憎分离一切。天空中的云彩、森林里的动物、城市里的人们都因爱相聚、因憎分离。历史也是如此，个人的生活也是如此。事物因爱凝结在一起，而因为憎被拆散直至完全分离。但分离过后，事物又会因为爱，再一次地团聚和愈合。[7]

许多人类现代的动机理论都像恩培多克勒认为的一样，辩证地看待动机，从不同角度分析它。例如，西格蒙德·弗洛伊德（Sigmund Freud）在1920年提出：人类的思想和行为受两类彼此冲突的本能控制。[8]弗洛伊德认为"生本能"激励人类在彼此中寻求性、快乐和爱。"死本能"通过大胆展示个人权力和侵略性行为促使人类行为变得富有控制力和破坏性。弗洛伊德认为，生本能和死本能在人们的无意识层面运作。我们的行为受到内在驱力的管控，既表现出爱，又表现出力量的行为，这些内在驱力是我们很难掌控的，且关于其知识我们知之甚少。

自从弗洛伊德提出动机理论以来，心理学家又提出了相当数量的人类动机理论，这些理论常常讨论两类互相对立的动机。第一类动机包括了对权力、自主权、独立权、地位和丰富情感经历的追求。第二类动机则渴望爱情、亲密、依存关系、接纳、与人相处的愉悦。[9]这些动机的二元性由心理学家戴维·巴肯（David Bakan）描述得最为贴切，他把这两类动机区分为能动和共融。[10]巴肯描述道，能动和共融是生命形式存在的两类"基本模式"，它们串起了人类各种各样的需求、要求、欲望和目标。[11]能动指的是个人力求与他人分离、掌控环境、去保护自我和提升自我的动机。能动的目的是让人们成为强大、自主的"行动者"。相反，共融则与自我中的温暖、亲密、友好、热情的特质有关。它推动个人通过与他人结合、接受超越自身的伟大存在而逐渐失去自己的独特性。巴肯的理论对我们理解个人神话和人生的基本动机很有帮助。

研究表明，高度能动性的动机由两类欲望构成，一个是对权力的渴求，另一个则是对成就的渴求（见附录1）。已经有心理测试来衡量这些动机在不同人格特征中的相对优势。与低权力型动机者相比，高权力型动机者更强烈也更持久地渴望自己能变得强大，并渴望能对周围环境施加影响，他们重视生命中的声望和地位，有冒险倾向，渴望需要高领导力和有影响力的职位。他们往往在社会团体中占主导地位，会以强大的能动观点来看待自己的友谊，并且，高权力型动机的男性往往在浪漫的爱情关系（如约会和婚姻）中受到挫折。高成就型动机者则更强烈而持续地向往去完成任务。他们办事往往非常有效率，是工作中的领头羊。他们喜欢更低的风险，会仔细规划未来。他们极富有创新性，且对工作非常满意，比起休闲来说，一般他们更喜欢工作。

权力型和成就型动机是人类能动性动机的两部分。它们都强调主动积极对抗周围环境。一个人可以通过影响环境或将事情做得更好，来使得自己成为更有力的行动者。在这两种情况下，这个人都会努力实现自己的独立性——通过去掌控周围环境并按照自己的心意驱使它，这个人将自己与环境相割离。

我们想获得权力和成就的欲望可能会激励我们用更有效、更有影响力的方式去表达自己，并试着去掌控环境；而我们对与他人的亲密和温暖关系的渴望将我们拉向相反的方向，即私人生活中的亲密人际交往。的确，对于我们中的一些人来说，对爱和亲密关系的欲望比我们对成功、名望的欲望更加强大更有吸引力。正如小说家福斯特所写的那样："持有那面能映照出无限的镜子的，只有私人生活；人际交往，也只有人际交往，才能透露出蛛丝马迹，叫我们一窥日常生活中看不出来的人格特性。"[12]

研究显示，人类共融性同时包含了对亲密的渴望和对爱的追求（见附录1）。通过爱和亲密，我们每个人都能够以温暖、亲密和支持的方式与别人联结在一起。有些人在生活中表现出比普通人更多的共融性。他们通过以下方式展示其高亲密型动机：与朋友或在社会群体中的谈话和互动的方式、认识他们的人看待和评价他们的方式、他们对平日生活的看法，以及他们看待自己看重之人和自己的关系的方式。亲密和爱并不完全一样，但它们都是共融性的产物，并且是许多家庭和人会体验到的部分。亲密和爱都强调了人类彼此的联结。

动机与主题：童年后期

动机有助于组织我们的行为，为我们提供做事的动力和方向。动机通过强调个人神话中的特定主题来帮助塑造我们的身份认同。但动机与主题不一样，动机存在于人的人格里，是在小学年龄段就开始形成的。主题存在于生命故事里。它是一个叙事内容的集合，与故事中需要或打算描写的人物有关。

从小学时代起，个人的现实生活动机就开始形成，出现了主体性动机（追求权力和成就）与共融性动机（如亲密型动机）。人们开始管理欲望、目标和行动。随着孩子将人类的行为视为有意识和有组织的，他自己的行为也会变得相当有目的性和组织性。随着孩子的人格逐渐发展，孩子对人类行为的认识也会更新。

我们可以比较不同十岁儿童间能动性动机和共融性动机的强度与特性。说这些十岁孩子"有"特定的动机是有道理的，因为我们可以看到，十岁孩子的行为已经受到一系列欲望和目标的激励与引导。相比之下，四岁孩子并没有依照动机组织自己的行为，他们当然有欲望，但他的人格里还没出现稳定的动机。从某种意义上说，四岁孩子的人格可以了解自己的短期需求，但不知道自己的长远目标。而较大的孩子则了解自己的长期需求，并且他们知道自己想获得什么样的体验。

小学阶段的孩子已经产生了动机，但还未形成身份认同，也就是说他们的欲望和愿望已经能整合在一起来形成稳定的动机，但动机还没有转化为自己个人神话的核心主题。不过，动机有助于帮助孩子们明白：他们想做什么以及如何去做。例如，四年级和六年级学生的人际关系行为似乎与他们在亲密型动机方面的相对强度密切相关。我和迈克尔·洛索夫（Michael Losoff）、瑞贝卡·鲍梅耶（Rebecca Pallmeyer）开展了一项研究，我们根据四年级和六年级孩子描述的想象内容对他们的亲密型动机进行判定打分。[13] 我们发现，与亲密型动机得分较低的孩子相比，亲密型动机得分较高的孩子往往与自己"最好的朋友"有更稳定和持久的关系；他们会更多地了解最好的朋友的个人生活。亲密型动机高的孩子也常常被他们的老师评价为"重感情"和"真诚"，并被他们的同学视为友好的人，且更少有敌对的同学。更有趣也更值得关注的是，亲密型动机得分与智力测验成绩和学校成绩无关。也就是说你在学校里对温暖和亲密关系的渴望程度似乎与智力无关。

性格层面的具体的社会性动机，至少需要到四年级的年龄，才能在孩子的人格中被有效评估。不过请注意，一个人的动机在童年形成，但不会在之后保持不变，动机可随时间变化发展，这一点很重要。因此，像权力型动机和亲密型动机这样的人格倾向，仅会随着时间发展保持适度和相对的稳定。这意味着人们的动机不可能在一天或者一星期内就发生重大的改变，但是在生活中，他们可能会根据生活体验而改变动机。因此，一个具有高度权力型动机的青春期男孩可能会发现，当他30岁时，他对权力的需求可能不如青春期那么强烈了。一个25岁的女人可能强烈渴求亲密关系，而在她45岁的时候这种渴求会显著下降。[14] 在人的一生中，许多动机会盛衰消长，而在不同的人身上，动机的改变可能各不相同。当动机发生改变时，一个人的身份认同也会发生改变。如果一个人的权力型动机从成年早期到中年都在显著地增长着，我们可以预期他不断变化的个人神话也将反映出上述改变。我们可以预期到相比他年轻的时候，他中年时期的个人神话中会有更多的能动性主题。

我们最喜欢的故事通常含有我们在儿童时期深深喜欢的主题和思想。这些主题和思想往往反映出人们有组织的欲望，也就是我们最深层的动机（不管你能不能意识到这份动机）。人类生活中的两大动机——能动性和共融性——以独特的方式组织起来，形成你个人的动机主题。主题是我们很熟悉的神话元素，早在我们成为青少年和青年并面对了身份认同的挑战之前，我们就已经认识了它。因此当我们开始书写自己的个人神话时，我们倾向于沿着某些主题线构建我们的身份认同。

我不知道我是谁了：步入青春期

成年人似乎总受到"浪漫化"青春期的诱惑，即过度美化或者过度丑化自己或当今青少年的青春期。甚至有些心理学家都被这种诱惑愚弄了，他们要么过度强调了人们在青春期的创造力、发展的潜能以及自我满足感，要么过度强调动荡四伏的危机、不稳定的心境和青春期的狂热。直到现在，心理学家们仍对此争论不休，一方认为青春期是"暴风骤雨"的时期，另一方认为青春期是"相对和平"的延续。[15] 因此我们应该谨慎考虑青少年对身份认同问题关切的程度。我认为最合理的解释是：由于青少年时期会出现某些生理上、认知上和社会性上的变化，这些变化使得青少年在这一阶段出现了新的心理问题，即身份认同问题。不同青少年身上出现身份认同问题的方式、程度和强度都不一样。不是每个人都经历过身份认同危机，但是大多数人会以某种方式接受、挑战并寻找新的自我。

当一个人意识到"我现在认为我是谁"和"我过去认为我是谁"之间产生了不协调，身份认同就成了问题。不协调可能出现在对身体的认知方面。幼儿园的孩子知道随着年龄的增长，他们的身体会变得更大。他们意识到自己的身体会随着时间逐渐变化。一般来说，这种变化不会让孩子们感到困扰，因为他们预计到了这种变化，这种变化可以被测量，而且，大多数情况下更大意味着"更好"。但步入青春期的男孩、女孩可能会面对产生突如其来的质和量变化。不管孩子有没有预期到这种变化，这种变化仍然是生命中前所未有的。女孩的乳房开始发育，阴毛生长并开始有月经。男孩的阴茎和阴囊发育，胡须长出，声音改变等。经历过青春期的人肯定不会忘记这些改变，这是无须创伤刺激而让人感到惊奇的改变。

青春期时，人们开始体验到之前没意识到的性欲和渴望，比起之前的岁月，青春期的欲望是如此的强烈，充满了生活的方方面面。这种经历也是之前生活中前所未有的。无论13岁的我们多么成熟老练；无论我们如何准备好迎接青春期；无论我们观看过多少描绘性关系的电视节目和电影，性欲增强的感觉对我们来说都是全新的一种体验，且加强了我们身体改变的事实。与同龄人的关系也会因青春期而改变。我们的社交世界变得充满情欲，与某些人的关系会产生新的兴奋和期待。

在世界神话中，存在着有关人们青春期性觉醒的象征：年轻的英雄——伊阿宋（Jason）⊖、埃涅阿斯（Aeneas）⊖，或者佛陀（Buddha）——跨越一道门槛进入一片危险和充满诱惑的土地。[16]有些心理分析师认为，青春期的性觉醒实际上是孩童在经历过俄狄浦斯情结后的再次性觉醒。事实上有不少人认为青少年再现的性觉醒可能会被重新指向父母，因为青少年会再次体验到俄狄浦斯情结。[17]世界神话中的年轻英雄在他的漫漫征途中有时会想念"故乡的美"。[18]这样的情节暗示着存在于他潜意识里的孩童时期的性欲望。

生理变化和性变化只是改变的一部分，而认知的变化也影响深远。让·皮亚杰（Jean Piaget）认为，许多人在青春期进入了形式运算阶段。[19]根据皮亚杰的理论，在青春期的我们首次以非常抽象的方式思考关于世界和自己的问题。在形式运算中，人们可以用口头陈述和逻辑推导假设来理解问题和定义事物的现状和可能。皮亚杰认为，在青春期之前我们根本做不到上文描述的那样。一个八岁的孩子能够巧妙地对世界进行了精准的区分和分类，但他们的思维局限于真实世界是怎样的，而不是抽象世界可能可以是怎样的。

让一个聪明的四年级学生说出美国 50 个州的首府，无须对他们的对答如流感到惊讶。但如果你告诉同样的学生：假设美国只存在十个州，然后让他们推测十个州的首府，他们就很难回答

⊖ 希腊神话中夺取金羊毛的英雄。——译者注
⊖ 特洛伊战争中的战争英雄。——译者注

这个问题，甚至会认为这个问题是荒谬的，因为美国实际上是由50个州组成的。对他们来说，在假设性情境中分析设计出能定义首府的标准系统性方案很难。小学生以具体事实为根据：认为现实即一切。相比之下，青少年一旦进入形式运算阶段，他们就会认为现实只是可能性中的一个子集。真实只是可能性的一种外在表现。青少年能想象出另外可行的、自圆其说的世界设定。

认知的形式运算激发了严重的现实质疑。青少年可能将现实中的现在与过去，同假想中的过去、现在和未来的可能性做对比。如果我是一个女孩（而不是男孩），我现在会有何不同？如果我生活在南北战争期间呢？我能和现在的我产生多大的不一样？如果我信印度教会怎么样？如果我没有信仰那可能会发生什么？如果我加入军队会怎么样？青少年会开始认真考虑不同的生活选择及其可能性。在某些情况下，他们以崭新的、不可思议的方式去探索和体验世界，并质疑童年时期学习和了解到的事物，认为它们"老旧"。这种内省和抽象的认知导向可能会形成"假设性的理想存在"——理想的家庭、宗教、社会和生活。[20]青少年的理想主义取决于形式运算思维的出现。

新的认知能力可能会对一个人的生活和行为提出更严格的要求。青春期的少年可能开始思考在自己生活中存在的不一致现象。他们会在日常生活和行为中扮演不同角色，表现出在不同情境下不一致的行为方式。当青春期的男孩遇到自己的朋友时他可以自信地打招呼，但和一个女孩讲话时他却有些害怕而微微发

　　　　　　　　　　第一部分　将生命变作故事

抖。在学校，正处于青春期的女孩看似很文静，但在家里很反叛。在教堂里，她是如此的有礼貌；和其他女性朋友在一起时，她大方温暖；和兄弟姐妹在一起时，她却淘气傲慢。青春期的人开始明白不同的人有不同方面，这种认识令人感到不安，因为这表明在某些情况下人们不再是"真正的自我"。八岁的孩童不会担心自己的行为是否反映了真正的自我。相比之下的青少年却知道自己做的事会不会如实地反映真正的自我，以及别人眼中的我和真正的我是不一致的。这种不一致使得他们经常这样问自己：我到底是谁，真正的我是怎样的？

为了知道我是谁，我必须知道我不是谁。书写个人神话的出发点就是意识到：我现在不是且不再是小孩了。我拥有过去，但我必须从过去走出来，我必须接受身份认同对我的召唤，这样才能找到自己的真相——这个真相肯定会不同于孩童时期的我所知道的真相。青少年抛弃了确定性和过去的框架，并为生活中产生的新问题寻找新的答案。特定的权威人物代表了过去，但就像过去一样，这些人物也会被否定。任何其他的权威人物都可能会被时代所淘汰。现在的你可能会为父亲并没有儿时所想的那般强大、负责任和拥有男子气概而批评父亲。在某些情况下这种批评可能是有意义且值得这么做的。这些批评是创建个人神话必要的一部分。某些权威人物是由负面的认知创造出来的。[21] 当他们被创造时，他们会被塑造成"一个人不想成为的样子"，他们是青少年新故事中的第一个恶棍和傻瓜形象。

有恶棍的同时还有国王和王后，这些也可能是拥有权力的人，甚至是父母。青少年为了形成身份认同，不是必须"叛出"家庭。青少年可能会以更微妙、更复杂的方式远离过去。父母、老师和朋友可能会通过生活的点点滴滴来帮助青少年历经青春期，他们可能就有关学校、工作和情感为其提供宝贵的建议。世界神话中的年轻英雄经常得到智者的指点——从智者、女神那得到关键的帮助和超自然的力量。没有他们的帮助，英雄的征程可能注定要失败。我们不应该误认为创造个人神话的过程是一趟孤独之旅。是有一些危机和风险需要我们独自面对，也只能独自面对，但我们是在社会情境中了解自己是谁的，我们通过和他人的相处互动加深了对自己的了解。远离过去不是脱离世界，而是从一个世界转到另一个世界。

当我们在青春期开始构建我们的神话时，我们了解到我们的同辈也会问与我们一样的问题。我们熟悉的人甚至社会机构都可能会鼓励我们提出这样的问题。在美国的中产阶级中，校长、学校辅导员、教师和父母，都期望青少年能积极地探索和寻找自己的身份认同。16岁完成义务教育后，年轻人开始选择自己在成人世界的角色——上大学、进军队、创业、结婚构建家庭。在最好的情况下，社会会为正在脱离青春期的年轻人提供指导。在心理上，离开家园就是离开童年，并踏上成为一名成熟和负责任公民的旅程。那么，符合社会最佳利益的做法，就是把"青少年突破过去、得到成长"这件事认为是必要的、好的。

发展心理学家戴维·埃尔金德（David Elkind）通过调查青少年的日记和信件，发现了人们创造个人神话的首次尝试——我们生命故事中的"初稿"。[22] 艾肯认为青少年常在他们的幻想中构建个人传奇（personal fables），并在他们的日记和信件中表达。这些故事常表现了青少年的独特性："还没有人做过我所做的事情；没有人见过我所见过的东西；没有人可以真正了解我，我是独一无二的，你不懂。"他们可以庆贺自己的伟大，就像年轻人梦想成为世界上最伟大的科学家一样，或幻想撰写鸿篇小说或改变世界。

个人传奇看起来像是自大的妄想，但它只要出现在合适的发展阶段，就显得十分正常甚至会带来益处。一旦年轻人能够在假设的命题中自娱自乐，那么有关"可能生活"的潘多拉盒子就会开启，与现实几乎没有或根本没有关系的种种情节喷薄而出。青少年看起来都不知道如何处理他所拥有的美好精神力量。青少年就像走进了认知糖果屋的孩子，一口气倾吐出个人传奇。这些不切实际的个人传奇终将会随着时间的推移和经验的积累而消失，但它们代表了自我的发展中一个重要的变化。个人传奇是草稿，最终会成为整合的、可以用来定义自我的生命故事。随着年轻人越来越了解在社会中定义自我时会遇到哪些机会和限制，他们可以重新编辑、改写、修改个人传奇，把它变得更加现实。当我们在成年期，写出更成熟的生命故事时，我们意识到自己的身份认同开始并终将汇入社会和历史的长河。

意识形态背景

意识形态[⊖]是身份认同的一个方面，它是十几岁青少年生活的核心问题。那个时期，我开始随意畅想"各种可能的自我"。大概在同一时间段，我也开始应对关于"什么是真的""什么是对的"这类基本问题。埃里克·埃里克森写道：

> 在个人身上，意识形态是一种"生活方式"，或者德国人所说的"Weltanschauung"（世界观），指的是由现存理论、接触到的知识和常识组合而成的世界观：比如乌托邦观点、包容的情怀或者是教义逻辑等，对个人来说，这些都是无须向他人证明、无须解释的。[23]

青春期的心智是一种意识形态式心智。埃里克森写道："对于渴望被同龄人肯定的青少年来说，社会的意识形态思想是最为重要的。青少年希望通过仪式、信条和团体得到肯定"。[24]形式运算思维的出现为青春期的哲学思想铺平了道路。当然，并不是每一个青少年都会花费大量时间思考哲学问题，但还是有很多人花时间进行思考，正如我自己和其他心理学家所做的研究所表明

⊖ 一般来说，意识形态指的是有关人类生活和文化的观念和信仰的系统性、调和性和集合。这个术语可以是狭义的，例如它可以指特定的政治意识形态，也可以是广义的，如指人们的世界观。意识形态是一系列理念的集合，它代表了一个人是如何抽象而系统地看待世界和人类的。

的那样。[25] 更重要的是，直到青春期，人们才发展出足够的心智能力，来思考复杂的意识形态问题。

意识形态考虑有关善和真理的问题。为了知道我是谁，我必须决定世界中哪些是真善美，哪些是假恶丑。要充分了解自己，我必须相信宇宙以某种方式在运作，以及有些关于世界、社会和生命的真相的事是真实的。身份认同建立在意识形态上。[26]

一个人的意识形态的作用是作为身份认同的"背景"。它给个人神话提供了一个特定的伦理的和认识论（epistemological）的框架。纳撒尼尔·霍桑（Nathaniel Hawlhorne）的小说《红字》（*The Scarlet Letter*）里的事件如果不是发生在美国殖民时期的清教徒城市中，那么这篇小说毫无意义。霍桑写了一个年轻男人因通奸受到同事谴责的悲剧故事，如果把故事背景改为现今的旧金山，那故事的发展会完全不一样。与其相同，如果不提玛格丽特·桑兹激进的不可知论与她有关天主教堂的负面经验，那么她的破坏行为就毫无意义。

在西方人的意识形态背景中可能涵盖了他们对宗教、精神、道德、伦理、政治的信念，甚至还包括人们的美学理念。什么是好的？什么是真的？什么是美丽的？世界如何运作？世界应该如何运作？生活意味着什么？人类如何相互联结？人类应该如何相互联结？几世纪以来，这些都是哲学家、神学家和诗人为之困惑的意识形态问题。即使我们每天都不花时间思考这些问题，它们也还是我们每个人都要面对的问题。

存在主义哲学家说，我们每个人在出生时是在特定的时间和空间上被"抛入"世界的，且具有一些天生的能力和局限性，而我们面对的挑战就是如何使我们的生活有意义。我们被"抛入"的地方决定了我们大部分的生活。如果我在19世纪80年代作为一个黑奴出生在的美国南部，那么我将一辈子做一个奴隶。如果我作为一个女人被"抛入"当代印度某村庄，那么我很可能一辈子遵循印度教规定的女性使命：在适当的年龄结婚并永远倚重我丈夫。相比之下，如果我作为一个男孩被"抛入"20世纪50年代初美国富裕白人家庭，那我的前景与上文描述的是截然不同的。出生好比"抽奖"——完全是随机的，超越了任何人的控制。[27] 我们的个人意识形态来自我们试图弄明白我们被"抛"到了哪儿。

身份认同和意识形态的问题可能是一个现代问题，是生活在工业社会的西方中产阶级的特征。在以农业为主导的传统社会以及更早期的人类社会历史中，在青春期和青春期后期寻找或创造自我的问题——在自己认定的真理基础上构建自我——可能不是那么重要。在子承父业和女承母业的社会，年轻人通过社会结构来建立身份认同。在这种情况下，意识形态和职业来自既有的权威，人们很少探索可能的自我，只是维持现状，尊重既成事实（fait accompli）。

即使对西方社会的知识分子来说，"一个人应该找到或创造一个独特的自我"这样的观念也许是近现代才出现的。在社会心理学家罗伊·鲍迈斯特（Roy Baumeister）1986年所著的《身份认同：文化变革与自我斗争》（*Identity : Cultural Change and the Struggle for Self*）一书中，他检视了记录有西方人经历身份认同危机的报告，并发现了探索身份认同的证据可以从两类不同的有关人类生存问题的报告中找到。第一类问题是时间连续性问题，例如人们开始自我怀疑："今天我和三年前一样吗？""十年后的我还和现在一样吗？"；第二类是差异化的问题。身份认同迫使人们去找到自己与众不同的地方，以此区分自己和其他人——那些至少表面看起来与自己非常相似的其他人。

鲍迈斯特认为身份认同在 19 世纪之前的西方社会并不是什么大问题。欧洲的中世纪社会以血统、性别、家族和社会阶层这些外部标准为根基划分个人身份等级。中世纪时期针对这些外部标准出现了个人主义的抵抗，包括基督教对于个人决断和个人参与教会仪式的重视。新教改革裂解了欧洲的意识形态共识，并把人们的宗教信仰看成一种严肃的身份认同问题。17～18 世纪资本主义的兴起带来的财富，创造了地位上升的中产阶级，因此那时候的人们在宗教信仰方面面临重大选择——例如是信奉罗马的天主教还是日内瓦的新教——并通过市场上的商业活动来增加个人的财富。

18 世纪末的最后十年，西方进入浪漫主义时代，基督教会的权势迅速衰败，长期以来的政治制度的合法性也遭到了质疑，就像在法国大革命中那样。浪漫主义时代的男人和女人将创造力、激情和对内在自我的修养替代了基督教身份认同和意识形态。浪漫主义者们也越来越不满意个人与社会的关系，这种不满昭示着个人自由主义的觉醒，最终催生出了19世纪的各种乌托邦运动。19世纪后，西方关于基本真理和终极价值观的社会共识已经消失殆尽，人们必须塑造自己的意识形态以作为构建身份认同的基础。

20世纪，随着西方人面临着太多职业和意识形态的选择，他们对身份认同感的关注越来越强烈。此外，许多社会评论家已发现了20世纪的西方成年人前所未有地不信任权威机构，人们开始彼此疏远。19世纪的浪漫主义文学作品中充满了个人英雄勇于反对社会制约的故事。相比之下，大部分20世纪的文学作品中，人们不知所措（甚至无助），并且强烈渴望自己能与众不同。[28] 虽然像"美国人生活在一个'后现代'世界"，"我们的世界总在改变"，"人们很难赶上这瞬息万变的世界趋势"这样的话实在是陈词滥调，但这些话仍可以启发我们，让我们意识到：当代生活特征就是在追寻和构建身份认同，有学者称其为"我们时代的精神问题"。[29]

意识形态作为身份认同的一个方面，是当代生活中的一个核心问题。为了塑造一个定义自我的个人神话，我们每个人也必须得出一些关于世界意义的结论。这样我们才能在意识形态认定的真理上构筑自己的身份认同。此外，意识形态就和身份认同一样，是我们在社会情境中构建的。我们的社会环境奠定了我们基本信仰和价值观的发展。在教室、游乐场或工作场合，我们通过与朋友和家人对话来了解真善美，很少有人会去山上独居三年时间来思考这些。相反，人们通过生活在他人中间并与人们相处，来为自己的个人神话构建意识形态背景。

青少年意识形态的出现可能标志着人类生活周期中一个奇妙的过渡，即个人如何利用故事来构建自我。孩子对故事不断变化的理解力影响他们今后如何聚集资源以形成身份认同。孩子反复听到、看到、创作和喜爱的故事，对创造自己的个人神话的基调、意象和主题产生了影响。然而，当我们步入青春期时，故事的角色会变得有些混乱，因为故事无法满足青少年心智中构建意识形态的需求。童话、传说、神话……各种各样的故事并不总会讲清楚：什么是世界和生命的真相，什么又是世界和生命中的良善。

青少年总在寻找自己可以相信的意识形态，站在他们的立场上看，故事多少包含着一些看似多余的部分——具体的细节、彼此冲突的动机、复杂的情节、矛盾的信息。对想要单一逻辑的、充满条理的、系统性的信念的人来说，这些信息与故事无关。而故事中可能包含宝贵而微小的信息，我们可以以小见大，从故事的具体细节出发，抽象地认识和理解我们的生活。青春期时，人们发现故事们在"什么是对的、什么是真的方面"持不同甚至互相矛盾的意见。我们又该如何调和这些矛盾？对青少年来说，比起传说故事，他们更满意理论、信条或其他系统的阐释。

生命故事的意识形态背景可在成年后得到进一步发展。虽然一些心理研究表明青春期晚期和成年初期是构成意识形态的特定时期，但有些人在成年后的几年中仍会对其信仰系统做出重要的改变。[30] 尽管如此，许多人（即使不是大多数）仍在青春期后期和成人早期达到了一个平稳的意识形态状态。随着我们的意识形态背景得以巩固，我们的身份认同能够建立在自己所认定的真理基础上。

什么是善的？什么是真的

每个意识形态的背景像每个个人神话一样是独一无二的，但也存在一些常见的意识形态背景的类型。理解与分类意识形态有两种主要方式，第一个是关注内容，第二个是检查结构。内容一般指的是一个人认为什么是真善美，而结构是指这些信仰如何被组织起来。虽然内容和结构相互影响，但这种分类方法仍然为我们提供了一个切入点，去理解复杂的个人意识形态话题。

能动和共融是叙事中的两个最主要的内容主题。这些相同的主题似乎表明了意识形态背景中的基本信念和价值观。

先来说说以能动性为核心的意识形态背景。这种信仰体系重视个人的自主权和福祉，强调个人权利重于社会责任。个人自由十分珍贵。人类被认为是世界上不可避免地相互冲突或侵害彼此个人空间的强大自主的行动者。因此为了公平地管理行动者，保护个人利益，需要法律和规范的制约。约翰·斯图亚特·穆勒（John Stuart Mill）在《论自由》（*On liberty*）中写道："个人权利可以扩张，前提是不能干涉到他人权利。"[31]

在一个行动者自主的世界里，良好的行为会使所有人都受益。但受益的是作为个体的他们，而不一定是作为一个更大整体的一部分。良好的行为能促进个人的发展、成长、成就、进步、幸福、自由等。相比之下，坏行为破坏或威胁个人的利益。由于每个人都有自己的世界观，因此人们需要遵守普遍而抽象的、超越个人的感情和偏见的正义原则。如果没有这些原则，世界将一片混乱，每个人都会堕落到以牺牲别人来使得自己受益。因此，能动性世界中适当的意识形态强调道德规范的一般原则。

高度共融的意识形态背景与上述的能动性世界形成了鲜明对比。共融性意识形态最重视群体和人际关系。社会责任比个人自由和斗争更重要。虽然在共融性的场合，公平很重要，但更为重要的是照顾他人，并且通过友情或亲属关系与他人保持联系。从共融性的角度来看，人们是通过特定承诺和责任相互联系、彼此依赖的生物。虽然用法律去规范个人行为也很重要、不应忽视，但大多数社会生活发生个人竞争之外。因此，法制和道德关注的重点，应该是如何让人们活得平和又富有生产力。

从共融性的角度来看，特定行为的好处要放在社会情境下进行评估并要考虑它在社会情境中的影响。正义和普适的抽象原则可能没什么作用，因为这两者并非针对具体的情况。什么是对的、什么是真的取决于谁参与其中、涉及谁的利益。

心理学家卡罗尔·吉利根（Carol Gilligan）在她有影响力的书《不同的声音：心理学理论与妇女发展》(*Different Voice: Psy-*

chological Theory and Women's Development) [32] 中，有力地表达了能动性和共融性意识形态的区别。吉利根认为，当我们听到人们谈论在生命中什么是正确的和真实的时候，我们可以听到两个对立的"声音"，男人更可能把道德问题的框架构建在对公平和正义、自治个体的价值的理解上。这和当今普遍男性视角下看待的人类发展是一致的，即认为人类发展应当逐步地取得个体化（individuation）和自给自足。相反，女性更可能会将道德问题的核心定位在共融性的关心和责任上。从更女性化的角度来看，人类的成长和自我实现扎根于与他人、社会和世界产生的有意义的联结。根据吉利根的说法，女性的"不同的声音"在我们以男性为主的传统世界中是被贬低的。在意识形态方面也许还有身份认同方面，在牺牲共融性利益的前提下，个人能动性被抬高了。

吉利根的说法是有争议的。迄今为止还没有系统性的心理研究能明确支持她的说法——证明男性和女性在这两种意识形态方面有很大差异。[33] 即使如此，越来越多的人认可了她用男女差异来区分人们信仰的方法。不过，有些男性似乎同时具有高度的能动性和共融性意识形态的观点，女性也是如此。在基本价值观和信念方面，"男性会倾向于能动性意识形态，女性会倾向共融性意识形态"这个假设到底是不是真的，我们仍不是很了解。

我们可以从能动性和共融性的角度理解意识形态的内容，我们可以通过提出这个问题来研究意识形态的结构：一个人的信仰系统有多复杂？复杂系统是高度差异化和整合化的。[34] 这意味着一个复杂的系统有许多部分或区分（因此是差异化的），许多部分以多种方式相互连接（因此是整合的）。一个简单的系统中，差异化和连接很少。

发展心理学家已经表明，随着孩子成熟进入青春期然后成年，他们的信仰系统会变得越来越复杂。关于道德行为、[35] 正义、[36] 人际责任、[37] 政治、[38] 和宗教信仰的信念 [39]，孩童时期简单化和墨守成规式的推理模式通常在以后的岁月中演变成更为复杂和精妙的模式。早期，孩子们从一个非常具体和自我为中心的角度来看待道德、法律、人际关系、政治和宗教问题——只对我有益的就是好的。朋友就是对我好的人，某些权威既不好也不坏。在发展的中期，儿童和青少年拥有更为复杂的社会观点，认识到个人需求和观点必须与群体和社会整体达到平衡。等发展到最后，人们能整合互相冲突的观点和不同层次的分析，将它们纳入自己的内在标准和原则。最成熟的个人意识形态的观点源于对意识形态的斗争和对价值观和信念进行长期的挑战、测试和调整。

一个人从青春期进入青年时期，其意识形态的背景已有很大的成长和发展。曾经相当简单化和自我中心化的信念和价值观表现为更成熟的形式。人们能意识到，用来评判真和善的意识形态框架里，同样存在灰色地带与模糊性。尽管如此，在青春期结束时，人们意识形态的复杂性和成熟程度存在着巨大差异。发展心理学家记录了青少年和年轻人如何理解道德、伦理、宗教和政治问题的重要个体差异：有些人还用的是童年时期的观点（意味着他们在道德发展、信仰发展等方面的程度特别"低"）；也有些人拥有更差异化、更整合的意识形态（更高阶段的意识形态），心理学家认为后一种意识形态发展更成熟、更进步和开明。研究还表明，这些个体差异在成年后仍会保持相对的稳定。[40] 也就是说，我们在青春期建立的意识形态——其结构和内容——可能在成年时期伴随我们，在大多数情况下只会有微小的变化和改变。

因此，在青春期后期或成年期早期，我们大多数人都对"什么是真、什么是善"的观点比较自信。在青春期，我们暂时从故事中抽身出来，投入更抽象、更逻辑化的系统。在这个阶段，故事不能提供可靠而有效的意识形态答案，但等青春期和成年早期过去，在塑造了意识形态背景之后，我们又回归到故事本身。这一次，我们是故事的制造者——一个掌控自己个人神话的成年人。

第 4 章

成为制造神话者

在青春期阶段，我们的生活变得有神话性。构建身份认同仍然是成年人的核心心理社会性任务。从青春期开始，我们面临着创造一个整合性的生命故事的任务。通过自己的生命故事，我们能够了解我们是谁，以及我们如何融入成人世界。我们对自己和世界的看法随着时间的推移而变化，促使我们不断修改着这个故事。将生活写入神话是成年人的首要任务。埃里克·埃里克森告诉我们：

> 成年意味着用连贯性的观点（包括回顾过去和展望未来）看待自己的人生。人们一般通过经济地位、年代辈分、社会地位的划分来确认自己是谁，在此基础上，成年人就可以有

选择性地逐步重建自己的过去，把自己的生活说得像"是过去发生的事成就了我的现在"，或是说得更好听些，"是我在过去就规划好了现在的生活"。在这个意义上，我们可以从心理的角度选择我们的父母、我们的家庭史，甚至选择我们的国王、上帝和英雄的历史。通过把这些历史都变作我们自己的历史，我们可以在内心成为主宰者、创造者。[1]～

通过"选择性地重建我们的过去"，如埃里克森所说，我们获得了"创造者"的地位。我们创造出一个全面且有意义的自我，因为它嵌入了一个连贯而有意义的故事。我们没有人能够选择自己的父母，也没法选择自己婴儿期和童年的成长环境。但是人要成熟就必须接受自己的过往，并且得有意义地组织过去的事。在过去，我们对生活毫无计划，但成年以后，我们对生活有了神话性的计划。我们创造了神话来理解自己和他人的人生。通过神话我们定义了过去我们是谁、现在我们是谁，以及将来我们可能成为谁。

随着年龄较大的青少年或年轻人开始塑造个人神话，他可能会经历心理社会性延缓（psychosocial moratorium）。[2]进入延缓期的年轻人会积极探索生活中新的选择。他们尝试用新的态度看待性别、政治、宗教信仰和生活，尝试新的角色和关系。他们打破他们童年的固有模式，并构建新的框架来理解自己和世界。他们成为创造性的历史学家，因为他们尝试用不同的方式来理解他们的过去、自己与父母的关系，以及种族、宗教和阶级根源。

通过探索，年轻人可以更好地了解环境中存在哪些资源，能用来构建自己的身份认同。这些资源包括能支持年轻人探索个人神话的社会支持网络、可能的工作和教育机会、能体验到成熟的爱与亲密的人际关系，以及各式各样的文化系统、生活方式和存在方式。现代美国社会为中产阶层和上流社会提供了丰富的资源用于构建自我认同，工人阶级和穷人的选择则较少，女性的资源比男性少得多。一个人必须尽其所能地打好手上的牌。生活中没有纯粹"白手起家以致荣显"的人。同样，在构建个人神话时，我们永远不可能超越我们的资源。

在一个身份认同形成的理想过程中，社会将鼓励心理社会性延缓，并为年轻人提供安全的避难所和实验环境。当我们不愿意让年轻人墨守成规时，有延缓时期是好的。年轻人应该对尝试新角色抱有安全感，认识到这些尝试不会有长期风险。社会可能不会鼓励所有形式的探索，但一定程度上容忍和接受年轻人的探索是必须的，这样，年轻人才能在延缓期里兴旺成长。一些教育家提出，大学里丰富的文科课程可以鼓励年轻人批判性地思考关于生活的种种假设，支持学生探索各式各样的行为、感受与信仰，通过这些方式推动年轻人发展自己的身份认同。[3]大学是孕育心理社会性延缓最有效的土壤之一。

参与我个人神话研究访谈的美国成年人中，有一半以上就读于大学，其中大约 2/3 的大学生报告说，他们的大学经历鼓励他们质疑自己从没思考过的问题。有些人探索了宗教信仰。在遇到有其他宗教信仰的同学后，一位来自保守的天主教家庭的大学生开始怀疑宗教中的"普适真理"；而一个过去不信仰宗教的女生认为神学课程中提出的问题很有趣。有些人探索了职业选择。一位大二医学专业的学生发现他有写小说的天赋，还得到了教授的鼓励；一名女孩的父母期望她成为护士，然而她在化学课上获得最高分，并考虑在化学领域就读研究生。还有许多人探索了新的生活方式。一位年轻男士不再和女人约会，他坦率地面对自己是同性恋的事实，还参加了校园同志社团；一位女孩选择不再住宿舍，而是和她的男朋友住在一起，这对一年前的她来说是一件不可思议的事；一名住在郊区的有钱的白人学生与来自发展中国家的一群外国学生成为亲密的朋友，他搬出了父母的家并和朋友们住进了廉价的公寓，他开始怀疑物质生活方式的价值，并怀疑他作为富有的美国人的特权地位是否间接地促成了对社会其他阶层的剥削。

理想情况下，延缓阶段的社会探索，最终会使得成年人愿意做出承诺。一个人要做出的最重要的承诺，是承担起有关意识形态、职业和人际关系的责任。在探索其他信仰和价值体系之后，年轻人更清晰地认识了个人意识形态，并有了自己对宗教、伦理道德和政治的看法。他们已经准备好找一份工作，并做出对友谊和爱的长期承诺。

在当代美国社会，社会心理延缓未必会让人们最终找到普适真理。青少年或年轻人会发现，可能不是只有一种适合自己的生活方式。相反，一个年轻人可能会发现：很多不一样的宗教观点也有道理；其他职业也能为自己带来成功和帮助自我实现；不是只有和某人结婚才能过上幸福的婚姻生活，也许和其他人结婚过得也能幸福。在当代美国，成人生活的普遍相对主义，使得热爱思考的人很难相信生活难题的答案只分对错。在这样的相对主义中，年轻人必须行动起来。他们必须选择投身于情境性而非普适的真理。当然，一个人确实需要仔细思考自己的决定、做出可靠的选择，但他们也要做好准备、毫不犹豫地离开延缓期。我们永远不会知道事物在长远阶段将如何发展，但我们必须尽我们最大努力使它们运转下去。

对身份认同做出的承诺中存在着紧张的对立。这种对立来自个人需求与社会需求之间的冲突。在身份认同的健康发展过程中，个人必须在叛逆和盲目从众中巧妙周旋。承担责任会使得人们找到自己独特的位置，但这位置依然处于社会背景之下。如果人们拒绝社会所提供的一切，他们就不能正确地承担责任和义务。异化与失范同健康的身份认同发展背道而驰。同样，如果人们只是安于现状、被动地接受社会给予的一切，那他们也不能履行责任。一个人不应该死板地探索身份认同，仅仅获得一个因循守旧的个人定义。相反，人应该在复杂的社会世界中找到自己的一席之地。身份认同是个人与社会世界之间的合作，两者共同为生命故事负责。

身份认同许下的责任承诺不单面向未来，也面向过去。我们在延缓阶段的探索涉及我们曾经是谁。在世界神话中，旅程中的年轻英雄可能会发现陌生的力量、陌生人和新的冒险都是如此亲密和熟悉，好像英雄很久之前就熟知它们。身份认同的发展也是一样，一切都不是全新的，尽管它们可能会呈现出新的、意想不到的样子，但它们确实是我们的老朋友。因此，当我们在生活中做出意识形态上、职业上和人际上的责任承诺时，我们重新掌握和塑造了我们过去的本质。健康的身份认同会同时保证变化和延续。

并非所有对身份认同的承诺都是永恒不变的。即使一个人度过了延缓阶段，并且对价值观、工作和家庭做出承诺，探索也还没有结束。身份认同在成年初期尚未完全"实现"，[4] 变化可能再次发生，特别是在工作和关系领域。人的一生并不总是一帆风顺，人生也不是总在重复地循环。[5] 相反，在相对稳定的时期里穿插了改变，人可能会再一次经历延缓期。我们应当预料到在生命发展的独特进程里，我们会经历探索和承诺之间非常规的交替。在探索期间，人们很可能以重要的方式修改定义自我的神话。在承诺期间，自我神话则保持相对的稳定。

成年生活的轮廓

与埃里克·埃里克森所提出的著名的人格发展阶段理论不

同，我认为身份认同的形成不应该只发生在青春期后期和成年早期。并且，我们最好将埃里克森提出的后续发展阶段，如"亲密"阶段和"生成性"阶段，同样理解为是和身份认同发展相关的阶段。一旦一个个体意识到他负责定义自我，那么找到自己的定义在大部分成年生活中就是当务之急。身份认同会逐渐退化，有一天它不会再是一个核心问题，但这只会在老年阶段，或是在埃里克森所说的最后一个心理发展阶段（"自我完整感对失望"阶段）才会发生。

与埃里克森[6]及其前辈弗洛伊德（认为儿童早期的经历很大程度上决定了其成年后的性格）的观念相反，目前很多心理学家和社会学家都认为成年生活是相对可塑的，并且认为人们在21岁生日之后，依然可能出现心理功能上的重大变化。在某种程度上，这个观点是在有关个体自主性的假设基础上做出的。作为具有相同西方社会背景和历史背景群体中的一员，西方心理学家倾向于支持西方中层阶级和上层阶级的价值观。我们认为每个人（甚至在成年时期）都可以以一种个人认为有意义的方式掌控和创造自己的生活。我们希望每个个体都可以有属于自己的、独特的生活方式。

在过去的20年里，很多心理学家和精神病学家都提出了一些理论，涉及成年期生活中一系列可以预计到的挑战和变迁，比如丹尼尔·莱文森（Daniel Levinson）[7]、乔治·范伦特（George

Vaillant）[8]、罗杰·古尔德（Roger Gould）[9]和大卫·古特曼（David Gutmann）[10]。在此之前，卡尔·荣格[11]、埃尔斯·弗伦克尔－布伦斯威克（Else Frenkel-Brunswik）[12]、罗伯特·哈维格斯特（Robert Havighurst）[13]、罗伯特·怀特（Robert White）[14]和伯尼斯·诺嘉顿（Bernice Neugarten）[15]为分析个人成年时期的身份认同发展提供了深有影响的理论框架。这些理论家并非在所有观点上达成共识，并且你也可以找到对他们理论的种种反对。[16]这些方法的一个主要局限性在于，它们过度依赖成长在第二次世界大战后相对繁荣的美国的白人专业人士所提出的叙述性理由。最近，有些研究开始关注女性[17]，但是少数民族成年人和社会经济水平较低的成年人并未受到关注。此外，也很少有跨文化的研究。就我们所知，针对从较早美国历史节点开始的成年发展情况的研究则更少。

因此，所有关于成年人发展的研究都伴随着一些重要的条件。类似"成熟"和"健康发展"的概念均是基于我们的文化做出假设而形成的，而我们从未怀疑过这些假设。作为一个西方民主主义的中层或中上阶层成员，我们中的大多数都倾向于认为成年人应该肩负起自己生活、工作和娱乐的一些责任，承担其在社会中的生产角色，为心理自主和财务独立而奋斗，教育孩子应对现代生活的挑战等。在我们的社会中，成年人会看重自由、自主、掌控力和做出负责的承诺等等。这些价值观可以指导有关人们在二三十岁时应该怎样生活的一些观念。但是在其他社会中，

　　　　　　　　第一部分　将生命变作故事

有关成年发展的看法可能不同。西方健康成年人发展的模型，恐怕没办法完美套用在正统派、信仰伊斯兰教的女性或阿富汗农村居民身上。很少有心理学理论（如果有的话）可以自信地阐述跨文化的主张。[18]

在阅读下文的时候，记住这个重要的局限。我们看到的是将许多早期成年发展的著作整合形成的梗概，它是一个理想化的整合产物，不是每个细节都适用于所有人的成年生活。每种概况中都有很多例外，而每个个体生活都不太可能像梗概所呈现的那样井井有条。不过，这个梗概还是能作为一个参考，让我们明白自己在人生三四十岁阶段里可能遇到的情况。

二十几岁是成年期的开始。丹尼尔·莱文森指出，我们在这十年中的主要任务是"进入成年人的世界"。罗伯特·哈维格斯特认为人们在二十几岁时必须发挥其在家庭、工作和公民职责领域的初始成年角色。很多男性和女性都在这一阶段进入全职工作的环境。那些更加幸运和接受更好教育的青年已经有了自己的职称，并且希望在未来几年中升到更高的职位。在 30 岁时，大部分成年人都搬出了其父母的住处，并且开始了相对独立的生活。通常这时人们会结婚，开始自己的家庭生活。

按照大多数标准，二十几岁的年纪仍然算"年轻"。很多人都处于其生理性能的巅峰，比如大部分专业运动中的运动员，通常明星运动员的巅峰期都是 25 岁到 29 岁。对于很多二十几岁的人来说，成年人世界令他们感到新鲜和兴奋，也可能会有点害怕。此时，年轻人会有很多机会承担临时的责任。二十几岁的成年人在开启事业和家庭生活的同时也开始进入社会。虽然此时的一些责任义务可能会持续一辈子，但也有可能不会。美国人会发生重大职业转换是常见现象而非特例，[19] 很多家庭会经历几次离婚而发生变化。因此，二十几岁承担的责任义务很有可能只是临时的。我们大部分人都意识到未来几年很多事情可能会发生重大变化。很多人感觉到：我们其实并没有真正地安定下来。

透过对未来的梦想，人们憧憬着将来的生活。莱文森认为，梦想是对一个成年人希望在未来经历和完成的目标的整体描述或计划。梦想可能包括职业成功和声望的提高、美满家庭生活的发展、财务安全或愉悦的生活方式得到保障、与朋友和同伴建立某些关系，以及很多对自己、家庭和其他重要的人的希望或目标。有研究表明男性的梦想主要是职业成就，而女性的梦想则包括了职业和人际目标。[20] 梦想会随着时间推移而改变。生活中的重大转变是由梦想的重要变化造成的。

莱文森指出，二十几岁时的另一个重要发展是与一个指导者建立关系。这一导师似的朋友通常比该年轻人年长、更有经验，因此，当年轻人面对二十几岁阶段中的困难和挑战时，导师可以借这些机会很好地指导年轻人。指导者似乎在专业工作场所是最有价值和最常见的。指导教授往往是在学术界中任职的毕业生或青年教授的指导者。通过行动和建议，指导者可以教年轻人怎样在更高教育环境中深造，以及告诉年轻人怎样有效地上课、做出好的研究、获取政府基金、与同事融洽相处等。

　　但是，好的指导者并不容易找到。我担心有许多（如果不是大多数）二十几岁在职的成年人从来没有发展过一个令人满意的指导关系。对于在以男性为主的职业环境中工作的女性来说，这一问题尤其突出，因为大多数年轻人更愿意选择同一性别的指导者。似乎指导者（通常都在三十几或四十几岁）本身也习惯成为同一性别年轻人的私人老师和榜样。即使我们从未发现自己的个人指导者，但是我们可能在工作和家庭生活中遇到过不同的榜样。我们在二十几岁时的迅速发展，可能都参照了其他我们遇见和所知的成年榜样，我们通过模仿他们来组织自己的生活。

　　莱文森将二十几岁之后的阶段称为"30岁过渡期"。年轻人从一个以临时义务为中心的生活阶段，转变为一个要做出艰难选择的阶段，在这个阶段里，人们要选出自己最优先的目标。我们可能会发现有必要重新检查二十几岁时所做出的决定，并做出一些重大改变。有研究显示，相对于男性，30岁过渡期对于女性而言是一个更关键的发展里程碑，特别是那些延迟组建家庭的职业女性。在一个关于39位职业女性生命故事的集中传记研究中，普里西拉·罗伯茨（Priscilla Roberts）和彼得·纽顿（Peter Newton）得出结论："最显著的发现是，人们普遍明显存在30岁左右的过渡期，并且在该阶段，身份认同会出现更明显、更快的变化。"[21] 罗伯茨和纽顿这样描述30岁过渡期：

在这个时期中，二十几岁时做出的优先选择会颠倒过来。女性在这一过渡期的主要任务是重新评估职业和家庭的相对重要性。在二十几岁时注重婚姻和母亲身份的女性此时倾向于发展其三十几岁时更加个人主义的目标，而二十几岁时注重职业的女性在30岁左右突然变得更加关心婚姻和家庭。[22]

莱文森将30岁出头的阶段称为"安定"阶段。该阶段的成年人处于相对稳定状态，会努力建个小窝、扎下根来，并在其感觉到长期归属感的工作、家庭、邻居、教堂的社区中安定下来。在该时期的其他挑战中，三十几岁的男性和女性通常会面对一系列任务，包括提高儿童和下一代其他成员的发展、取得令人满意的职业成就、调整以适应更多的社会和公民责任、开展有益的娱乐活动并开始适应照顾年迈的父母。[23]尤其对职业男性来说，三十几岁时是职业生涯中"大获成功"的时期。在这十年结束时，大部分职业人士都想在其身为律师、医生、教授、作家、科学家、经理人、艺术家、商人、社会工作人员、教师、顾问、咨询人员等的职业生活中取得重要认可。

莱文森对职业男性的研究表明，在30岁出头的安定阶段之后，35~40岁可能是更加纷乱的阶段，这个阶段的主题是"成为自己"。这一阶段代表了早期成年人发展的高潮。在35~40岁时，很多成年人在生活的很多领域中都有相当大的影响。此时，社会中的很多职业人士拿到的薪水很高，并且在工作和社区生活中担当了一定的领导职位。但是，随着声望的提升，人们会产生巨大的沮丧感，感到自己的成就还不够，觉得自己还没有变得足够自主。我们社会中的职业女性在这一年龄，同样渴望能更加自主、获得成就。莱文森在他对职业男性的研究中这样描述这一阶段：

> 这段时期是成年早期的最佳阶段，也是以后岁月的开始。这一阶段的一个关键因素是，无论人们是否觉得自己已取得成就，都不觉得自己能够做自己。人们会感觉到：因为各种理由，他们过度依赖权威的、有影响力的人或团体，并受其限制。作家会感到自己被出版商威胁，而且太容易被评论家的评估所影响。而那些在其上级的支持和鼓励下在管理阶层成功、得以提升的人，会发现上级们控制得过多而赋权过少，他开始变得不耐烦，想快点能有权做出自己的决定、能主导企业的发展。没有拿到终身教职的教职人员想象自己一旦有了终身职位，就可以不受其自研究生阶段就默认的限制与约束（这错觉很难改掉！）。[24]

三十几岁的时候，很多成年人开始意识到生活中存在顽固的限制，并开始意识到我们需要妥协。一个人对于未来的梦想可能更加温和，而没有那么膨胀。二十几岁时期望的无限可能性可能会逐渐变为对更现实的生活期望。在莱文森研究中，职业男性在其 35～40 岁时似乎在通往职业成功、声望或自由的道路上碰到了很多障碍。

职业男性和女性的生活轨迹可能在三十几岁的时候产生重大分歧。截至20世纪90年代，尽管父母的抚养模式变得越来越平等，但是女性仍然肩负着抚养孩子的大部分义务，甚至在双方均要工作的家庭中也是如此。大卫·古特曼所说的"为人父母的紧急阶段"中，在大部分（虽然不可能是全部）家庭里，三十几岁的男性和女性可能接受相对刻板的性别角色，如果有孩子需要抚养，则女性会成为照料者，男性会成为养家糊口的人。因此，在三十几岁期间，一个女性的专业发展可能没有男性那么线性。女性需要抽出时间生孩子，并且在很多情况下需要抚养孩子。但很少有男性会离开有偿工作，而参与全职或兼职的对孩子的照料，即使在男性有机会离开工作时也是如此。[25] 在非职业化或更"传统"的美国家庭中，性别角色分化可能出现得更早。

随着我们进入成年早期的最后阶段，我们预料到自己会遇到些麻烦。我们做出了长期投入、艰难的选择以及痛苦的妥协。我们可能会遇到障碍和限制。在35～40岁期间，我们可能更加关心我们自己的老化，就像我们看着父母进入他们的晚年一样。

我们不再"年轻"。罗杰·古尔德认为大部分男性和女性在三十几岁的时候会意识到生活没那么简单，也不完全可控。这是从成年早期到中年的过渡阶段里会产生的众多认识里的一个。

到了40岁，我们已更清晰和现实地理解了自己是谁，以及我们将以什么方式成为一个合格的"成熟的成年人"。传闻中，当被问到心理健康与成熟的意义时，弗洛伊德用一句简单的德语 Lieben und Arbeiten（"去爱，去工作"）作为回答。在社会学上，现代生活是建立在家庭和工作上的。在心理学上，现代成年人是根据对共融性和能动性的双重渴望来组织其自身生活的。在40岁生日时，大部分男性和女性都很好地意识到其在家庭和事业领域内的身份。

自我的历史

打造一个个人神话就是塑造有关自我的历史。历史是对过去的记叙，我们在其中试图解释事件如何发生、为什么会发生。历史不仅仅是一则有关名称、日期和地点的事件清单，而是一则故事，讲述了过去是怎样形成的，以及它们如何成就现在。众所周知的是，历史学家对于过去的理解，会让他们在讲述故事时增添独特的色彩。如果现在发生了改变，那么明智的历史学家可能会重新书写过去——并非歪曲或隐藏事实，而是要根据现在已知的信息与对未来的合理推定，来找到能更好地反映过去的历史。

在青春期后期和成年早期，我们开始对自己的生活采取历史观视角。浮夸的个人传奇是我们在记叙自己历史的首次尝试。青少年编造的歌颂其独特出身、发展和命运的稀奇故事，会逐渐让位给发生在成年早期的更严肃的叙述性故事，成年人借由后者来理解身份认同。成年人较为现实的神话重新修整了过去，让它变得更像是能孕育出当下的前身。

为了完成这一叙述任务，许多人发现有必要对自己过去和现在做出评价。我们试图从总体上确定我们的过去和现在是"好"是"坏"的程度。

匈牙利社会学家阿格尼斯·汉吉斯（Agnes Hankiss）在她激动人心但鲜为人知的著作中，提出了"自我的本体论"的四种可能性。本体论是关于存在的研究。而"自我的本体论"就是关于一个人怎样存在的论述。汉吉斯发现年轻的成年人在构建其自我本体论时倾向于使用四种不同的"策略"：承继式（好的过去催生好的现在）、逆转式（不好的过去催生好的现在）、偿还式（好的过去催生不好的现在）和自我忏悔式（不好的过去催生不好的现在）。[26]

用承继式策略撰写个人神话时，我们所看到的是儿童时期的美好被"传递"到成年时期。唐娜·金赛（Donna Kinsey）从青春期后期开始撰写了她承继式的个人神话。如今，她33岁，是一名律师和两个孩子的妈妈，她的丈夫和孩子住在市区一个不时髦的社区里。唐娜是一个语气轻柔、温和并且有时候比较传统的女性，按心理学的标准，她可称得上特别"柔和"和"富有同情心"的，并且在亲密度需求衡量标准上得分很高。她在一个路德教会的教堂中主持周日学校，并供职于教会议会。她全身心地奉献给她的孩子们。但是在其他方面，唐娜远没有那么传统。她在一个以男性为主的专业领域里表现卓越。作为律师，她在房屋纠纷中为公平积极奋斗。她曾经在很多庭审中为租户辩护，她将自己塑造成当地房产和房屋纠纷方面的权威人物。

在很大程度上，唐娜个人神话是延续性的故事。她的欢乐童年时光充满了书籍和朋友。她的父亲是一个记者，她的母亲是一名作家。用她的话说，父母都是"有社会责任意识的"，并且他们对政治很感兴趣。他们都很认同唐娜的信念，即她是上流阶层的一员，这一阶层的人享受着相对富裕和舒适的生活，也意味着他们有帮助他人的责任。唐娜将她对社会公平和公正的强烈关注归结于其父母早期对她的影响。从她有记忆以来，她就想要帮助其他人。她将这一动机描述为一种"难以释怀的需求"，这种需求会激励和引导她在家庭和工作中的很多行为。在她的生命故事中，这一需求是普遍和难以抑制的，并且构成了她的神话的主题。当她的行为符合其需求时，她就会感到开心和满足。在唐娜看来，如果我们富足到可以提供帮助，那么我们对他人的帮助就不可能足够，不可能抵得上自己先天获得的好处。从她的儿童时期开始，她的宗教信念从基督教的角度告诉她需要帮助他人。耶稣就是她的榜样，他总与穷人和病人来往，这告诉了她一个成熟而感到满足的成年人会做什么。对唐娜而言，从童年开始她的父母就是耶稣行为的化身。

另一个缔造神话的方法是逆转策略，即现在是好的，但过去是不好的。这两者之间的对立可以为故事提供独特的张力与变化。在美国民间风俗中，白手起家的故事是大家的最爱，这类故事宣扬了人们可以从儿时的低下地位，靠努力成长为一个伟大的领袖、科学家、医生、企业家或其他大人物。我觉得自己二年级时的一首歌可以让大家回想起这类神话。这首歌如下：

> 小林肯是个穷人娃，
>
> 工作多得回不了家，
>
> 他踏实工作，克服困难，
>
> 阳光、沃土养他长大。
>
> 亚伯拉罕·林肯是他的姓名，
>
> 他靠真诚守信壮大了声名。～

亚伯拉罕·林肯从肯塔基州的一个小木屋起家，最终成为美国人心中最伟大的总统。我们不知道亚伯拉罕·林肯为他自己设计了一个怎样的个人神话，但是很明显的是美国人用逆转策略理解林肯的生活历程。

逆转策略是一种极其乐观的策略，因为它给了我们一个信念，那就是无论事情有多糟糕，他们都有机会变好。这一策略在缔造个人神话方面有它的优势。按照这个模式，我们会珍视青年时期的匮乏和贫穷。一个不好的过去可能成为一种荣誉的勋章，因为一个人的生活会神奇般的重新调整，让人们看到一个人究竟可以走多远。现在的好会受到与之相反的过去的放大影响。本杰明·富兰克林（Benjamin Franklin）在他著名的自传中运用了逆转策略。[27]1723年秋天，这个衣衫褴褛的17岁男孩带着"三个蓬松的面包圈"和不到一美元的钱走在费城的大街上。数年之后，他成了一个成功的印刷商。在他的中年时期，他做了很多科学实验，成立图书馆，并且促进了很多个人和公民事件。之后，他成了一名驻法国大使和国际名人。富兰克林的个人神话中有早期美国的乐观主义，是无数美国人生活的榜样。他的自传以及针对人类行为和政府的很多其他著作，都旨在为美国的后人提供有关健康和有益行为的经验教训。这就是富兰克林这些著作的目的所在，如他在1771年对他儿子所说的那样：

> 我出生后，童年在贫穷低微的家庭中度过。但是之后我积累了一定的财富，并且在一定程度上闻名世界。感谢上帝，好运一路伴随我，直到我年华老去也一样。我的后代或许会好奇我用什么方法才能获得如此成就，他们或许认为自己也可以加以效仿。[28] ～

第三种策略是第二种策略的相反面。在偿还策略中，一个好的积极的过去可能会造就一个不好的、消极的现在，如今的厄运是为了偿还过去的快乐。个人神话里会显示出：最好的已经过去了，"从现在开始都是低谷"。在这些案例中，当事人可以确定生活曾经是好的，但事情逐渐走上错误的轨道。人们通常会称之为"堕落""恶化"或"失去童真"。

我成长在印第安纳州加里的一个比较贫穷的工薪阶层社区，至今仍然记得小时候听到的关于青年时期和成年时期的很多故事。有人告诉我"你的童年是你生命中最好的时光"，并且告诉我应该在年轻的时候多享受，因为长大后生活会更加艰难。我的父亲很相信这一点。如今我正在试着改变这种想法。尝试改变的期间，我意识到很多朋友的父母确实对他们的生活不满意。他们大部分都在钢铁工厂工作或者成为家庭主妇。长大意味着较重的劳动量和较低的收入。很多人相信好的教育才是出路，但是讲这些故事的家长中很少有人有能力在自己的神话中找到出路。我仍然记得当年我不想长大，或者至少不想像他们那样长大。他们用来定义生活的偿还策略不怎么适用于我。我并不觉得自己小时候就是"黄金时代"。虽然我小时候是挺开心的，但是并不觉得这些时光像他们说的那样美好。我曾经由于偿还策略传达的悲剧性和为错失机会的后悔而备受困扰，现在这种困扰依然存在。不过，这种策略仍然可以为生活提供意义和目的。此外，这种策略甚至能成为生活中灵感的来源，因为如果一个人认为自己错失了美好的过去，那么他们会试图建设性地重塑过去，并从过去中重新察觉出有意义的部分。

菲尔·麦克格雷斯（Phil McGrath）的个人神话便是建立在偿还策略的基础上。虽然他说小时候家境贫穷，但童年很快乐、自由。通常他会自由自在地在社区里奔跑、玩战争游戏、玩棒球、跟其他男孩打打闹闹，并且偶尔会犯法，但是通常最后都会成功脱身。高中时，菲尔是一个明星运动员。他在一次大型冠军棒球赛上打出了无安打比赛，同时他也很擅长足球和田径运动。女孩子觉得他很有魅力，他的男性魅力与他在运动场上的成绩不

　　　　　　　　　　第一部分　将生命变作故事

相上下。他的黄金时期一直在持续，甚至在他服役于美国海军时也是如此。

但是，在菲尔20岁出头返回美国之后，他开始发现他的运气一落千丈。服役期间，美国经济缓慢衰退，退役后的菲尔发现很难找到一份高回报的工作。他没有兴趣进入大学，也拒绝在薪水高的工厂工作，因为他觉得做工人会贬低自己的身份。他的女朋友怀孕了，之后他们仓促结婚，婚后菲尔找了一份薪资不高的销售工作。虽然他在工作中很成功，但是他无法升到高等职位，来为家庭提供持久的财务支持。而他的生活习惯还和无忧无虑的年轻时期一样，他在酒吧和赌博上挥霍很多钱。最后婚姻结束了，但他有了四个孩子，菲尔必须承担起一笔相当高的抚养费。

菲尔如今55岁，经历过多份工作和两次婚姻。他觉得自己的生命里有两次里程碑式的转折点。第一个就是在从朝鲜战场回来后，他过渡到婚姻和父亲的角色，此时他开始意识到生活并不如过去那么有趣，做孩子要比做一个肩负责任的成年人好很多。第二个转折点就是他在40岁出头时做出的重大决定。在作为顶尖销售人员取得受人尊敬的地位后，菲尔有机会谈妥一个并购，并搬到另一个地方居住。菲尔认为这次并购承担的风险很大。当时他的第二个妻子强烈建议他冒一次险，但是在长达11个小时的谈判中，菲尔丧失了信心，他最终退出了这次交易。之后不久，他的第二任妻子离开了他。他的体重大幅度上升，被诊断为高血压。他最近的一次婚姻似乎从一开始就是一场灾难。他的朋友说他的新妻子 19 岁，只是想要他的钱。他的前妻觉得他新的婚姻太丢人，很久都不跟他联系。他与孩子们的联系也受到限制。

菲尔的生活充满了对错失机会和流失时光的悔恨。好的生活转折为坏的；情况永远不会变好；过去的旧时光总是比之后的要好。成年早期过得不好，部分原因是儿童时期过得太好。所以他目前的情况比他在第一次婚姻里的经历更糟，而现在回顾过去时觉得当时并不是多糟糕。在偿还式个人神话中，昨天通常比今天美好，而明天是一片灰暗。

最后，在自我忏悔策略中，一个消极的过去会造就一个消极的现在。一些案例里，当事人通常会说他们在为过去的错误"埋单"。在另一些案例中，当事人会说糟糕的境况很少会随着时间而变得更好。贫穷会导致更严重的贫穷。儿童时期的不快乐会导致成年时期的悲剧。或许当事人会说从其出生的第一天"从来都没抓住机会"，或者"事情总是对我不利"。由此，他们的生活得到合理化，而他们的生命故事充满了悲剧的调调。

萨拉·莱文（Sara Levin）今年 43 岁，是一名会计和三个孩子的妈妈，她从小就教育她的孩子们生活是不公平的，好的事情也可能变坏。她在一个传统的犹太家庭长大，家庭文化严厉地敦促她去重视反省、阅读和"保持安静"。萨拉与她母亲一直都很亲密，并且重视老一辈秉持的某些犹太传统。她的身份认同在她的故事中表现得很明显，事实上，她出生的那天正好是她母亲的生日，而当年那天正好是一个重要的犹太节日。但是，她的身份认同中有一点是非常矛盾的。萨拉认为传统的宗教式教育需要为她生活中的很多悲剧埋单。在她还是个孩子时，她就认为自己家庭所深信不疑的某些信念和习俗十分愚蠢也浪费时间。小时候，她就觉得家和家人们让她感到窒息，而现在，作为成年人，她仍会觉得家庭留给她的一些事物令她窒息。她无法逃离过去，她没办法从生活中驱逐掉她的母亲以及一些行为模式。她的母亲变得越来越咄咄逼人，越来越面目可憎，而萨拉觉得自己也变得越来越像她母亲。随着年龄增长，她觉得自己犯了"无私奉献"的错。在萨拉看来，她帮助他人的次数太多也太频繁。她付出的太多，而接收到的太少。

萨拉感到自己正经历人生中最麻烦的时期——"中年危机"，而她相信这危机已酝酿许久。她很快将这一现象归结于早期的家庭经历。如今，她的孩子在学校表现很不好，她的朋友经常让她失望，尽管她为他们做了很多。此外，她的母亲成了一种负担。虽然她依然乐意参加各种志愿组织和社会活动，但社区服务很少会有回报。在萨拉悔恨与沮丧的深处是对人类生活的深刻的愤世嫉俗。萨拉婚后第二天，她12岁的侄女苏珊在脖子里发现了一个肿块，苏珊只能活几个月了。从此以后，萨拉不再相信上帝的存在。从越南战争之后，她就拒绝诵读《美国效忠誓词》。相反，她更相信所谓"野蛮的真实"，即生活注定是不公平和随机的，而人们是不在意公平的、自私的。她认为如果更多人对自己诚实，那么他们就会相信她的话。她的个人神话也说明，如果人们能坦诚地面对过去，那他们就不会认为现在的生活过于不真实。

优秀的神话

在大部分的成年生活中，我们都在有意识和无意识地编写我们自己的故事。重要的生活变化之后可能会发生重大的身份认同变化，比如说结婚或离婚、生第一个孩子、换工作、搬家、父母或配偶去世、更年期、退休。有时重大的变化是一些象征性的生活分水岭，比如40岁生日，或第一根灰头发。在转变期，我们会质疑一些生活和神话中的假设。我们可以重新缔造神话，囊括新的情节和角色，重视过去不同的场景和对未来不同的期许。我们可以设置新的目标。面临结局的感受会发生重大变化，随之而来的，人们会调整叙述的重心。但是，其他时候，我们的身份认同会相对稳定。在这些更加平静的阶段，神话会缓慢和稳定地发展。

我们的个人神话是阶段性发展的，时不时会打破生活的相对平衡。如果很长时期内没有发生大事让人们缔造个人神话，那么在之后人们会迎来戏剧化的改变。在这方面，每个生命都是不一样的，每个个人神话都有一个独特的发展进程。

我们说神话在"发展"，即是说身份认同也是阶段性成长的。当我们从青春期到成年的过渡期中寻求统一感和目的感时，我们的身份认同也不断发展。青春期早期个人神话是一种个人传奇，而到成年期早期个人神话变得更加现实和精致，从中我们能看到个人神话的进步。在整个成年期早期和中期，个人神话会进一步拓展和成熟。说到神话发展也意味着：在一个特定节点，一些神话会比其他神话更加"发达"、成熟、精确和适应良好。那么，我们必须问自己：什么才是一个"好"的个人神话？

这是一个棘手的问题。只有我们把神话缔造者的成长氛围与周遭环境都纳入考虑，我们才能有意义地回答这个问题。如我们所见，一个 14 岁的男孩有很多奇思妙想，也不成熟，他的个人神话是一则他在篮球领域里获得成就的个人传奇，他的个人神话体现出的身份认同水平与年龄是相配的，而我们不必对他的个人神话过度担心。但如果他到了 30 岁个人神话依然没有变化，而且现实中他的跳投技术和我一样糟糕，那我们就得严肃地审视他的身份认同发展。生命故事需要符合特定水平的发展和特殊的生活环境。我们不希望从一个 21 岁女性和一个中年男性身上看到一样的东西。同样，我们不应该期待一个只接受 8 年教育、没有丈夫却是 4 个孩子妈妈的 35 岁女性身上看到的个人神话，能与一个有两所好学校学历、丈夫是律师的 35 岁职业女性的个人神话相一致。在生命各个历程以及社会经济和文化范围内，机会和身份认同资源的分配是不平等的。我重申：在我们的生活与个人神话的发展方面，我们无法超越资源的限制。

如果我们能意识到个人神话会随着时间发展，且我们能更好地制定评价个人神话的标准。发展的维度可以分为六种。我们能在特定的时点就这六个标准评价一个人的个人神话。在从青春期到中年的过程中，理想的个人神话应满足以下标准：①一致性；②开放性；③可信性；④分化性；⑤和解性；⑥生成性整合。一个好的身份认同故事，需要在这六个叙述性标准方面都能拿到高分。

当其他条件相同时，一致的个人神话要比不那么一致的好。故事角色中的所作所为，在故事的背景中能被理解吗？他们的动机和我们所知的人们一般行事的动机相一致吗？故事里的事件都是随机发生的吗？故事的某些部分与其他部分相矛盾吗？缺乏一致性的故事会让读者迷惑：为什么事情会变得如此令人费解？如果我们感到自己的生命故事不可理喻，那么我们需要探索身份认同中新的方面，以缔造新的神话。

但只有一致性是不够的。太过一致、有因有果的故事会显得不真实。要找到生命中的统一感和目的感不需要完美的一致性。实际上，一个好的生命故事是能包容一定的模糊性。这样的故事中人也在走向未来，他会保留许多不同的未来行为与思绪的可能性。我们的故事应该是灵活、有弹性的，应该随着我们自己的变化而变化、成长和发展。在评价个人神话时，开放是一个很难评判的标准，开放性太高了反而危险，说明一个人对生活缺乏承诺与坚定的心。不过，容许生活发生变化的个人神话，要好于不欢迎变化和成长的神话。如果开放性不够，那么我们的个人神话就有变得僵硬、迟钝和脆弱的危险。

第三个标准是可信性。我们的生命故事描述的是我们的生活。历史不仅是一部编年史，也是以我们现在对事物的理解为基础，对过去做出的叙述性解释。历史可以塑造现实，但历史的基础依然是那些普遍被认为是真实的现实事件。拿破仑曾经在滑铁卢一败涂地。无论我们从什么角度解释，这一事件都是真实发生的。我们的个人神话也应该和历史一样具有可信性。

我们必须在生命故事里寻求可信性。好的、成熟的、适应良好的个人神话不能基于恶劣的歪曲事实而存在。身份认同不是一种幻想。这就是为什么青春期的个人传奇最终会幻灭。是的，我们是塑造了自己的身份认同，但我们不是像写诗或写小说一样凭空捏造。说到身份认同，好的故事不能只是做到表面上可信。它必须真实可靠，有着坚实的、可被查阅的事实作为基础。虽然身份认同是想象的一种创造性产物，它仍需扎根于现实世界。

好的故事在人物刻画、情节和主题方面都很丰富。读者会被带到一个质感丰富的世界。角色们会随着时间有趣地发展。他们的行动决定了情节，张力逐渐增强直至最高潮，而后轰然瓦解。就这一点而言，我们得说好的故事会有高分化度。同样，个人神话应该以更大程度的高分化为方向发展。随着成年人变得成熟，积累了更多经验，其个人神话会表现出个多侧面与特征。故事会变得更丰富、更深刻、更复杂。如本章之前所述，这在成年期早期和中期的意象原型发展和雕琢中尤其明显。我们自身的人格化意象变得更加丰富和精致。随着我们的故事更加分化，我们会在叙述中加入大量的要素、问题和冲突。我们意识到自己有很多面，并且其中的一些或许会互相矛盾。

随着分化加剧，我们可能会在故事的冲突力量中间寻求和解。多样性的自我必须走向和谐与和解。好的故事会包含尖锐的问题和动态的矛盾，也会提供叙述性方案，以确保自我的和谐和完整。在缔造个人神话时，达到和解是最具挑战性的任务之一。心理学上，在中年之前，我们通常不会做好面对这一挑战的准备。[29]

好的身份认同故事的第六个标准就是我所谓的生成性整合。比起纯粹虚构的故事，生命故事在更大程度上寻求一致性、可信性和和解。但是生命故事不仅仅是《纽约客》上刊载的那些故事，生命故事是某个特定个人的生命的神话演绎。生命故事有它的社会和伦理情境，而这情境通常不适用于其他类型的故事。[30]一个成熟的成年人应当能发挥自己的生成性，能为社会做出贡献。他们能在工作和家庭中承担成年人的责任，可以并且愿意提升、养育和引导下一代，以或微不足道或大气磅礴的方式为人类的存续、提高或发展做出自己的贡献。好的神话会以有生产力的方式将神话缔造者整合到社会中。

我们的个人神话为我们的生命提供了一种统一感和目的感。但是，我们自己的生命与其他生命是有联系的，而我们神话也与其他人的神话相连。最成熟个人神话是能改善他人的个人神话。成熟的身份认同必须能做到有创造力地参与到比自身更大、存在更长久的社会。神话必须要以世界为导向，同样要以自我为导向。我们必须要诚实地面对自己，而我们也要真诚地对待我们所处的时代与地点。如果我们神话没有将我们融合到社会世界和时代序列，那么我们的身份认同可能会变得自恋化。一个理想的个人神话必须同时有利于神话缔造者本身，也有利于缔造者身处的社会。

第二部分

故事角色

The Stories
We Live by

Personal Myths
and
the Making
of the
Self

———

准确地说，一个人的社会自我的数目，与认识他并且心中有他形象的人的数目一样多。伤害其中任何一个形象，就是在损伤他本人。但是，由于心中有其形象的人自然而然地各归其类，所以，我们实际上认为，这个人社会自我的数目，与他在乎其观点的人组成的群体数目一致。一般而言，他通常会在每个不同群体面前表现出自己的一个不同方面。很多青年在父母和老师面前很拘谨，但在他粗豪的年轻朋友面前会像个海盗一样赌咒、说大话。我们在孩子们面前不会表现出在俱乐部伙伴面前的那一套，对顾客和下属，对自己雇主与对亲密友人所表现出来的样子都不相同。由此可见，事实上一个人分成了好几个自我；这可能会变成不和谐的分裂，因为我们会害怕让熟人知道我们其他时候的面目；但也可能会成为和谐的分工，例如一个人对孩子充满慈爱，而对手下的士兵或囚犯很严厉。

——威廉·詹姆斯

（William James）

角色是道德哲学佩戴的面具。

——阿拉斯代尔·麦金太尔

（Alasdair MacIntyre）

第 5 章

角色与意象原型

桑迪（Sandy）婚后有两个孩子，都在上小学。她是一家大型会计事务所的中层经理。她的目标是尽量多花时间陪孩子，并且为他们提供持久照料和管教。她想成为丈夫的好朋友和热情的恋人。而对工作中的同事，她渴望能自信地坚持自己的意见，希望能根据明确的目标和计划来约束自己的行为，而且不要让她自己的个人感受影响工作。而当桑迪在夏天拜访父母时，她会变得更爱玩、更孩子气。遇到争论，她会服从父亲的权威，她与姐妹玩拼字游戏。在父母家里，她从不会想资产负债表、性爱或者孩子几点上床睡觉。在不同的环境中，她可以是一个女儿、员工、妻子和母亲。这些社会职能有很大不同。但是，在桑迪的生命里，有什么能将这些不同的职能串联在一起呢？有什么事物能将她不同的社会自我，融合到一个一致和动态的整体中呢？

如果答案是肯定的，那这个"事物"就是一个人的身份认同。而如果身份认同以故事形式出现，那么桑迪生活中不同的自我，以及她在日常生活里承担的不同社会职能，就是故事中潜在的种种角色。故事讲述了角色的行为、互动、欲望、思考和感受，以及故事中的其他元素。随着我们从成年早期进入成年中期，对身份认同的追求迫使我们构建出有足够数量的角色的个人神话，角色们在其中登场、发展与成长。因此，要想调和"人有多重社会职能"和"人只有一个身份认同"的矛盾，就可以通过角色和故事之间的区别而得以解决。不同的职能就是故事里的种种角色，而身份认同就是赋予角色形式、功能和声音的故事。

> 我自相矛盾吗？
>
> 那好吧，我是自相矛盾的；
>
> （我辽阔博大，我包罗万象。）[1]

当沃尔特·惠特曼（Walt Whitman）说自己包罗万象，意思是他歌颂拥有无限可能性的、有冒险精神的美国人自我。惠特曼说，我可以成为许多事物。我可以是爱人和仇恨者、战士和和平使者、父亲和孩子。就像上帝一样，我可以给予生命，也可以取走它。对于一些人来说，惠特曼的《我自己的歌》看起来有些

---

[1] 译文引自惠特曼《我自己的歌》，赵罗蕤译。出自《惠特曼诗选》，外语教学与研究出版社 2013 年版。——译者注

自我吹嘘，但是他的浪漫诗篇提醒了我们：在社会上成为一个成年人，通常就意味着承担各式各样的社会职能。现代生活要求每个自我以不同的方式行动和思考，有时候这些方式甚至是彼此矛盾的。

家庭与工作之间的分裂

在二三十岁阶段中，成年人首先要承担起工作责任，之后巩固其社会职能，而这需要在家庭和工作两个完全不同的领域进行。1990 年，美国步入首次婚姻的男性成年人的平均年龄是26.1 岁，女性是 23.9 岁。[2] 虽然现在美国家庭的孩子没有以前那么多，并且组建家庭的时间也比之前晚，但是大部分结婚的夫妻仍然在女性 30 岁时开始抚养孩子。等女性 40 岁时，至少有一个孩子上小学或中学，而且这一家庭系统正在调整，或者很快会调整，以适应青少年日益增长的独立性。在工作领域，二三十岁男性常常被一种向上攀升和加速发展的道德规范驱动着。职业发展中的男性理想是快速上升。[3] 但是，对于很多三十几岁的女性而言（事实上对一些男性来说也是一样），在工作领域持续上升的意象会变得有问题，如果他们渴望有一个满意的家庭生活的话。年轻人要学会的重要一课是，公众的工作世界和家庭生活的私人世界提供了截然不同的挑战。如果成年人想要在两个环境中都获得幸福，那么他们就必须发展至少两种不同的存在方式。

不过，社会历史学家告诉我们，过去并非如此。在传统殖民时期美国的小城镇里，成年人大多在家工作，家庭生活是公众考虑的问题。[4] 18 世纪美国的农民、手工艺人、教育工作者、牧师、医生和其他公民在同一个地方从事工作和养家糊口，那就是家。一般家庭就是社会的一个缩影，可以反映出美国独立之前半个世纪美国生活的清教徒式和父权式的价值观。殖民时期的家庭可以是一个企业、一所学校、一所职业学院、一所教堂和一个福利机构。当时的社会模糊了成年人不同职能之间的差异，并且，社会认定人类只有单一而非复杂的自我。成年人在社会情境下同时承担了工人、父母、爱人、教师、邻居和礼拜者的职能。人们将公共生活和私人生活混为一谈，认定两者互相重叠、没有区别，以致个人的不信神会受到公众的责难。《红字》中的女主角海丝特·白兰（Hester Prynne）就是如此。社区迫使公众对有婚外情的女主人公做出公开侮辱。这个在 300 年前的清教徒居多的新英格兰小镇中的公开侮辱事件，如今只是被视作一个私人道德问题。

19 世纪，成年人的公共领域和私人领域开始分离，部分原因是工业革命和美国的城市化。随着男性（以及一些女性）开始每天离开家在工厂和其他较远的地方工作，家庭演变成私人家庭生活的专门场所。根据一位历史学家的研究，职业环境开始由一种讲究效率、自动化和激烈追求利润的男性气质伦理所主导。[5] 工作开始成为男性的专属，他们远离家乡去工作。与之相反的是，家庭领域浪漫地被描述为一种理想的、女性化的亲密关系环境。对于男性而言，家成为一个远离工作的港湾，一个在"工作日"通常被女性和孩子占据的领地。对于男性和女性而言，公共领域同私人领域（个人工作和家庭）的分离造成了个人意识的巨大拓展。公私一体化的殖民化社区已不复存在。私人生活不再处于公共监督之下。成年人也迎接挑战，学着在不同领域塑造不同自我。如今，这一挑战可能远远大于从前，因为现代男性和女性逐渐发现有必要将自我分割成很多不同的角色，以适应不同的领域。

对于很多受过良好教育的成年人而言，19世纪公共生活和私人生活的分离几乎构成了一种困扰。人类经历的内部和外部世界之间的冲突在弗洛伊德跨世纪的论点中达到极点，弗洛伊德认为人类大脑中的很多想法是无意识的，而且远离公众能观察到的外部世界。[6] 在弗洛伊德之前，19世纪哲学家叔本华（Schopenhauer）和尼采（Nietzsche）非常认同人类的许多功能独立于意识，特别是那些从内心产生的情绪和非理性的冲动。这些冲动被认为与人类理性相左。19世纪的浪漫诗歌认为人们的英雄气概与创造性的力量来自无意识的内部领域。早在1784年，就有人用催眠术接触到了无意识层面的心灵，弗洛伊德的一个老师让-马丁·沙可（Jean-Martin Charcot）在施展催眠术方面令人惊奇地有效。沙可能通过触及人们思考与感知的私人世界（这个私人世界与人们日常的意识相分离），驱使人们在公开场合做出奇怪的、无法理解的行为。

19世纪欧洲的中产阶级成年人相信：存在一个我们意识不到

的内部世界。[7]正如19世纪著名人物的自传中所述，维多利亚时期的男男女女全神贯注于提防自己不经意地暴露出内在自我。维多利亚时期的人们相信，虽然你可能无法对你大脑深处的秘密有清醒的认识，但你很有可能会不经意地将隐藏的自我本质暴露给他人，而观察者可能比你自己还要了解自己。社会传递着信息，警告人们自我有多重性。注意了！隐藏的自我可能在任何时候暴露出来，揭露在最正直的公众外表之下的野蛮现实。"化身博士"（Dr. Jekyll and Mr. Hyde）的故事会成为当时最流行的故事绝非偶然。维多利亚时期公正和有责任感的生活要求有一定警觉性，以免内心的恶魔猛烈或贪婪地爆发出来，对公众环境造成破坏。

19世纪晚期的一些知识分子认为人类生命、人类社会和生物有机体都受到不受控制的深刻和隐藏力量的掌控。人们的经验中有显性和可知的部分，但也有私密和隐藏的部分。你在一个部分中看到的内容，未必与你在另一部分里发现的相同。

美国中产阶级的现代生活起源于19世纪的这一遗产。成年人的公共领域和私人领域仍然是分离的，成年人承认其多个自我的存在。自我的多样性是在过去的两百年里我们世界中发生的经济、技术、社会和哲学变化的结果。就像现代生活的很多方面一样，自我的多样性就是一个不平均的特权。一方面，相比较于两百年前的成年人，现代男性和女性似乎有更多的机会可以过上成果丰富、幸福和完整的生活。对于中层阶级的美国人而言，20

世纪晚期有多重职业角色和丰富的生活方式选择。另一方面，选择太多有时候很可怕，成年人一定会（通常在三十几岁，如果没提前的话）意识到这些选择都伴随着可能的限制，并意识到自己一旦做出选择，就会不可避免地需要做出牺牲。再者，随着我们试图变成很多不同的自己，我们似乎也会渴望走向相反方向、回归统一，从而成为威廉·詹姆斯（William James）曾经所说的"我们可以拿自己的救赎冒险"的状态。[8]

现代生活迫使我们成为多重的人。我们的生命故事欢迎很多角色的登场和发展，但是我们最终会尝试将多样性变成统一性。我们想要成为一个单一的个体。对故事来说，无论故事内容有多复杂，它最终必须是有关一个单一生命的单一故事。作为一名现代成年人，我们必须找到在家庭、工作和生命所有其他领域中的意义；我们不能也不允许在每个地方和时间对每个人都有一副面孔。但是，一个人可以在特定时间和特定地点，在重要人物面前扮演重要角色。此外，我们可以以一种独特、自我一致、彼此相关、有意义、有目的和令人满意的方式扮演这些角色。我们得让个人神话中包含丰富但数量有限的角色，让系列意象原型适当地表演，来解决"多重自我"与"单一个体"之间的矛盾。

打造主要角色

我将我们生命故事中的主要角色称为意象原型。[9]意象原型为适应现代生活的多样性提供了一个叙述性机制。在寻求身份认同的类型和组织时，成年期早期的人在心理上会将社会职能和自我的其他不同方面综合在一起，形成综合意象原型。生命中的核心冲突或动力可以表现和演绎为有冲突和互动的意象原型，正如任何故事中主要人物互动以推动情节。惠特曼（Whitman）提到的"混乱的多样性"被削弱为一个易控制的、角色之间的表演。

意象原型是关于自我的人格化和理想化的概念。我们每个人都会有意识和无意识地为我们的生命故事塑造主要角色。这些角色在我们的神话中发挥作用，就像真人一样；因此，这些角色是"人格化"的。在一定程度上，每个角色都有夸张成分，也只表现出一个方面；因此，这些角色也是"理想化的"。我们的生命故事也有一个或很多主导的意象原型。个人神话中普遍会出现两个彼此冲突的核心意象原型。

在成年期早期和中期，我们在创造人格时拓展的大部分心理"能量"都涉及我们意象原型的发展、结合和雕琢。每个意象原型都像我们故事中的一个固定角色。每个都要比我们在日常生活中扮演的特定角色更大、更包容。每个意象原型都可以在一个单独的叙述类别下将不同角色结合在一起。在某种意义上来说，每个意象原型都是独特的，并且是个性化的，适用于独特的人格故事。我的研究中的不同意象原型包括复杂的教授、小镇对立面的淘气男孩、沉着的照料者、公司行政人员、世界旅行者、运动员、智者、战士、教师、小丑、和平使者和烈士。

意象原型是自我的不同方面，其可能在生命故事的特定章节中以英雄或恶棍的形象出现。通常我们会在生活中的榜样人物和其他重要人物上看到意象原型的踪影。随着我们的个人神话日渐成熟，我们会在更明确、更广泛的社会职能中演绎和重新演绎我们的核心意象原型。通过对自己故事中主要角色有了更全面综合的理解，我们也更好地理解了自己，并进一步推动自己生命故事的发展。我们渐渐成熟，在过程中逐渐调和经常彼此冲突的意象原型，创造它们之间的和谐、平衡与和解。

在图 5-1 中，我阐述了自己对生命故事中意象原型做出的分类。这一分类法主要源于对 30 岁和 50 岁左右年龄之间的男性和女性的人格构造的研究。我根据能动性和共融性的属性对意象原型做出分类，我认为能动性和共融性是故事中的两个核心主题。[10] 一些意象原型类型很有力量，说明这个理想自我的人格化状态是一个坚定自信、主导性和个性化的行动者；另一些意象原型很有爱心，这些理想自我的人格化状态为其他人提供爱护、热情和友情；还有些意象原型类型同时具有力量和爱心；其他则似乎对两者都不重视。

在一些世界知名神话著作中可以发现一些意象原型的类型，包括著名的古希腊神话。在其理想化的探索和冒险故事中，古希腊万神殿中的男神和女神只是拟人化了如今个人神话和生活中人类的基本需求和癖好。其他世界知名神话里，同样包含了有些人会认可的有用的分类法。虽然通常心理学研究人员会运用希腊神话，但是它并没有什么特殊或普适意义。我所采访的一些人的个人神话中的主要角色就不怎么适合图 5-1 所示的组合。这一组合只是大概的指引。我运用古希腊名称的原因仅仅在于读者熟悉这些名称。

<table>
<tr><td colspan="2" align="center">**意象原型类型：个人神话中的几类常见角色**</td></tr>
<tr><td colspan="2" align="center">**能动性与共融性俱在**</td></tr>
<tr><td colspan="2" align="center">治疗师</td></tr>
<tr><td colspan="2" align="center">教导者</td></tr>
<tr><td colspan="2" align="center">咨询师</td></tr>
<tr><td colspan="2" align="center">人道主义者</td></tr>
<tr><td colspan="2" align="center">裁决者</td></tr>
<tr><td align="center">**能动性角色**</td><td align="center">**共融性角色**</td></tr>
<tr><td align="center">战士（阿瑞斯）</td><td align="center">爱者（阿芙洛狄忒）</td></tr>
<tr><td align="center">旅行者（赫尔墨斯）</td><td align="center">照顾者（德墨忒尔）</td></tr>
<tr><td align="center">智者（宙斯）</td><td align="center">友爱者（赫拉）</td></tr>
<tr><td align="center">制造者（赫菲斯托斯）</td><td align="center">守礼者（赫斯提亚）</td></tr>
<tr><td colspan="2" align="center">**缺乏能动性与共融性的角色**</td></tr>
<tr><td colspan="2" align="center">逃避者</td></tr>
<tr><td colspan="2" align="center">幸存者</td></tr>
</table>

图 5-1

关于意象原型，有四点需要强调。

意象原型不是人。意象原型是人类思维和行为的原型，它们在人们的个人神话中成为理想化的化身。意象原型是生命故事中的角色而非生活中的真人。你不是你的意象原型。相反，你的身份认同是一个包含了意象原型的故事。

意象原型不是"整个故事"。你的个人神话不仅仅是那些主要角色。本书的中心思想就是我们可以在不同层次从不同角度理解个人神话。比如说，我们可以从主题、背景、意象、基调和情节以及角色的角度看待故事。

意象原型可以是积极的也可以是消极的。图5-1中我的分类法针对的仅仅是积极的意象原型。这些都是对理想中的自我的人格化，包含很多良性和令人满意属性。但是，很多成年人也会将消极的特质人格化。有时候，这些消极的意象原型是我所列出的积极意象的对立方，仿佛一个镜子的两面。不过，很多情况下也不是这样。

就像个人神话一样，意象原型既是普通的也是独特的。图5-1仅仅是对探索某些普通意象原型的一个概略指引。在这一框架内，有大量角色存在，且角色是个人化的。一个人作为战士的意象原型可能与另一个作为战士的意象原型有很大不同。一些意象原型与图5-1中的并不契合。就像个人神话各不相同一样，意象原型有很多不同形式。

意象原型的性质

最近一个《时尚》（*Cosmopolitan*）的广告，将自己描述为适合当今"杂耍人"（juggler）的最佳女性杂志。在我看来，杂耍人指的就是二三十岁的美国中产阶级女性，她们养育孩子、有一份薪资颇高的工作、与丈夫或恋人关系良好、赶得上世界流行时尚并且非常漂亮。她可以一次性担负起很多不同但似乎有冲突的职能。她可以在不同的角色间不停地转换，并能努力地跟随环境的需要而变化。

杂耍人尤其擅长社会学家欧文·戈夫曼（Erving Goffman）所谓的"自我在日常生活中的呈现"。[11] 根据戈夫曼的研究，现代男性或女性就像扮演角色的杂耍人，以控制其他人对其的印象。他认为，我们为每一种社会环境都提供有脚本的表演。甚至那些看起来"自然"和"自发"的社会环境通常都是设计好的仪式化表演，以对我们所面对的不同"观众"造成想要的影响。戈夫曼认为最成功和适应最好的人就是那些在特定的环境中选择和演绎恰当表演方面最熟练的人。对于戈夫曼而言，我们就是我们演绎的角色，而非其他。

精神病学家罗伯特·杰伊·利夫顿（Robert Jay Lifton）用了不同的隐喻解释相同的社会现象。[12] 利夫顿认为，杂耍人就像希腊神普罗透斯，普罗透斯可以戴上任何他选择的伪装。如果他需要变成狗，他就能变成狗。如果情形需要他成为一名医生，他就可以成为医生。变化多端的男人和女人，正是那些希望可以满足任何人需求的现代人。这样的人能在表面上做得圆滑、适应良好。他可能会积极发展许多兴趣与爱好，但这变化多端的人有一种深刻的、内心的空虚。因为他的生命中不存在凝聚感。他缺乏统一的叙述，把他们不同的兴趣和活动串联起来。自我是分裂的，每一部分都与其他部分彼此疏远。

戈夫曼对社会生活的看法还远远不够，因为他不能理解存在一个完整统一的自我：那是在我们所扮演的不同角色背后的身份认同。在戈夫曼眼中，在我们特定的行为之上不存在任何事物。我们只是自己扮演的角色。而我们每个人对自己扮演的角色的想法和感觉则显得无关紧要。相比之下，利夫顿对现代生活持续不断的角色扮演深感不安。杂耍人或许在社会上很有能力，或许被一些人崇敬。但如果要让生活有意义，我们每个人都不能只是扮演一个个角色。利夫顿认为，我们必须找到一种方法，去将角色归入一个更大、更有意义的自我之中，去将角色置于有组织的身份认同的部分控制之下。

我们 20 岁和 30 岁的神话挑战是超越杂耍人角色，创造与提炼出意象原型。相比社会职能，意象原型要更庞大也更为内化。社会既定职能的特征一般由职能所在的社会运行模式决定。从社会职能的角度来看，母亲是一个生养子女、提供关怀和劝告的女性，并且母亲需要努力按照自己的价值观与社会的要求来帮助子女的发展。而一位联邦法官是一个主持审判的人，他需要审理法律论据，做出符合法律的判断等。这些社会职能是由社会规范与期望精心策划的，对此我们都非常熟悉。

然而，如果一个社会职能要成为一个意象原型，那么这个角色就必须扩展，成为自我的一个方面，变得能适用于各种各样的生命活动。如果一个人的生命故事里包含了一个强烈的母亲的意象原型，那也就包括了一个母亲会有的行动、思考与感受，远远不只是照顾孩子。人们扩展自己的社会角色并将其人格化，把它放置在用来定义自我的生命故事中。同样，一个发展出法官意象原型的人可能会像法官一样，关注许多不同领域的公正和公正问题。在同家人和朋友在一起时，这个人也可能会像法官一样表现和思考，甚至真正的法官都不会像这个人一样在生活中一直表现得像个法官。

意象原型可能源于对自我许多方面的人格化，包括你认为你现在的自己、过去的自己、将来可能成为的自己、期望中对自己，或是怕成为的自己。自我的所有方面——感知的自我、过去的自我、未来的自我、渴望的自我、不想要的自我——都可以融入个人神话的主要角色。[13] 他们中的任一或是全部，都可以成为一个意象原型，去主宰一个特定章节，或是将特定的主题、故事中的一个想法赋予人性。

在下一章中，我将通过选择性地介绍我和同事所做的生命故事访谈案例，来阐述各种不同的意象原型。从这些描述的片段里，你可能会看见部分的自己，以及发现有些特定意象原型在你朋友、配偶、孩子、父母和其他你认识的人的生命故事中扮演了重要角色。下一章旨在为意象原型做出进行初步分类，基本地浏览一下当代人们所塑造的身份认同。作为对下一章的铺垫，我将在下面对本章做出总结，介绍关于意象原型的六个基本原则。

每一条原则都说明了：意象原型如何成为我们个人神话中的中心角色。

意象原型表达了我们最珍视的愿望和目标。生活中我们最想要的东西，往往以自我理想化的人格的身份认同来表达。我们可以在生命故事中将我们想要的人格化，并以此构建出一个角色来表达我们的基本欲望。假设一个 35 岁的护士，她强烈地想去有异国情调的地方，她平时喜欢结识新朋友、体验新的生活方式。并且她会通过参加各种心理咨询与成长性的研讨会来努力挖掘自己的潜能。她害怕自己变得乏味或无聊。不论是身体层面还是心灵层面，她都希望不停地移动。在她的个人神话中，一个主要的意象原型是"旅行者"，以希腊神话中的赫尔墨斯为原型，这位信使之神总是在不断行进。然而，这位护士对冒险和探索的热爱，却违背了她帮助他人、提升他人健康和福利的强烈愿望。这第二个同样强大的愿望被人格化为第二个主要角色，或许可被称为"治疗者"。这位女士的个人神话是关于"旅行者"和"治疗者"的故事。在她二三十多岁时，两个意象原型成了她身份认同中的核心角色，而两者关系的变动：冲突、主导或和谐，都决定了她一生中的各个行为。

社会心理学家黑兹尔·马库斯（Hazel Markus）认为，我们的具体需要和恐惧通常会在她称为"可能的自我"中表现出来。[14] 马库斯认为，"可能的自我"是关于一个人"可能成为谁、想成为谁或是恐惧成为谁"的明确图像。在马库斯的想象中，一个苦苦挣扎的 26 岁的作家心中的"可能的自我"是这样的：一个普利策奖获得者、生活在纽约、定期为《纽约书评》(*The New York Review of Books*)撰文，出版商会向自己支付大笔酬劳，自己可以前往欧洲为自己的书收集材料等。马库斯也想象出作家心中"可能不成功的自我"：永远无法发表文章、短篇小说或书，无人认可自己的才华，最后作家不得不负担起一系列没有前途的工作，在债务中越陷越深，直至陷入永远的失望和平庸。马库斯的"可能的自我"似乎是潜在的意象原型。它们是那些可能会或可能不会进入人生舞台的角色，到底会不会进入将取决于生活的发展以及生命故事的叙述方式。

像故事中的角色一样，意象原型会在特定的开场中进入神话。在故事中，角色们被生成，他们生活，并有时会死亡。他们不会一点点出现或是消亡，他们的出生与死亡一样，都是一个不连续的事件。一个人只会突然在场景中登场。同样地，生命故事中的角色也会突然出现，就像莎士比亚的《哈姆雷特》里第 1 幕第 2 场中突然现身的哈姆雷特王子，或是《出埃及记》(Exodus)里第 2 章第 2 节出现的摩西。在个人神话里也是一样。当我们重塑过去，来创造一个自己能理解的叙述性故事时，我们也人格化了自我中关键的方面，用它创造出故事的角色。我们经常在故事中设定角色"出生"或"上台"时的特定场景。这些场景经常是我们人生的高潮处、低谷处或是转折点，意象原型也就在这里找到了叙事机制来使其登场（见附录 2）。

意象原型是对我们自身特质与重复性行为的人格化。特质是行为的线性维度，在这个维度上可以区分人与人的不同。[15] 例如，人们在"友好"的特质维度上有显著的不同，有些人总是比其他人更友好。虽然在一些特定的情况下，我们可能比平时对他人更友善，或是对他人不那么友善，但我们仍然同意可以按照"非常友善"到"不那么友善"来对人打分或评级。大量的研究表明，人们可以按照几种简单的特质维度做出可靠评分，而且这些评分是相对稳定的。人们对自己的评价也很可靠——一个人的自我评分通常和别人对他们的评价是一致的。人们普遍地能意识到自己的特质。

一个人的"动机"或"欲望"指的是一个人在生活中想要什么，而特质更多指的是始终如一的行为方式。我们每个人都花了一生的时间观察自己的行为，并将自己的行为与他人的行为进行比较。因此，我们大多数人能清楚地认识到与他人相比，我们在"友善度""支配性""冲动性"和"尽责性"等特质维度上得分如何。[16] 我们自我归属的特质可能会在个人神话中体现。一个认为自己非常"自由自在"的人可能会创造出一种有趣的、冲动的、好玩的意象原型，从而将这种特质转化为叙事中的角色。意象原型提供了叙事载体，承载了一个人的自我认定意象。

意象原型表达了个人价值观和文化价值观。所有社会中生成的角色，都会把整体社会（或者社会中重要的一部分）所极大尊重的信仰与标准来人格化。角色呈现出的人，能体现出在既定时间、既定地方中的文化和道德理想，并符合特定模式下的社会状况。例如，罗伯特·贝拉（Robert Bellah）认为"独立的公民"形象是 19 世纪初美国社会中的道德角色类型。[17]独立的公民在亚伯拉罕·林肯的一生中体现到了极致，它指的是来自美国小城镇的白手起家的与自给自足的农民或工匠，他们听从圣经的教导、看重自由和自治的价值。独立公民体现了那个时代的意识形态精神，代表一个年轻的国家的道德典范。

贝拉提到的道德角色类型是普遍的模式，成年人可以依此塑造自己的生活并表达自己个性化的特征。如同社会层面有道德角色类型，意象原型往往反映了个人的价值观和信仰。意象原型能体现出一个成年人的意识形态背景的重要方面。个人神话中的意象原型的主要功能是成为一个窗口或是案例，展示出一个人认为什么是正确的、真实的、美丽的。

意象原型一般是围绕着"重要他人"来构建的。除了社会提供的角色类型，成人也可以在其他模式的基础上构建意象原型，这些模式源于父母、兄弟姐妹、朋友、教师和其他的重要他人。说到底，人们从自己的人际关系中创造出意象原型。人们生命中的重要人物，可以是一个特定意象原型的血肉化身。一个人的母亲可能是照顾者意象原型的来源。一位帮助人们解决学术和生活困难的敬爱的老师可能是治疗者意象原型的来源。

如今，在临床心理学与心理治疗领域兴起一种学说，认为我们所有人都会将生命中重要的人"内化"，并在这些内化的对象上构建我们的人格。"客体关系"学说认为，那些能激起我们强烈情感的人最终会进入我们的潜意识心智，形成人格化的结构。[18] 根据早期经验，婴儿内化母亲，形成无意识层面的母亲表征，而且这持续存在的表征会在接下来的许多年里，对人际关系的进程产生重大影响。随着时间推移，我们内在会形成各种各样的客体（人们的表征），每个客体都在我们的潜意识中占据一席之地。一个人会患上神经症，可能源于内在内化的客体之间发生了过多的冲突，或者也可能源于"分裂"，指一些客体脱离了原本完整的自体而变成了内心的捣乱者。

意象原型似乎是早期客体关系在生命故事中的衍生物。换句话说，个人神话中的一些主要角色来自内化客体提供的心理资源。一些情况下，我们根据自己都没有意识到的指导原则来撰写我们的主要角色。在我们与他人相爱、相憎、相伴的过程中，我们获得了这些潜意识的指导原则。

心理学家玛丽·沃特金斯（Mary Watkins）把内化的客体比作在对话的内在声音。[19] 在沃特金斯看来，心理健康发展的标志，是逐渐地精心构建内在不同的角色，并不断地改善在这些角色之间的想象性对话。在治疗中，沃特金斯鼓励她的来访者去探索他们心中众多人格化的"存在"——恋人、勇士、智者、孩子、老师、朋友和其他居住在内心的角色。每当人们意识到一个存在，它的声音变得更清晰鲜明，并能与其他的存在开展有意义的对话。

沃特金斯强烈推崇内心结构的开放性与多元性。她认为：成年人自我的多重性所产生的问题并不重要，因为她认为一个人能成为多种不同的存在是一件好事。她的方法似乎不怎么考虑我所推崇的人的统一感和目的感。不过，如果把沃特金斯关于想象性对话的想法放到意象原型上，那她的想法是有意义的。不同的意象原型之间展开了一系列复杂的想象性对话，而它们随着时间推移，被叙事性地组织成个人神话。

意象原型可能标志着根本上的生命冲突。大多数好故事都包含着利益、目标和人物之间的某种冲突。并且，在故事的结尾，冲突解决了。个人神话也是一样。在身份认同的建立中，冲突的意象原型的存在与不存在都很平常。许多生命故事围绕着分明而极端的角色展开。对于二三十岁的成年人来说，工作与家庭之间的分裂在他们的个人神话中产生了一个截然对立的局面，因为他们试图同时满足自主与共融的目标，而这两个目标彼此冲突。想象一下，一个 30 岁的女性律师撰写的生命故事，其中有代表成功与进取的能动性意象原型"律师"，却需要与温暖的"照顾者"意象原型共享故事舞台，而似乎没有空间可以让两者共存。在权力和爱的主题领域也存在冲突。照顾者可能与朋友发生冲突。智者和战士可能存在分歧。个人的神话并不总是能产生最志趣相投的想象性对话。

个人神话经常被核心冲突所占据，意象原型在其中行动、互动、交谈、争论、发展、战斗、达成和平。在单一故事的背景下，不同的角色希望得到不同的事物。许多不同的声音想被听到。在20岁到40岁，成年人似乎是在心理上创造了一个个人神话，允许各种角色创立自己的职能、找到自己的声音。角色之间总会冲突，不同声音也会互相倾轧。总会出现一定程度上的叙事混乱，而这似乎是好事。我们不应期望成年人在生命的第三四十年中就能完全调和与解决身份认同中的核心冲突。在这段时间里，角色仍在定义自我的故事中寻找自己独特的定位。我们也仍在寻找独特的方式，以在故事中容纳所有不同的角色和他们之间不同的发展道路。

第 6 章

能动性与共融性角色

至少从 19 世纪开始，西方民主国家的成年公民已经精心创造了他们的身份认同，以适应现代生活的双重性。我们大多数人都要想在工作中握有权力、在家中感受爱意，即使我们感到它们很难实现。然而，并不是所有人都希望能获得同等程度或是同样方式的爱和权力。有些个人神话被能动性角色主导，能强有力地推动故事情节发展。其他的生命故事呈现出一个更共融性的角色，主要追求的是爱与亲密。有些角色同时有能动性与共融性，而另一些角色似乎同时回避两者。

每个角色都是对成年生活某种模式的人格化代表。因此，每个生命故事都包含着独特的主要角色。但在不同的个人神话中，我们还是能发现一些普遍的角色模式。能动性角色包括战士、旅行者、智者和制造者。而共融性的意象原型包括爱者、照顾者、友爱者、守礼者等等。每种意象原型都代表了一种人类生活中可辨识的社会形态。

意象原型类型与神秘主义或神秘的生理机制无关。虽然我并不反对荣格的精神分析，但我认为荣格关于"意象原型来自人们的集体无意识"的说法毫无根据。我认为荣格的原型概念（有时被称为"意象原型"）对人类的心智有过多假设。原型概念表明，每个人都有机会接触存有人类信息的存储仓库，而这个仓库可以通过遗传传递。对我来说，更明智的假设是大部分信息通过文化传递给一个生物性上做好准备的人。意象原型不应被视为是"人类天性"，好像它被镌刻在我们的基因里。[1] 意象原型根植于社会背景，因社会的不同而可能不同。由于我们心智的天性，成年人会从叙事的角度来理解自己的生活。本章中阐述的能动性与共融性意象原型的类别可以很好地适用于现代西方生活的叙事方式。它们似乎也提供了身份认同建立的通用模板，这模板似乎也能适用于部分（虽然不是所有的）过去的历史时期，而且很可能适用于某些其他的文化。

能动性角色

在文学、戏剧、歌曲、诗歌中，有很多种角色用能动性的方式行动、思考和感受。这些人物试图去征服、掌握、控制、克

第二部分　故事角色

服、创造、产生、探索、说服、拥护、分析、理解和获胜。一般会形容这些人为侵略性的、雄心勃勃的、爱冒险的、自信的、独立的、聪明的、勇敢的、大胆的、显性的、主导的、有力的、独立的、丰富的、不安的、复杂的、顽固的、明智的等等。[2] 这样的人物一般被认为有"男性气概"。因为他们人格化的特性在人们的刻板印象中一般与男性的性别角色有关。但能动性角色未必就是男性。无论他们是男是女，他们都倾向于在世界上蓬勃发展。四种常见的能动性角色类型是：战士，他们强有力地凝聚着他人；旅行者，他们四处行进；智者，他们努力理解世界；制造者，他们为了创造而运用自己的身体与灵魂。

战士

1991 年 6 月 24 日，《新闻周刊》（*Newsweek*）宣布美国迎来了"男性运动"，其目标是使中产阶级男性恢复他们作为战士的传统。[3] 这项运动中有名的代言人，如诗人罗伯特·勃莱（Robert Bly）[4] 和知名作家山姆·基恩（Sam Keen）[5] 相信许多男人虚弱而孤独地活着，与自己的父亲决裂，也远离了那些古代神话与传说所尊崇的男子气质原型。会计、行政人员、律师和教授都无法像一个自发和勇敢的战士一样生活，违背了他们男子气概的天性。勃莱勉励男人们去触碰他们神话诗性的根源；而基恩敦促男人们脱离女性的世界，来重新找回自己的雄性声音。一些组织开始发起周末休整活动，男人在其中跳舞、唱歌、谈话和敲鼓，以及在森林、沙漠和山脉中重演古代男性的仪式。

在这新的男性运动中兴起的是对男子气概的理想化表征，是战士的化身。战士生来勇猛斗争，他们积极主动，也有丰富的情绪，且能与其他男性成为好友。这是一个复杂的意象，融合了许多美国中产阶级生活中极度缺乏的个人特质与人际关系品质。意象的核心是一个积极的男性，在面对让他感到威胁和挑战的世界时，可以蓬勃、进取、自然地行动。为了作战，战士必须能感受到威胁；为了勇往直前，他们必须面对挑战和障碍，并将它们纳入掌控。

我在本章中概述的战士意象原型，比当代男性运动所描述的形象要更为有限、更为普通。我描述的战士更强调的是战士本身的定义，也就是挑起战斗的人，而不包括勃莱、基恩和他人赋予战士的其他特性（比如自发性、兄弟情谊等）。我相信在有些人的生命故事中，战士型意象原型会拥有这些"其他特性"，但许多人并没有这些特性。而且，和勃莱他们不同的是，我的战士型意象原型同时适用于男人和女人，因为他们都可以勇敢地战斗，无论是身体上的、口头上的、精神上的或灵性上的。

在古希腊神话中，阿瑞斯是战神，他在罗马万神殿中的名字是玛尔斯。阿瑞斯是冲动、勇敢的战士的化身，是盲目与野蛮的勇气的化身，也是血腥的愤怒和屠杀的化身。像阿瑞斯一样，战士型意象原型——一个高度能动性的叙事角色——挑起各式各样的战争。

CMP BOOKS

打开心世界·遇见新自己

华章分社心理学书目

扫我！扫我！扫我！
新鲜出炉冒着热气的书籍资料、心理学大咖降临的线下读书会名额、
不定时的新书大礼包抽奖、与编辑和书友的贴贴都在等着你！

机械工业出版社
CHINA MACHINE PRESS

刻意练习
如何从新手到大师

[美] 安德斯·艾利克森
罗伯特·普尔 著

王正林 译

- 成为任何领域杰出人物的黄金法则

学会提问
（原书第12版）

[美] 尼尔·布朗
斯图尔特·基利 著

许蔚翰 吴礼敬 译

- 批判性思维领域"圣经"

内在动机
自主掌控人生的力量

[美] 爱德华·L.德西
理查德·弗拉斯特 著

王正林 译

- 如何才能永远带着乐趣和好奇心学习、工作和生活？你是否常在父母期望、社会压力和自己真正喜欢的生活之间挣扎？自我决定论创始人德西带你颠覆传统激励方式，活出真正自我

聪明却混乱的孩子
利用"执行技能训练"升孩子学习力和专注力

[美] 佩格·道森
理查德·奎尔 著

王正林 译

- 为4~13岁孩子量身定制的"执行技能训练计划"，全面提升孩子的学习力和专注力

自驱型成长
如何科学有效地培养孩子的自律

[美] 威廉·斯蒂克斯鲁德
奈德·约翰逊 著

叶壮 译

- 当代父母必备的科学教养参考书

父母的语言
3000万词汇塑造更强大学习型大脑

达娜·萨斯金德
[美] 贝丝·萨斯金德
莱斯利·勒万特-萨斯金德 著

任忆 译

- 父母的语言是最好的教育资源

十分钟冥想

[英] 安迪·普迪科姆 著

王俊兰 王彦义 译

- 比尔·盖茨的冥想入门书

批判性思维
（原书第12版）

[美] 布鲁克·诺埃尔·摩尔
理查德·帕克 著

朱素梅 译

- 备受全球大学生欢迎的思维训练教科书，更新至12版，教你如何正确思考与决策，开"21种思维谬误"，语言通俗、生动，批判性思维领域经典之作

战士是汤姆·哈维斯特（Tom Harvester）个人神话中的一个主要角色。[6]在接受采访时，汤姆是一名43岁的通信工作人员，受雇于警察局。在第二次世界大战期间，他在芝加哥东南部的一个社区长大，汤姆回忆起早年与战争、死亡和权威有关的许多重大事件。他最早的记忆是关于空袭警报以及儿时对芝加哥附近组织的空袭演习所造成的"迫在眉睫的入侵"的恐惧。他的祖母和他的狗的意外死亡，后者被一辆超速行驶的汽车撞死了，这两个早期事件让他对那些更大、更强、更有权威的人感到愤怒。1943年，汤姆一家搬到了芝加哥郊区的一个农场社区。这给汤姆带来了相当大的压力。他在新社区时的主要冲突发生在"农场孩子"和流离失所的"城市孩子"之间。他形容自己在这场冲突中的角色是外交官："我很喜欢像亨利·基辛格（Henry Kissinger）一样穿梭在两个群体之间做外交。"汤姆发现自己在家庭的争吵中扮演类似的角色——在彼此争斗的派系之间协商出脆弱的和平关系。

汤姆儿时的英雄都是战士。汤姆将自己高中时期在军事学校就读的光荣岁月，与随后在圣母大学度过的"第一次大失败"相对比。在圣母大学里，他反复地与一大批权威人物作战，无意中培养了他现在称之为"反叛者"的角色。汤姆大学毕业后不久，就应征加入了空军，开始了另一个辉煌的篇章。他的人生故事从此在荣耀与耻辱之间交替。在荣耀时期，他在世界中强有力地行动，成为一名战士；在堕落与耻辱的时期，他开始酗酒，并做出一系列不负责的行为。在一些人生篇章里（如圣母大学的失败）以及一系列的生活困境中（如酗酒、离婚和失业），他作为战士似乎已经输了战斗。

汤姆的个人神话是一个关于战争的故事——他总有一些仗要打。当他能够约束并引导自己侵略性的能量时，他作为战士是胜利的。他可以将侵略性的能量投入备战，或投入在各派之间达成协约。在汤姆独特的神话中，战士的意象原型是一个维护家庭宁静的、自控的先锋，他的工作与生活方式旨在通过力量来促进和平与稳定。但当他没有达到作为战士的隐性标准（一种顺从的、能控制冲动的、与斯巴达式苦修式的规则）时，这个故事就转为战士的玩忽职守和失败。

对汤姆来说，战士意象原型体现了他的能动性目标，即在权力上超过别人、控制自己。战士成型的迹象出现在童年时期的战争准备和暴力场面中。汤姆认为自己是一个有支配力和侵略性的人，把勇气和纪律视为他战士守则的核心原则。他的榜样是那些强壮的和有纪律的男人。与战士的意象原型一致的是，汤姆在与他人建立新关系时往往有点好斗和谨慎。朋友和熟人是他"盟友"，而许多其他人，尤其是当权者，都是汤姆必须战斗的对手。人际关系为汤姆提供了机会，让他借此可以做出有英雄气概的行动。在人际关系中，汤姆必须保持"坚强"和"真实"，去打一场好仗，并在最后获胜。战士代表了他个人神话中的核心冲突——自律与失去控制之间的冲突。

旅行者

玛格丽特·米德（Margaret Mead）（1901—1978）在23岁时候前往南太平洋研究原始文化。多年后她回到美国，出版了自己的第一本书，《萨摩亚人的成年》(*Coming of Age in Samoa*)。她描述的萨摩亚人的青春期性行为与无羞耻的爱，令她拥有了许多读者并声名远播，同时将她的名字永远与性和自由联系起来。在接下来的50年中，米德确立了自己作为20世纪杰出的社会科学家的地位，她可能是英语世界中人类学最大的普及者。她的生命故事丰富而复杂，蕴含了许多突出的角色，其中最主要的是旅行者。[7]

玛格丽特·米德在自传中说，作为父母的第一个孩子，她"被人需要也被人爱"。[8]尽管她父亲的大学工作迫使妻子和孩子一再搬家——"就像一个难民家庭"——玛格丽特回忆中的童年基本是快乐的。她很高兴自己是亲人、朋友和熟人眼中最受欢迎的孩子。"没有人能与玛格丽特相比。"她的父母常这样说。作为一个孩子，她被鼓励发展特殊的天性，去探索她自己和她的环境。她对自己和周围环境的探索，要比大多数美国儿童，尤其是在20世纪初成长的小女孩要多得多。在每一个新的社区，玛格丽特都能遇到新的人、探索新的领域。她童年时代反复出现的主题是通过探索来学习，以及通过不断迁移来学习，而在许多情况下，这两个主题会合二为一：

回首过去，我关于学习技艺、背诵诗歌、折纸的记忆与跑步的记忆交织在一起——我在风中奔跑，穿过草地奔跑，沿着乡村小路奔跑——我采摘鲜花，寻找坚果，把古老的故事和新的事件编织成关于一棵树和一块岩石的神话故事。[9]

大学一年级时，玛格丽特就读于印第安纳迪堡大学（DePauw University）。在这里，她不被允许继续四处移动与探索——这是她发现的第一个不能容忍她的特殊天性的环境。在她心里，迪堡大学迂腐而充满压迫，对像她一样自由的精神而言过于保守和传统。她觉得大学里的社交活动——被兄弟会和姐妹会所占据——非常无趣又排外。她的同龄人与课程看起来很无聊。因此，她在一年后离开了，转学去了纽约市的巴纳德学院。在那里她很快就找到了归属感与兴奋感，并且和一群大学女生成了亲密的朋友。

在巴纳德学院，米德明白了自己是谁、自己可能变成什么样的人，而且她能够很好地将这两点与她过去的经历联系起来。当她从巴纳德毕业时，米德知道她想把自己的一生奉献给人类文化的研究，她想研究世界各地人们生活着的各种"家"。米德感知到在"旅行"与"家"之间的特殊关联，并由此创造了一个新的身份认同，她将作为一个人类学家，从一个家搬移到另一个家：

对许多人来说，迁移是一件事，而旅行是非常不同的事。旅行意味着离开家、跑得远远的。旅行是日常生活的单调乏味的解毒剂，享受度假是在经历几个月的沉闷后的福音。迁移意味着或快乐或伤心地与过去分手；一场或幸福或艰难的冒险，将会有好的或不好的遭遇。对我来说，搬家或是待在家里、向外旅行或是抵达，都是一回事。这个世界满是我住了一天、一个月或者更久的家。并不是我在某处家待得更久，我就更爱那个家。在一个有跳跃火光的房子里待一晚，也许远胜于我在一个没有壁炉的、无法让我兴奋的房子里住上几个月。[10] ～

米德的一生就是一位女性不断迁移的一生。她满世界地跑以完成她的人类学研究。从南太平洋收集田野资料，去伦敦汇报她的发现，再去纽约做一名博物馆馆长。一位传记作家写道："米德冲过海洋与大陆，跨越时区、网络和学科，撞倒障碍，重新定义了什么是边界。"[11] 格雷戈里·贝特森（Gregory Bateson）将自己和米德的婚姻描述为"基本上像是纯粹能量的定律……我跟不上她，但是她停不下来。她就像一艘拖船。她可以坐下来在早上 11 点前就写出 3 000 个字，然后余下的一天里都在博物馆工作。"[12] 米德在大学里的信条之一便是："又要懒，又要疯。"

玛格丽特·米德在学术研究和学术写作方面是非常草率的。她不是一个久坐的哲学家，而是一个不安分的观察者。她没有耐心去悠闲地思考一些事，甚至都没有耐心思考自己。米德坚决拒绝接受精神分析来深入研究自己的生活。这样一种自我反省的冒险对一个思维趋于务实与具体的旅行者来说，太浪费时间和精力了。在1932年的7月完成了田野研究后，米德发现她手上有太多的自由时间。她抱怨道："我有太多时间去思考，有太多的空间闲置着。"一个传记作家写道："想到余生中充满闲散的时间，米德就对这样的前景感到恐惧。"[13]

就像古希腊神赫尔墨斯，米德是一个信使。她始终在探索，始终对落后她一大截的观众们传达她新学到的事物。通过塑造出"不断迁移的人类学家"这个角色，并将其作为主角写下个人神话，米德得以将她母亲作为社会运动家的价值观与她父亲对智性的看重合二为一。和她的祖母一样，她也喜欢孩子以及日常生活中的家庭活动。当她研究其他文化时，她喜欢观察这些习俗，并经常参加这些活动。像那些跑过草地的孩子那样，成年的玛格丽特可以保持不断地移动。在她前往萨摩亚开始第一段人类学探险之前，米德写了一首关于自己的诗《如此欢欣》（Of So Great Glee），庆祝她新的成人意象的诞生：

在小时候她曾把绳跳

直到所有衣裙坏掉

而她的母亲温柔拾起

她打碎的各个餐具

跳动的绳子挂上了树梢

摇动花朵纷纷掉

但她的脚步如此快活

树妖也无法抱怨丝毫

到最后绳子牵住星星

把它拽下了斑驳的夜空

而上帝只是微笑，为她的欢欣

和把绳子甩得如此之高。[14] ～

智者

我当我还是研究生时，我的一个好朋友（也是一位同学）正在主持一个关于成年期的讨论。他要求大家描述他们生活的终极目标。我不记得我的反应是什么，但我对朋友的反应很清楚。他说他的目标是"开悟"。他说从他记事起，这就是他的目标。他难以置信地发现班上没有一个人与他的志向相同。朋友的目标指的是去深入了解自我与世界。他认为的开悟是受到印度哲学家与他在冥想方面的探索的影响。当然有些人会有类似的目标，例如希望通过长期而艰苦的努力去找到真理、理解、知识、智慧，变得卓识、敏锐、专业或是掌握窍门。有些成年人想要学习——这种欲望驱使着智者。

所有文化都重视知识的获取，但每种文化都以自己的方式定义知识。尽管美国人对科学技术知识特别感兴趣，但我们也重视宗教、文学与人际交往中蕴含的知识。尽管美国人倾向于重视实用知识，而忽略那些缺乏"现实世界"应用的知识，但美国人认为两者都是美好的。我们也重视智慧——从生活经验中获得的知识——但是，许多传统社会会比我们更看重非技术型的知识。几乎所有的社会都存在一个成年人追求知识与智慧的榜样模范。特别是人们一般认为聪明的男性与女性会比许多人要更年长，因为学习来自经验，经验需要时间。

智者是一个特别有能动性的意象原型。知识带来权力与掌控力，而且认识世界（或自己）可以比作征服自己的外部（或内部）环境。知识与权力之间的关联，在古希腊神话里写得清清楚楚：众神之王宙斯是众神里最聪明的一个。不过宙斯也是其他能动性特性的化身。他是仲裁者、规则制定者、挑逗者、族长和名流。荷马史诗赞颂宙斯，称之为"绝佳的神，也是最伟大的神……你是所有神中最有名的一个"。[15] 希腊神话中也有其他神是智慧的化身，比如知道俄狄浦斯血统的盲先知忒瑞西阿斯。而雅典娜女神拥有非常务实的智慧，能很好地创造和平与调停冲突。

大学校园是能让智者们感到热情友好的地方。克里斯蒂娜·威尔肯斯（Christina Wilkens）是一个55岁的大学教授，她的个人神话里包含着智者的意象原型。作为第一代在她学科领域获得声望的黑人女性，克里斯蒂娜在很小的时候就被认为智商突出，而且有艺术天赋。她也被鼓励去发展这些天赋。克里斯蒂娜被曾祖母抚养长大——她的妈妈白天得工作，而她的父亲长时间在军队服役、离家遥远——克里斯蒂娜的童年过得"有些孤独，但相对快乐"，并且"每天的主要工作就是去学校上学"和学习。她说：

> 尽管和家人相处的开端有些不愉快，我依然是我家人眼中的珍宝。我是他们教导的对象。我的高曾祖母教我分辨时间。我依然记得他们对公司里的人炫耀，说我可以拼写长单词。我父亲说，当他从军队回到家里、带我坐公交车时，他会和我交谈，把我当作成年人一样。有次他在公车上和我聊天时，坐在我们后面的一个女人站起来，低头看他是否疯了，因为他进行的是非常成人化的谈话，但后座的人连他谈话对象的脑袋都看不到。当时我很小。◡

克里斯蒂娜是她的家庭中第一个上了大学的。开学第一天，她造访了图书馆。"我看到所有这些高高的人，那些戴着眼镜的高个白人，看起来极其的学术与井井有条。我告诉自己：'嘿！这地方我来对了。'"在20世纪60年代民权运动时期，读研究生的克里斯蒂娜爱上了一个活跃在校园政治中的年轻黑人。对方最吸引克里斯蒂娜的，是他作为演讲者与思考者所具备的力量。在克里斯蒂娜看来，那个年轻黑人是她所仰慕的世故圆滑与深邃智慧的化身。

我听了他的几次演讲。我想，他确实是一个很有影响力的演说家，这家伙确实有正确的洞见。是啊，我们应该努力建立自己的黑人制度。是啊，我们应该去努力的。他的能量、他的外表、他的思想和他的进取心让我深深折服了。于是我想，上帝啊，你知道，这就是我应该去做的。但我怎么才能做到？在许多方面我感到自卑和不足，但当然了，我也和其他人一样聪明。然而，我没有像他一样的社交能力，或是像现在的我那样善于社交。我也不像他身边围绕着的同伴女孩那样有精明的政治洞见。换句话说，我不能与他谈论政治从而让他注意到我，因为我真的对政治一窍不通。这就是为什么我对他的话语如此着迷，那些关于黑人的处境、关于社区、关于更大的世界图景之类的。于是我学习又学习，希望能懂得更多。～

克里斯蒂娜与那位年轻人的关系从未有更进一步的发展。但后来克里斯蒂娜获得了博士学位，并在学术界成就非凡。尽管克里斯蒂娜与她的家庭和好友之间有亲密的联结，克里斯蒂娜的身份认同依然诉说着强烈的能动性，她的智者意象在知识、影响与独立方面茁壮成长。直到父亲去世后不久，克里斯蒂娜才结婚，部分原因是因为她持续地在学术方面投入。奇怪的是，她嫁给了来自另一种文化的年轻人，年轻人比她小 20 岁，而且几乎没有受过正规教育。他是一个安静的工匠——是制造者而非智者。虽然她的主要工作仍然是"每天上学"，但她现在承担了另一项任务，帮助丈夫适应一种完全不同的文化，帮助他找到工作，学习新的风俗习惯，适应美国的大学城。她的智者形象似乎在这个过程中再一次扩展了，现在她扮演了一个年长而聪明的女人，为她的年轻人提供了明智的建议。她也继续向他学习，通过这段大胆的新关系来加深她对自我和世界的理解。

克里斯蒂娜看重的知识，融合了科学、艺术和神秘主义。科学在她接受正规教育与担任教授时得到发展。她的艺术与神秘气质在她的家庭中得到培养，并作为她黑人女性身份的文化传承。

对克里斯蒂娜而言，智者既通过个人经验与情感表达来获得知识，也通过研究和学术来获得知识。她重视对知识的追求。她的追求是艰难的和温柔的有机融合。她以高度能动性的叙述方式定义自己，其中的主要角色努力地去了解和学习，并在过程中变得更有力、扩展和自我肯定。

制造者

在古希腊神话中，火神赫菲斯托斯（Hephaestus）是神圣的制造者。他是一个熟练的工匠，与火和金属为伴，创造出美好而神奇的作品。他是跛脚的，但他证明了一个身体残疾的人仍然可以通过制造物品，来以强大的方式为社会做出贡献。宙斯与赫尔墨斯也以不太明显的方式参与了事物的制造。宙斯是造物之神，他最终负责为生命提供许多要素。赫尔墨斯是一个发明家，他出生的第一天发明了七弦竖琴，他也是个资本家，他为了赚钱而掌握着商品与服务的经济世界。[16]

大多数成年人都参与了制作东西。准备晚餐、建车库、制作商业计划、设计课程、缝制衣服、画肖像——我们所做的事情和制作方法的清单几乎是无穷无尽的。因为制造是一种普遍的人类活动，它似乎有能力成为一个角色并进入人类的身份认同。对我们之中的有些人，制造者是个人神话的核心。例如那些创造者、生产者、发明家、企业家、艺术家等等，一些成年人围绕着制造者的角色书写自己的身份。

制造者比其他意象原型要更缺乏与他人的人际关系。制作往往是独自进行的。我们制造的东西通常是无生命的物体，它们被像我们这样有生命的生物使用。当然，我们也可以制造"爱"或做出"决定"，但制造者的形象通常集中在有形产品的制造上，或在修理、提炼或分销上。因此，商品的销售和购买也属于制作的一部分，即使卖方和买方自己不生产商品。就像战士在战场上寻找自己的位置，智者在大学里居住，那么制造者发现市场合适自己。在商业世界里的种种论调中，制造商发现了最吸引他们的意象、术语、标准和框架。制造者力求高生产效率、利润最大化和成本最小化，以最有利可图的方式投入时间和资源，生产出有价值的产品。制造与能动性动机中取得成就的部分息息相关，但与权力的关系就弱些。对成就有强烈需求的人不一定想对世界产生巨大影响。相反，他们只想把事情做到最好，追求成功、高效率、富有成效。

从记事以来，柯特·罗西（Curt Rossi）一直想亲手做出漂亮的东西。他在俄亥俄州西南部一个非常虔诚的家庭长大。他有一个哥哥。柯特的哥哥是明星运动员，高中毕业。虽然柯特也是个好学生，但是在数学与科学课程方面，却无法与哥哥相比，而且他对体育也不感兴趣（如今，柯特声称他比任何美国中年男人都更不了解体育）。柯特的兴趣转向了制作东西，而且从很久之前开始，他就意识到自己能通过绘画和雕塑以及他在音乐、文学与诗歌方面的才华，来将自己同家人区分开来。在制作方面，柯特的父母都是他的榜样。他的父亲是一位教师，但在周末，他大部分时间都在车库里做各种各样的木工活。当柯特的哥哥组织附近的棒球比赛时，柯特帮助他父亲在商店里完成他们的项目。他也和妈妈在厨房里度过了无数个小时。到柯特上大学时，他是个出色的厨师。

制造者可以是一个特别非社会性的意象原型。柯特不是一个孤独的人，但他有意地和他人持续地保持距离，培养了一种能让他长时间地独处的生活方式。现在他44岁了，虽然和许多女人约会过，但他从未结过婚。许多人被柯特的魅力与热情健谈所吸引，但即使是他最亲密的朋友都说他们不能突破柯特竖起的障碍。在他的生活故事访谈中，柯特承认他从不让人对自己过于亲近：

这并不是说我不敢开口聊天。我只是觉得这类对话又蠢又没有营养。我尽量避免这一切——避免那些谈论我们生活有多么糟糕的伤感时刻。

我想，人们的生活真是一团乱——我想我的生活也是一样。但我们为什么要认真地谈论它呢？对我来说，最好保持一种清晰、干净的距离。

柯特所做的工作和他所做的事情都明确而干净。作为一家教科书出版公司的编辑，柯特努力将草率的手稿变成条理分明、连贯一致的文本。他说："这部分工作涉及'修剪东西'和'整理事物'。"他还会在项目的早期阶段与作者密切合作，来帮助作者形成初步、模糊的想法，形成一个良好作品。他对自己作为一名编辑的工作感到非常满意，但柯特生活中的巅峰时刻存在于他的日常生活。柯特制作的东西总是优雅而与众不同，例如他制造的家具、编织的挂毯、设计的圣诞卡和他准备的美食。他的风格充满了素净和简单的线条，有着简洁的表达，像一个生活在有序宇宙中的柔软生命。这种风格表达了柯特信仰简洁真理能带来澄清的力量。这种风格自然源于柯特坚定的宗教信仰与对主流新教会的终身参与。对柯特来说，他最大的灵感来自于他的宗教信仰。这是他创造的美的源泉。"世界上有许多伟大的故事，但基督教故事是最美丽的。"他说，"我小时候所做的许多事情，都与教堂产生了关联，我了解那里的故事、欣赏音乐、欣赏它的美丽。"

意象原型的主要功能，就把自我不同的方面组合在一个单独的角色下。在柯特的个人神话中，制造者将柯特生活中艺术、宗教与生活方式的元素融为一体。制造者的意象原型有如下特点：

- 具有创造性、想象力，有点波希米亚人的调调，但举止优雅。
- 制造家具，参与各种各样的艺术和手工艺活动。
- 喜欢古典音乐，经常参观美术馆，在教堂唱诗班唱歌。
- 准备丰盛的饭菜，享受品尝新食谱的乐趣。
- 在学校和教堂教艺术和手工艺。
- 喜欢旅游，以体验当地的艺术和美食。
- 以最高雅的方式装饰他的公寓。
- 为盛大的礼拜仪式和庄严的圣歌感到鼓舞。
- 单独工作。

柯特的人生故事里的制造者最明显的缺点是，他没有机会赚很多钱。这是他生活故事中最令人沮丧和紧张的根源。正如柯特所说，近年来，在他的身份中出现了一个新的麻烦角色，他称之为"成功的、世俗的金钱制造者"。"我环顾四周，发现我的大多数朋友比我拥有的要多得多。他们有房子、高薪的工作。我喜欢我所做的，但我不能买任何东西。"柯特不满的是他租了一套公寓而不是拥有一个家，他的车可能熬不过下一个冬天。他的哥哥有巨额的工资，而且在股票市场大获成功。但一个人怎么能把自己的生命献给美丽的同时，又成为一个富有的人呢？柯特指出了一些能同时做到两件事的人。其中一位是柯特年长的朋友，这位朋友通过儿童文学创作大获成功。科特非常钦佩这位朋友。他暗示他可能会尝试亲自来写儿童文学，在简单的故事中创造美。但它们有销路吗？科特期待着，又怀疑又充满希望。到人生的下一个十年，他将①尝试将他的制造者角色与他生命故事中其他充满竞争性的倾向整合起来；以及（或者）②寻找一种方法扩大他的制造者意象原型，让它带来和自己在父亲的商店、办公室与厨房里一样感受到的满足。

共融性角色

数不清的角色以共融性的方式行动、思考与感受。以爱和亲密为导向，这些角色渴望能用热情的拥抱来与他人联结，他们爱护他人、关心他人，他们愿意照料他人、与别人合作、鼓励他人，并与人沟通和分享。他们致力于为爱和亲密提供环境，促成人与人之间的交往。他们往往被形容为：情感丰富、迷人、利他、诱人、温柔、善良、忠诚、敏感、合群、富有同情心、热情等。[17]由于他们符合刻板印象里的女性角色，这些角色可以被认为有"女性气质"，但他们未必就得是女性。无论这些角色是男是女，他们都试图以相互满意的方式与他人相处。共融性角色的四种常见的类型是爱者、照顾者、友爱者和守礼者。

爱者

古希腊女神中最美丽迷人的是阿芙洛狄忒（Aphrodite），罗马人称她为维纳斯。她是充满激情的爱情女神，既高贵又堕落。神灵与凡人的爱都令她振奋。她嫁给了赫菲斯托斯，但也与赫尔墨斯和阿瑞斯有私情。不过她最爱的人是安基塞斯，也就是埃涅阿斯的父亲。卢克莱修（Lucretius）写道，天空盛满了阿芙洛狄忒的美丽，海洋对她微笑。她是顽皮和诱人的妙语，是甜蜜的欺诈与爱的欢愉。

"我为爱而活。"米歇尔·布拉德利（Michelle Bradley）说。她32岁了，是两个孩子的母亲，也是一个小而成功的企业的经理。"我在工作中取得了很多成就，我在学校里很聪明。但自从我父亲去世后，我唯一关心的就是爱和被爱。我为此付出了沉重的代价。"爱的代价是一连串失败的关系，包括两次离婚。米歇尔和一个男孩恋爱，两人稳定地度过了高中时光，但在毕业舞会的那天晚上，他告诉米歇尔他让她最好的朋友怀孕了。最后男孩离开了城镇，而男孩的女朋友堕胎了。此后不久，米歇尔嫁给了一个她从小就认识的年轻人。他们有两个孩子。但她的丈夫变得异常古怪，并会虐待米歇尔。最终，丈夫被诊断为精神分裂症。但药物治疗和多次住院似乎并没有减轻他的问题。米歇尔与第一任丈夫的离婚是在小儿子的两岁生日上敲定的。"在那之后，我疯狂地爱上了一个同事。"他们在一年之内就结婚了。而在小儿子四岁之前，她的第二次婚姻也是一片混乱。

在第二次离婚后，米歇尔与至少两位男性经历了认真的恋爱关系，但两次都匆匆结束了。在我们访谈时，她已经订婚，嫁给了她称为"我的梦中情人"的人。米歇尔坚持道，她在过去15年里学到了很多有关男人的重要经验。她相信，虽然之前和其他人的关系都以失败告终，但这次这段新的关系会成功。当米歇尔是一个大一新生时，她47岁的父亲死于心脏病。当她回头看时，米歇尔明白她意外失去了父亲，使她像坐上过山车一样疯狂地寻找替代品。在心理治疗的两年时间里，米歇尔认为她不再拼命寻找一个父亲一样的男人。她觉得现在她对爱人的评价更为恰当。她告诉我，她已经学会了如何将理性和分析技能从她的工作生活中，转移到人际关系领域，这是她在治疗师的帮助下取得的成就。米歇尔说她知道这次她在做什么。

米歇尔的个人神话鲜明地分成了两部分：一部分是她在学校和工作领域的承继式神话（一个好的过去带来好的结果），另一部分则是与其他男性之间自我忏悔的情节（坏的结果来自坏的过去）。米歇尔希望在更好地认识自己和了解自己想要什么的基础上，能在新婚姻中重塑"爱者"——她的生命中占据主导却失败了的意象原型。但你很难确定她是不是真的能在这段新关系中获得成功。米歇尔似乎了解自己在过去的关系中是如何受到伤害的，她也清楚过去哪些行为使得她成了受害者。自从高中毕业后，她似乎已经相当成熟了。但同阿芙洛狄忒很像的是，爱者的意象原型可能是任性狂暴的。很难预测爱者会做什么，或者爱者身上会发生什么事。在32

岁的时候，米歇尔又一次"无可救药地爱上一个人"。

照顾者

孩子们称贝蒂·斯万森（Betty Swanson）为"T恤女士"。贝蒂认为12岁儿子所在学校里的学生应该有合适的衣服去上体育课。她给学校设计了大象标识，安排了体育课的T恤和体育短裤的生产制作，并且制定了衣服的销售和付款计划。现在人们可以买到学校的汗衫和夹克了。在她的儿子进入学校之前，学校食堂没有菜单。孩子只有每天走到食堂才知道今天吃什么。贝蒂认为家长有权提前知道学校食堂提供什么食物，这样家长才能有信息决定是不是要给孩子带午饭，或者让孩子去购买其他热午餐。在和食堂雇员与学校管理层激烈争论后，贝蒂成立了一个项目，在每个月的开头，她会给每个家长送一份菜单。在1989年时，父母–老师协会将贝蒂选为"年度妈妈"。

贝蒂做的事令人印象深刻，但如果你不了解她现在的状况，你不会觉得她做的事堪称戏剧化。48岁时，贝蒂已经有过严重的中风和两次心脏病发作。此外，她曾经从窗户摔下来，摔伤了头部导致脑部受损。她曾经是一个收入很高的会计，在那以后却无法做加减法。她只能依靠别人走路；她说话又慢又轻，因为同别人说话很容易让她疲倦。在她生活中每一个活跃的日子过后——比如，去教堂，或是收集T恤订单，或是在邻居食物储存仓志愿做职员——她必须卧床休息两天。当她出现在公众面前时，她必须花大量精力试图显得相对"正常"，尽可能掩盖自己的残疾。"你必须足够健康和强壮才能生病，"贝蒂说，"因为当你被生活虐待，像我一样身体被生活击垮，那你得需要花费如此多的精力，才能堪堪继续生活。"

在贝蒂的个人神话里，她是一个母亲，却不知道自己的母亲是谁。她的父母在她出生不久后离异。她父亲显然不会照顾她，并不久之后就再婚了。贝蒂是被自己的继母和父亲的父母带大的。她不记得自己的亲生母亲。但在贝蒂成年后，她了解到自己的亲生母亲也曾是一个会计，而且犯过贪污罪。她的母亲在贝蒂40岁出头死了。贝蒂追查到关于亲生母亲生活的一些事实，最后在附近的墓地找到了母亲的坟墓。

> 我从没有见过她，我也不知道她长什么样子，我也从不知道她是谁。当你有个坏母亲，就会发生这种事——后来我发现我的母亲是个会计，而且她还贪污，没有人告诉过我这些——她年轻的时候曾经非常坏，而且她还蹲监狱，如果一个女性四十多岁还进监狱，那一定是非常坏了。当你有个坏母亲，没有人会谈论她，而我对她依然知之甚少。我猜她是个不可思议的人，很聪明、很有创造力，也很抢手。不过她选择和我父亲结婚真是大错特错，我父亲就是个木头，一个典型的瑞典人，很难表现出任何情绪。我不记得和父亲讨论过任何我生命里重要的事情。他从不和人交谈，他会用眼神责备我们，而且做事从不摆好脸色。但我想我从亲生母亲那

　　　　　　　　　　　第二部分　故事角色

继承了许多，我喜欢和人交谈和分享，而我家里其他人都不这样。我发现在亲生母亲入狱之前，她做过许多新奇有趣的事儿——唉，她的所作所为曾是可怕的，而且她为此付出了失去孩子的代价——但是这也因此让我感到在我和她之间有联系。她是我缺失的一部分，但当我找到她的坟墓时，我觉得失去的东西又回来了。～

贝蒂在学校是个好学生。她在1960年年初上大学，就读于数学专业。在贝蒂二十多岁时，她就职于一个大公司，她是里面唯一的女会计。她和一个商人约会了两年，27岁时她嫁给了他。当时丈夫35岁。早期的婚姻是非常幸福的：

> 我认为自己的生活很完美。我的意思是我接受了一份良好的教育，我来自一个好家庭，我的父母非常支持我，于是我没有财务负担。我的父母没有酗酒，也没有类似不幸的事情，或是那些让人们会在早年发疯的创伤事件，我都没有经历。我很健康。我很有运动天赋。我嫁给了一个我喜欢的男人。因此，我们能够——我能够——继续享受生活。工作很辛苦，但它是我自己的选择。而且我还是有时间来享受生活，有时候还可以旅行。我的生活曾充满快乐。～

和许多职业女性一样，贝蒂在30岁出头时强烈地想生孩子。然而贝蒂的丈夫强烈反对要孩子，具体原因没有在访谈中说明。35岁时，她怀孕了，丈夫威胁说如果她没有堕胎，就要和她离婚。贝蒂拒绝终止妊娠，于是丈夫离开了。在贝蒂的儿子出生后，她辞掉工作当全职妈妈。她生活得非常拮据，小心地使用政府发放的儿童抚养费与来自家庭的钱来维持家用。在此期间，前公司为贝蒂提供了许多不同的兼职工作机会，但她统统拒绝了。与儿子在家中待了三年之后，她开始认为这样的兼职生活是可行的，于是她开始为一个律师做工作，这份兼职很不错。贝蒂得以在家中工作，并有优渥的收入。如果这样的生活继续下去，她可以成为自己亲生母亲从没有做过的好母亲。于是她积极地准备起来。她决定把家里从地板到天花板都打扫一下，并打算在楼上收拾出一间办公室。

　　我心中清楚地给事情排了优先顺序，其中一项是：如果我能和一个三岁的孩子一起玩，我永远也不会去打扫壁橱。不是我不愿意打扫房子，而是我真正明白什么对我而言最重要。每天去公园也是非常重要的。但如果你做那些重要的事，那么你就没有时间打扫壁橱、洗墙和窗户。所以我想也许下个星期我应该把这件事做完，这样在接下来的十年里我都不用烦心这些事儿了。所以我决定洗窗户，结果我把头摔伤了。这真的、真的很糟糕。在太多方面都太可怕了，我简直无从说起，因为它从生理上、精神上改变了我的生活。我头部严重受伤，在有些区域发生了永久性的脑功能障碍，我因此瘫痪。太可怕了。唯一的好事是我活下来了，我还活着，这意味着有希望，我开始了一场难以置信的战斗——不仅仅是为了我自己的生存。我进了康复院，他们告诉我，我再也不会走路了，永远都不可能再走路。我无法想象用这样的方式活下去，而且我也不理解为什么我就是不能走路。当我从康复院里出来时，我是走着离开的，虽然这并不容易。⌒

贝蒂恢复得很好，虽然也恢复得很慢。然而，就在她刚取得巨大的进步时，她又被心脏骤停和中风击倒了。

他们无法解决这些问题。因为我已经40岁出头了……有人告诉我，我不能做心脏搭桥手术，因为我的动脉和心脏严重受损……他们说祝你好运，然后下一秒又说出去把你的生活安排好，我说那是什么意思？……嗯，他们的意思就是让你去准备墓地。⌒

好几年过去了，贝蒂坚持活了下来。据我所知，她还没有买墓地。在一些忠实的朋友和教会牧师的帮助下，贝蒂继续抚养她的儿子，为他的学校和他们的社区做出贡献。她不能再教教会周日学校的课程了，但她为教会里的青年组织了考察旅行。我写这篇文章的时候，她正在从第三次心脏病发作中康复，此时已距离第一次心脏病发作有八年，距离跌倒事件有十年。贝蒂说，从某种意义上说，她已经经历了死亡。她说她不再害怕它了，而且她感到被"求生意志"驱使着继续活着，由此她可以"继续支持她的儿子"。

在古希腊神话中，丰收女神德墨忒尔（Demeter）是一位了解死亡含义的女神。她是丰饶与肥沃土壤的女神——在农业的概念中，她是土地的照顾者——当德墨忒尔她得知自己的独生女儿珀耳塞福涅被哈迪斯抢走、带去冥界后，她悲痛万分，满心惆怅又渴望报复，德墨忒尔诅咒了土地和它的果实。可怕的饥荒发生了。直到宙斯安排母亲和女儿重聚。两人的重聚是纯然的狂喜，但后来德墨忒尔了解到珀耳塞福涅必须每年有一个季节返回冥界，因为她已经吃了冥界的石榴籽。因此，在珀耳塞福涅回到冥界的季节（冬季），地球依然荒芜，但当春天来临、心爱的女儿回来时，德墨忒尔又会让土地富饶、百花绽放。

德墨忒尔是一个专注的照顾者，时刻准备牺牲自己和她所管辖的领域来挽救她的孩子。她是会献出一切的献祭者，首先得经历剥夺（分离而难过的冬天）才能变得更强大（重聚而欢乐的春天）。作为一个照顾者的典范，德墨忒尔提醒我们关爱他人可能需要巨大的牺牲，而且如果要看到自己的照料得到成果，需要有巨大的耐心。在贝蒂的个人神话中，她必须牺牲自己的婚姻和健康，才能成为一个好的照顾者。如果她不需要回去工作来照顾她儿子的话，她是不会从窗户掉下去的。这里有一种讽刺的意味，为了准备新工作，贝蒂违反了她自己的行为准则，即，如果能和孩子玩的话，就从来不打扫房间。当然，她没得选择。她不怪自己去擦窗户，但讽刺的事发生在她身上。

照顾者是人们的生命故事中最充实的意象，是因为它可以将人们许多生活方面联系起来。贝蒂认为"关心他人"是她生命中最重要的价值。当她在学校、教堂和当地的食品储藏室做志愿工作时，贝蒂总是扮演照顾者的角色，她是邻里家长直言不讳的拥护者，与她认为腐败和臃肿的当地的学校系统做对抗。"我从来没有遇到过一个真的不关心孩子的家长，我发现是学校有时让家长难以关照自己的孩子。"

几年前，贝蒂正在招募其他母亲帮助她组织学校的菜单。她打电话给一个黑人妇女，后者有三个小孩在学校里读书。这位黑人女士没受过教育，很穷，她和孩子们一起住在一个破败的房子里。黑人女士说，她没法在菜单方面帮忙，但贝蒂留下了对方的电话，并给对方打了好几个电话，因为"她似乎是一个非常关心他人的女士"。

> 她（这位黑人女士）总给我一种感觉，她想做点什么。所以有一天我又打电话给她，突然她在电话里哭了起来。她说："你知道，我真的不觉得我在学校里有一席之地。"她不会读书也不会写作。我下定决心，要找到她能做的事，你瞧，我做到了。她现在是一个项目专员了——并且做了好几年——她负责所有的饼干和蛋糕。她协调和管理这些事儿。她曾是一个很穷的人，当我说"穷"的时候，我不是说钱方面的穷，而是说她在资源方面很贫乏——她没有什么可利用的资源。而现在她是个协调员，我甚至不认为她能说出"协调员"这个词汇。她现

在协调所有老师的早餐。她列菜单、烹饪食物，为所有过生日的孩子做纸杯蛋糕作为生日礼物。她现在是学校里的骄傲，而对我而言，这是最棒的故事之一。～

对贝蒂来说，最伟大的英雄是像她自己一样的照顾者。对那位负责做蛋糕的女士，和对学校里的孩子们而言，贝蒂不仅仅是一个"T恤女士"。对那些见证贝蒂走过最艰难时光的家人和朋友而言，以及在那些带她去教堂和帮助她走路的人眼中，贝蒂也不仅是他们投注慷慨与爱的对象。贝蒂本人是世上最好的照顾者，人们从她的照顾与照顾她之中受益。

友爱者

精神病学家哈里·斯塔克·沙利文（Harry Stack Sullivan）认为，世界上什么也及不上亲密友谊。[18] 两个"密友"之间的亲密体验是人类最巅峰的体验。沙利文感慨道：如果我们在生活中能不止一两次地经历这样的亲密关系，我们将非常幸运，特别作为成年人而言。沙利文认为，在青春期前的几年中，一个人最有可能体验到亲密友谊的美丽，因为在那时性尚未觉醒。沙利文认为，出于种种原因，性萌发后，生活变得更加复杂，青春期和成年时期很难找到真正的友谊。我们成年人在探索与他人的联系时，因为人际交往的困境而总是渴望、总是沮丧。

不过，人们之间有差异。有些人对友情更乐观，他们在成年后和朋友之间有许多亲密的、令人满意的关系。尽管他们有时也会感到孤独和疏远，但这些人依然相信在人的生命中有与人亲近的可能。他们甚至将个人神话看作一个关于友谊的故事。友爱者在古希腊神话中的原型是赫拉（Hera）。赫拉是宙斯的妻子和助手，奥林匹斯山上的女神。赫拉多次证明了自己的忠诚、合作、友好。她对宙斯的坚定和忠诚，是她和希腊神殿所有其他神之间的不同之处。

结婚20年，苏珊·丹尼尔斯（Susan Daniels）是一个兼职的言语治疗师和两个少年的母亲。在她的生活故事访谈中，她把叙述分为十个章节，从"婴儿期"开始，到现在的"中年危机"结束，每一章都围绕着她对当时生活中一个重要人物的描述上，无论是家庭成员还是朋友。第1章强调她的父亲疼爱还是婴儿的她。在她生命的第一年他经常在凌晨2点到6点起床来喂养她。第2章主要描述她的母亲，母亲的人设是一个严厉的监工，努力维持家庭的秩序。苏珊认为这章的重点是，尽管她母亲很冷酷，学龄前的苏珊依然能交到好朋友。第3章围绕着她快乐的小学时光，充满乐趣和友谊。第4章从四年级时的一个事件开始，在四年级的第一节课上，她遇到一个新的女孩，她们成了最好的朋友。像这些年她遇到的其他朋友一样，这位四年级时候的好伙伴依然是她的终身好友。

苏珊说："如果你有一个最好的朋友，你遇到任何事情都能活下来。"这个说法可能会在她目前的职业危机中遭到挑战。当孩子们去上大学，苏珊希望能改变她作为母亲的主要职责，辞掉了兼职工作，并重新开始。她希望自己创业，并且能与丈夫有更多的旅行的机会。她的丈夫算是她最好的朋友之一。但由于未来的不确定性，苏珊认为转型时期会非常艰难。如果家里没有孩子，她将如何度过她人生的下一个30年？苏珊的一些朋友和她一样，也面临着这样的挑战。苏珊和她的朋友们讨论过这个问题，她观察朋友们的生活，将其作为自己的问题的答案。总之，忠诚和长期的友谊是苏珊的个人神话的核心。即使孩子们离开了、工作改变了、人们也变老了，苏珊的友谊依然保持不变。

守礼者

本章介绍的最后一个意象原型的化身，是希腊女神赫斯提亚（Hestia），灶火之神。在古代人家中，她现身于火焰之中，被供奉在家里、庙宇和城市中。她的火焰无比神圣，为人们提供光明、温暖与烹饪食物的热量。赫斯提亚为人们提供庇护，使得人们在家中联结在一起。她是房屋的守护者，也护卫着家庭的安宁。往更大的层面说，赫斯提亚是守礼者，维护着家庭传统，让人们在自己的家庭和社区中团结一致。

泰瑞·巴恩斯（Terri Barnes）生长在一个威斯康星的小镇，她在那里学会放慢生活的脚步，品味简单生活的乐趣。她个人神话的开头，是关于钓鱼、帆船航行、游泳、徒步旅行以及和朋友在田地里玩耍的早期回忆。今天，泰瑞是芝加哥的一所大学医院的医务人员。她每天都从遥远的郊区开车上班，她和两岁的儿子和丈夫迈克尔住在郊区的新房子里。她的丈夫也来自威斯康星，两人都是威斯康星大学麦迪逊分校的学生。两人正处于二十多岁的最后几年，都在忙着寻找工作、组建家庭，探索成人世界。两人表示：他们对自己在工作上的成功很满意，对自己的婚姻很满意，也很高兴能成为新手父母。

泰瑞具有很强的事业心。她希望在不久的将来回到学校，以便获得第二学位，这样她能在医院中有更高的职位，并赚更多的钱。当她还是个孩子时，泰瑞母亲和舅舅是事业有成的榜样。泰瑞声称她母亲"拥有一切"——美丽，受过良好的教育，而且受人喜欢。泰瑞的母亲是一位成功的女商人，也是一个好妈妈和好妻子。她的舅舅是一位艺术家和企业家，他的画作会在画廊展出。泰瑞称他是一个非常有才华的人，且喜欢冒险，热爱"异国情调"。

泰瑞钦佩她母亲和舅舅，但她不认为自己得跟随他们的道路。泰瑞认为两人的成就中有让她不喜欢的部分。当泰瑞被要求描述生活中的英雄时，她回忆起当她还是一个孩子时，她在电视剧里看到一个女性。尽管记忆已经模糊，她仍然记得那个节目是《今夜秀》（*Tonight Show*），讲述的是一个在圣地亚哥动物园工作的女性的故事。"我永远记得她是在做重要的事情。"她说。这位女士对动物的奉献和对自然界的在意，让泰瑞向往，泰瑞希望自己的生活也像那位女士那样简单纯粹。

泰瑞个人神话是关于离开天堂、渴望回归的故事。如今她生活在芝加哥的郊外，很难再找回童年的单纯和快乐。泰瑞的梦想是回到威斯康星，这样她就可以享受一种节奏较慢、不那么物质化、更自然的生活方式。但她又想离城市的中心近一点，这样可以继续她的医学工作。在泰瑞的故事中，简单与纯粹来自自然。例如在树林远足是贴近自然而美好的。还有自己制造家具、种植花园、在营火旁唱歌，这些都是好人一起做的有益健康的事情。相比之下，去博物馆、逛游乐园、逛购物中心，则是一群人挤在人造的地方，做一些从某种意义上说不自然的事情。去那些地方也意味着需要排队，队伍也是现代城市生活对人的异化的一种标志，泰瑞对此颇有意见。

尽管泰瑞的想法很浪漫，她不会天真地以为她可以完全找回她年轻时的简单生活。她说，她需要做的就是继承这种简单生活的最佳传统，并把这些传统传给她的孩子们。只要一有机会，泰瑞和丈夫就会包车去州立公园玩，或者去中西部的露营地。泰瑞会自己种植蔬菜；她会做一些她自己的衣服和被子。她和在威斯康星的兄弟姐妹与朋友依然保持联系，她开始将自己的童年故事告诉孩子。

泰瑞就像赫斯提亚，是一个守礼者，致力于保护纯洁无瑕的过去和美国小镇最棒的传统。为她自己和她的家庭创造简单的生活，以及传授简单生活的技巧和态度，这是泰瑞在现代社会中作为一个年轻女子所确立的首要人生目标。拒绝了她母亲和舅舅表现出的野心与物质主义，泰瑞选择了一种简陋但纯粹而满意的生活方式。她承认，要过一种简单生活，其本身是非常复杂的，而且她要做的不只是简单地重复"过去的好日子"。有创造力的守礼者需要把传统中有价值的部分提炼出来，带入新生活中，确保过去中良好的部分在现在也是可行的。泰瑞想要一个简单的、充满爱的家，人们彼此紧密相连，互为自然秩序的一部分。在泰瑞用来定义自我的生命故事中，主要角色是守礼者，守礼者角色帮助泰瑞将家变成了人与人共融的最好场所。

成为一个成年人，意味着要用神话性框架理解自己的生命，将生命看作一个不断发展的叙事，其中包含不同的角色，他们是自我的人格化。角色之间随着时间的推移向着某些目的彼此互动。角色是理想化的意象原型，将人类生命中能动性和共融性部分人格化。它们是权力和爱的内在化身——是我们每个人在自己的时空中，选择或者期望成为的成年人的叙事代表。

成年时期的神话性挑战

第三部分

The Stories
We Live by

Personal Myths
and
the Making
of the
Self

———

如何将世间的坎坷改造为你生命的寓言？形式的创造远不是审美式的事后思考，而应是生活与艺术的核心。有生命存在，便有创造的冲动。并不是要制造太多东西，而是要创造我们的身份认同。创造的努力中饱含戏剧性。

——亚瑟·韦恩斯坦

（Arthur Weinstein）

要成为一个真正的人，就要学习在各式各样的人类面容中，认出上帝的容颜。

——约瑟夫·坎贝尔

（Joseph Campbell）

第 7 章

身份认同、痼疾与信念

存在主义哲学家让-保罗·萨特写道:"如果上帝已死,那么我们都'被判决为自由'(condemned to be free)。"我们每个人被"抛"到世上,身负艰巨任务,要创造性地回应我们身负的自由。来到世上时,我们不清楚自己是谁,也不知道为什么我们会来到这个世界。我们可以自由地定义自己。然而人类的自由是对他们的惩罚,因为当人们试图建立个人神话时会经历焦虑。

焦虑源于一种可能性,即我们的生命也许毫无意义。萨特和其他存在主义者将这种存在主义焦虑称之为"畏"(angst)。为了找到生命的意义,我们必须全力抵抗"畏"的感受。我们必须有意识且严肃地思考"万物都没有意义"的可能性,思考也许所有生命都是无序产生、没有任何目的可言。我们必须拒绝社会提供的、关于人生意义的轻飘飘的答案，以免自己活在虚伪与自欺之中。自己的生命意义一定要来自我们的内心、通过我们的行动来创造。在我们的思考、言语和行动中，我们定义了自己。同时我们必须永远记得在每一次行动和思考的背后，都潜伏着虚无和无意义。如果我们忘了自己的生命可能毫无意义，那我们就真的变得可有可无。但如果我们将在生活中创造、救赎、升华我们自身和世界作为我们的"根本使命"，那么我们将找到意义，并成为自己的主宰者。

萨特的观点，对所有不愿意接受盲目信仰与传统意义的现代西方男女都有效。不论我们是基督徒、犹太人、穆斯林、不可知论者或是其他，我们都参与着为意义而战的英雄战争，在面临虚空的悬崖上奋勇作战。

要找到生命的意义，我们需要创造动态的叙述，将人类存在中的混沌整理得有序而连贯。若是无法成功地制造个人神话，我们将经历这不足的叙事带来的痼疾和瓶颈。创造的是意义还是痼疾，可以在个人神话中不同的方面体现出来，比如意象的内容、主题的本质、意象原型成了哪些角色，以及故事中的意识形态背景是否可行。正如我在第4章指出的，大部分成熟的、有心理价值的个人神话，都会表现出一致、开放、可信、分化、和谐以及生成性整合的特性。但很多人会发现在许多情况下很难满足这些严格的身份认同发展标准，我们的个人神话似乎会在习惯的力量面前停滞不前，受限于个人与环境资源。有时，我们也无法有意识地理解自己的个人神话中的特定部分。现在，让我们谈谈我们会经历的一些失败。

痼疾和瓶颈

在35岁时，山姆·索贝尔（Sam Sobel）依然与自己高中和大学认识的许多朋友们保持联系。作为一个狂热的体育迷，山姆经常和男性朋友一起观看职业棒球、篮球和球类运动。他也和他的妻子一起，同其他已婚夫妇一起参与野餐、旅行，和各种各样的常规活动。山姆自诩自己是一个很好的朋友。比起大多数的美国男人，他花费大量时间打电话和朋友社交，不论是在家里还是在工作期间。他知道每一个朋友的很多事，他记下朋友们的孩子的生日。正如第6章里的苏珊·丹尼尔斯，山姆的个人神话的中心意象是友爱者。而两人的区别是，对山姆而言，友爱者是他唯一构建良好的意象原型，他身份认同中的其他部分似乎并没有好好发展。

在男男女女二十多岁的人生阶段，友爱者作为主要意象原型是常见的现象。当年轻人刚步入工作和爱情领域时，友谊将他们及时地带回更熟悉、更舒适的环境中。一个刚毕业的年轻律师，在他二十多岁时可能还不清楚如何当一个好律师。一个刚结婚的男子可能会觉得：担任丈夫或是未来父亲的角色有些奇怪甚至吓人。但他们都了解如何当一个好朋友，从童年最后阶段起就深谙此道。因此，一个人将友爱者作为个人神话中的主要角色也是很平常的。

随着人们步入 30 岁，人们开始在工作和家庭领域建立自己的身份认同，此时友谊仍然重要，但重要性开始减弱。对于那些在十几、二十几岁之间建立了牢固的友谊的成年人来说，在三十多岁阶段，他们成功的心理社会发展似乎是要修正先前的个人神话，即削弱朋友意象、让他们发挥比以前更小的作用。人们最终将创造新的意象原型角色，与自己的工作或是家庭更加紧密相连。

友谊继续成为山姆生活满意度的主要来源。但他表示，近年来，他对自己是谁，以及如何融入成人世界感到越来越不自在。作为销售人员，他的工作是成功的，但是他感到工作索然无味，仿佛只是养家糊口的例行公事。他说，如果他赢了彩票，那他将立刻辞职，再也不工作了。虽然他的婚姻比较幸福，他也为自己是两个儿子的父亲而感到骄傲，但山姆却无法在诸如爱者和照顾者的角色上建立身份认同。丈夫和父亲是他社会角色，但没能成为山姆的意象原型。他没有将社会角色有意义地融入自己的身份认同中。相比之下，苏珊·丹尼尔斯的友爱者意象更加丰富，因为她也将妻子和母亲的社会角色融入个人神话。

山姆生命故事提醒我们，现代美国男女二三十岁阶段的生活轮廓，在很大程度上是由工作和家庭决定的。我们大多数人在这两个领域建立身份认同。如果我们无法在这两个领域建立身份认同，那么当我们逐渐走向中年时期建立个人神话时，我们会感到不满意或者不适。多年以来，对山姆来说，友爱者是一个足够的意象，但是他现在面临的问题是，他需要发展意象原型的其他方面，充实他自己的角色和个人神话，使之圆满。

我们在个人神话中对意象的使用，同样可能会让自己感到不安。琼·卡明斯基（Joan Kaminski）是一个 26 岁的母亲，也是一名就读于著名大学科系的研究生，她认为自己生命中影响最大的意象来自于她读的小说。琼六岁开始如饥似渴地阅读。她喜欢在阅读中遇到不同的角色，并喜欢通过阅读来逃避现实。琼的父亲在琼小的时候经历了一连串的精神失常。作为克服紧张和避免羞耻的一种方式，琼发展了一种"自我脱离"的能力，作为一个自己的观察者，从而远离内心的忧虑和担忧。她说："在公共场合中，我必须脱离自己。"这表明她经常用表演戏剧的方式来生活，在生活的过程中按照剧本表演与观察自我。在私下里，她通过阅读小说来观察自我，通过观察与认同小说中的角色，她将这些角色们纳入她的私人幻想。她指出，大概在她青春期的时候，体验角色的生活成了一种应对策略。她沉迷于用体验"他人的生活"来脱离自我，来阻止自己用直接和生动的方式来经历现实的生活。"我生活在我读过的对象里。"琼说道。一些在她生命故事中活跃着的重要人物是文学虚构角色，如托尔斯泰的作品中的女主角安娜·卡列尼娜（Anna Karenina），她是琼大学时期崇拜和模仿的对象。

琼提到一连串过去她读到的生动意象，但琼不会长久地关注在某一个意象上。她试用了意象又丢弃它们，不把任何一个意象纳入自己的个人神话。琼感觉还没为自己的人生找到一个"对"的意象。由于琼作为局外观察者的时间已经太久了，她似乎已经没有办法把自己观察到的对象纳入自己的生活与生命故事。"我对太多事都毫无兴趣。"琼说。她还没找到或是创造出一个意象来实行她的意志、做她想做的事。她都不知道自己想要意象去做什么。不过，她还是坚信自己能把自己丰富而多彩的想象力运用起来，为自己创造一个一致的、有活力的个人神话。琼相信自己最近开始逐步脱离观察者的角色。生下儿子的经历以及日复一日对儿子的照料，帮助琼回归自己体内。琼说："这是我人生第一次感到我没有脱离自己。"她说，在过去"我更像我的父亲"——更多地观望生活，而不是实实在在地活着，更多地保持"不在现场"的状态。但现在，琼说自己"喜欢活在当下"。

另一个新生儿帮到了神话创作的实例是一个 24 岁的女性，我在几年前访谈过她。凯特·特克尔（Kate Tucker）给我的印象是一个很友善、却过于孩子气的女性。她说出的话和她的想法总让人以为是孩子才会做的事。她的父母都是好人，"因为他们送我各式各样的玩具和衣服"。凯特说了一系列她在小学里感到尴尬的时刻："我出了意外——我是说我尿了裤子。"在她目前为止整个人生里，只有另外两件事让她记忆深刻——她在二年级为"家长-老师之夜"清理她的书桌，以及在学校走廊里摔倒了于是不得不去校长办公室。

　　凯特生命故事中的主题是"被他人看着"。在三个她印象深刻的童年事件中，凯特都因为别人看着她而感到羞耻。在小学里，她都是被全班观看的"班级小丑"，因为她总是能让别人发笑。她心中的英雄是哈里·胡迪尼（Harry Houdini）[⊖]——胡迪尼总是作超凡的表演，但观众看不到他会做什么——以及梅丽尔·斯特里普（Meryl Streep）。凯特一直希望自己能成为演员。她坚信上帝会"一直看着人类"以保护人类，确保人类做对的事。她在高中最荣耀的时刻是在父亲的注视下通过了驾照考试。最近她遇到的最大问题是人们不把她当成年人对待。她最近两次被公司辞退，都是因为这个缘故。她认为其他人是被她孩子般的外表影响到了。

　　凯特觉得自己从来没有被正确评价过。她觉得人们从来没有在合适的时机或是用正确的视角看出她的好。人们只把她看作一个犯错的小孩，尿了自己的裤子，而没有像凯特希望的那样把她当作一个富有魅力的、成熟的成年人。对于生养孩子，凯特说："我觉得生孩子是极好的，但我还是觉得自己好像个孩子一样。"她接着说，"我看着这孩子，认识到这个孩子满心地喜爱我，这让我又惧又喜。"也许凯特指望孩子的眼中能映照出凯特真实的本质，而相对应地，凯特也会真实地看待她的孩子。

　　⊖　哈里·胡迪尼，美国魔术师，享誉国际的逃脱艺术家。——译者注

对已经 24 岁的女性而言，凯特的个人神话令人惊异地原始落后。她的生命故事中很少提及她现在与将来的角色，比如作为母亲或是妻子。在访谈里她也从没提起她的丈夫。她故事中的核心意象原型是一个孩子。对凯特来说，世界是由两部分人组成的——一部分是孩子，是被人看着的存在；另一部分是成人，是看着他人的存在。比起孩子，成年人更加"聪明"，也理所当然地更加庞大。除此之外，成人与孩子倒是没什么不同。凯特在前些年发现她的父母没有她所想的那么聪明，而她对此感到"非常惊奇"。凯特难以接受一个事实：她现在比自己的父母更加了解生活中的特定领域。我们没有关于凯特早年生活的一手资料，因此无法对她的过去做出总结评价。但我们有理由怀疑，凯特之所以缺乏自信与自尊，之所以沉迷于"被人看着"，可能源于她早年依恋关系中，父母没有充分地镜映出凯特的能力。无论如何，凯特犹疑的自我阻碍了她去创造个人神话。凯特还没有进入心理社会性延缓阶段，她还没有与过去诀别。因此她的身份认同还处于未分化、像个孩子一样的状态。

如果一个人讲故事时在描述细节上花了太多时间，人们很可能会叫他"切入正题"。这个说法很明显是从好莱坞那儿借鉴来的，当一部电影情节拖沓时，电影剪辑师能给出的一种最简单的、能够提升电影品质的方法就是"切入正题"。行动也可能阻碍叙述，使得故事陷入瓶颈。不过，人们做出的行动或多或少是恰当的。虽然凯特在她生命中可能做出许多错误的举动，但只有经历了一些事情，人们才能成长。凯特对于"被他人看着"这件事逐渐上升的心理压力，以及她在自己的新生儿身上感受到的积极体验，都促使着凯特采取进一步行动。

有些人创造出角色来避免做出让自己不舒服的行动。有一类角色没有能动性的动机，也缺乏共融性的动机，我称这类角色为"逃避者"。逃避者没有能力或是不愿意承担起工作和养育家庭的责任，逃避者只为消遣和欢愉而活。在个人神话中，逃避者一般都是无害的附属类角色，作为一个人自我中爱玩的部分，会在周末、假期或是玩心大起时出现。逃避者一般源于一段美好的童年回忆，充满了欢笑与玩乐。但逃避者角色一旦过度出现也会出现问题。当想要逃避承担成年人职责的愿望成了日常生活的核心，人们会开始无止境地沉迷电视、出现过分的物质依赖等。

朱莉·麦克弗森（Julie McPherson）是一个 39 岁的市场分析师，已婚，没有孩子。她讲述了一个没有力量也没有爱存在的生命故事。[1] 在我们访谈的一开始，朱莉很少表露情感，而且似乎轻微抑郁。她对自己生活的描述非常简短，大部分只是一连串模糊的概括。在访谈的最后，朱莉被要求描述一下她生命故事里的"潜在主题"，这时她说：

> 好吧，我们聊了很多关于稳定之类的话题，还聊了丢弃责任什么的。就当我是活在自己的乌托邦里好了，我就是想要被照顾。我会告诉你一个故事，这则故事会告诉你当我长

大的时候我想在哪儿生活。大概两年前吧，我在医院里待了两周。当时我生病了，当并不痛苦。我一个人待在病房里，与世隔绝。我不能有任何访客，不过我也没服药，没有啥不舒服的。我在那待了两周。我从菜单上选自己要吃什么。每天早上六点我起床，冲个凉，稍微化点妆，换一件干净的睡衣，坐下，吃早饭，读报纸，读一本书读到中午，午休时看朱莉亚·查尔德（Julia Child）的电视节目，关了电视，读本书或者随便做点什么直到下午五点，接下来我丈夫会来探访我，或者我会吃上别人给我准备的晚饭。还有我访谈最开始提到的那对夫妇也会来看我。之后所有人都离开了。到了晚上十点，我会关灯然后睡觉。两个星期后，我就不想回家了。我不想回去做家务、处理干洗衣物、出去遛狗，还得在家里等我丈夫回来。在医院里的经历让我觉得自己是被照顾的，我不用做饭，我只要告诉工作人员我想吃什么。我只需要照料好自己，确保自己晚上十点去睡觉。我甚至不用服药。我可以一觉睡到早上六点自然醒，不用闹钟。而当我知道自己得回家时，我真的很沮丧。我想这段生活就是潜在主题。⌐

朱莉看起来是一个满腹牢骚、与人疏远的女性，她的梦想就是逃离自己的日常责任。她希望被人照顾。年近中年，她还是保留一种愿望，希望他人能遵照她的需求和抱怨来服侍她。朱莉有着一份沮丧的工作，她对婚姻也不满意。朱莉生命愿望的化身就是一个逃避者，活着就是在逃避。在医院时的露面之外，逃避者很少出现在生命舞台的中央。相反，逃避者一般从舞台侧翼发出诱人的、让人昏沉的召唤。

梦游一般地应付着生活日常，朱莉成功地暂停了她的生命发展。由于她被做个逃避者的幻想所占据，她不采取任何行动来改善现状。但她也没有办法在现实生活中做出真实的逃避行为，因为她把"逃避"定义为"什么也不做"，而真实的逃跑意味着同样得做出新的、与以往不同的行为。因此，她撰写了自己的核心意象原型，这个意象原型让她陷入在她不想落入的困境中。

人们也可能因为其他原因被困住。我们都熟悉这个观点：角色的行为会影响情节。角色的行为受到个人欲望的驱使——我们都在追求自己想要得到的事物。我们想要的东西，以及我们为此取得的行动，会成为对我们个性的描述。最令人印象深刻的故事，是那些"角色受困于自己的个性，而无法得到自己想要追求的事物并感到沮丧"的故事。亚里士多德的悲剧理论正是基于这一概念——他认为，当人们听到一个优秀的人因为自身优秀的特质而遭到失败时，人们的反应最为深刻。

我们对这些故事着迷，因为它们提醒我们："定义了我们的个性也会给我们带来麻烦。"在某些情况下，从一个人的过往中诞生出的负面身份认同可以完全主宰这个人的个人神话，即使这个人已经成年。我曾经采访过一位27岁的父亲，他是一个大学体育中心的助理主任。鲍勃·沙弗尔（Bob Shaver）是一个极其风度翩翩、开朗的人。他喜欢自己的家庭和工作，有许多亲密的友谊。我们收集的心理测试数据证实了我对鲍勃个性的印象。他友好、随和、真诚、诚实并且利他。他似乎对亲密和温暖的关系有强烈的需求——有很高的亲密型动机。他坚定地致力于为他人创造更好的生活。在他的个人神话中，他认为生活的意义是过得欢乐、有好的工作和友谊。

但这些积极的元素都源于鲍勃生命故事中的主要反派——鲍勃酗酒的父亲。鲍勃把自己定义为"与他父亲截然相反的人"。他用尽一切努力，让自己变成和父亲完全相反的人——鲍勃的父亲是残酷的，那鲍勃就是充满关爱的；鲍勃的父亲是放任自流的，那鲍勃就是充满责任心的。毫不奇怪的是，当某人或者某些事物让鲍勃想起他的父亲时，叙事气氛就会变得紧张。鲍勃的两位前任老板以及教会都体现出了某些特点，让鲍勃会想起自己的父亲。所有这四个权威形象在鲍勃的生命故事中都有着负面身份。鲍勃因此很难处理与权威的关系。

到目前为止，鲍勃可以通过反对自己的父亲，来达成他的人生目标。鲍勃还很年轻，他在面对权威方面的问题还没让他的个人神话遇到危机——直接对抗权威，导致鲍勃遭遇挫折——或是陷入停滞——由于鲍勃不愿意接受来自权威的帮助，而打断了自己生命故事的发展。不过或迟或早，鲍勃的神话将遇到危机或陷入停滞。到时候，他将被迫调整自己的个人神话，以适应神话里容纳进了一个合情合理的权威，不管这将对鲍勃而言意味着什么。

当我们观察人类身份认同的叙述时，毫不意外地发现，人们能在不同的故事中发现相同的问题，例如个人神话里发展不完全的人物、不合时宜的意象、幼稚的主题或停滞的情节。这些问题不仅会造成审美上的困扰——它们带给了人们真实的不适。在上文提到例子中，造成身份认同痼疾的最主要问题，是一个人很难对自己生命中的重要事项做出全心全意的承诺。如果一个人要能全心全意地投身于生活和创造神话，他必须要对人类事业的某些方面有根本的信念。既然生来被判决为自由，一个成年人就必须超越存在主义焦虑，在生活中找到自己的信仰。通过信仰和忠于比我们更宏大、更高贵的存在，我们得以提升自己赖以生存的生命故事。这个事物可以是神，可以是人类的精神，也可以是科技的进步或是其他卓越的存在。

老鸹的事工[⊖]

当我第一次在社区会议上见到雪莉·洛克（Shirley Rock）时，她像一个在城市街道上身经百战的老兵。她人到中年、爱抽烟、说话难听、经济资源很少，她的气质让人害怕。雪莉是社区志愿者团体的一员。当时我在做一个研究项目，研究那些致力于

⊖ 事工，ministry，指教会成员履行的教会任命的工作。——译者注

提升、教导、引领或帮助下一代成长的人的生命故事，[2]而那个志愿者团体同意接受项目的访谈。我不是很想访谈她，因此在得知我的一名研究生——艾德·德·圣欧班（Ed de St. Aubin）——同意对她访谈时，我松了口气。但令我们吃惊的是，艾德带回来了一个迷人的生命故事。

雪莉·洛克讲述了一个戏剧化的生命故事。在我认识的所有人中，雪莉可以算得上是最有自知之明的人之一。一个人的外表在很多方面都有欺骗性。看起来吓人的雪莉竟然是一个教会牧师！但慈爱牧师的表象又是骗人的，因为雪莉说她曾经是个妓女，曾运营了一家妓院，赚得盆满钵满，她也曾参与组织性的犯罪。她曾经被关入州和联邦的监狱，而有时候则被单独监禁——"在洞里"。雪莉也曾经酗酒与吸毒。但在雪莉的生命故事发生戏剧化和突然的转变时，她的身份认同依然是有延续的，背后由一套一致的个人信仰和价值观支撑着。这些信念与价值观从她青春期以来，就几乎没有什么变化。在她的生命故事中，生活环境会发生巨大变化，但在故事中的意识形态背景是连续而稳定的。雪莉似乎总是知道什么是真实的、什么是好的。她的个人神话的动力源于她坚定的信仰。"即使我再重新活一次，我也不会改变我生命里任何一天。"她说。即使当她在妓院中工作，这条信念依然在故事中起着作用，让故事持续下去。

雪莉的父亲信奉犹太教正统派，而母亲则是一名天主教徒。雪莉的外婆则是一名基督教五旬节派的牧师，而在外婆生活的年代，几乎没有女性能担任牧师这份圣职。雪莉成长在一个坚定的泛基督教的家庭氛围中。她的父母由于决定与信仰不同的人结婚，遭到了外界强烈的批评。因此，雪莉的父母决定把孩子培养成一个能包容所有宗教、所有种族的人。"从小父母就想让我相信：所有人都是平等的。因此，在我成长过程中，我的房子看上去像一个小小的国家联盟，所有的肤色，所有的语言，所有的民族……都能出现在家里。"雪莉是白种人，她的第一个男朋友是黑人。"但肤色没有在我们恋爱时造成任何问题。"一切都很顺利，直到雪莉告诉她的父母：她想嫁给一个黑人。父母的反应非常激烈。

> 我不明白为什么会这样。我已经22岁了，我真的不明白他们的想法怎么会一夜之间改变。我真的相信，我的父母理应比其他任何人都能更好地接受跨种族通婚，因为他们当年选择了跨宗教婚姻，他们经历过那些痛苦。但他们就是不理解，于是我在那个年纪就得为自己做出艰难的决定。但他们替我做了选择，他们把我的男朋友赶走了，但并不知道我已经怀孕。珀尔（Pearl）——我的女儿（在厨房里的那个姑娘）——就是我和他结合的产物。～

雪莉的父母告诉她的男友：他们已经把她送去欧洲，她很长一段时间都不会回来。男友只好离开。父母的伪善让雪莉感到恐惧，他们背叛了自己曾强调过的"宽容与接纳"的价值观。尽管雪莉的父母对他们自己过去的人生选择很是叛逆，他们却为女儿的"离经叛道"尴尬，又感到女儿的怀孕让他们丢人。于是雪莉离家出走，终于追上了她的男友。两人在圣路易斯结婚。但在他们成婚当日的晚上，雪莉的丈夫却因为触犯了一条禁止跨种族通婚的旧法律而被捕。雪莉父母的背叛与丈夫的被捕彻底破坏了雪莉对世俗权威的信任。她觉得自己受到了中产阶级式社会的蔑视和迫害，而她的钱和前途都被毁了。

那段时间里，我真的经历了什么是无家可归。我在街上生活、挨饿。我发现人们在给你买点吃的之前，总会请你喝点酒。我还发现这个世界上并没有许多牛奶啦、蜜桃啦、仁慈啦、爱呀。如果人们帮了你，那背后一定有所企图，并且希望你能做出回报。～

她换了一份又一份的工作，做过侍者、厨师、调酒师和餐厅经理。

但每当我找到工作、稳定下来，就会有人打电话给我工作的地方说："你知道吗，她和一个黑鬼结了婚，才来你这儿工作。"而我工作的地方就会找到我问："你怎么不告诉我们，你嫁给了一个黑鬼？"我就回答："你没问我呀。你只是问我是不是结婚了，我说是的。你从没问我我的丈夫是什么肤色，那我自然不用费神告诉你。"接着他们就会用各式各样的理由辞退我，比如说我的性格不合适。～

雪莉拼命想赚钱，她选择成为妓女。然而，雪莉很快发现这项工作令她讨厌，就换了份工作：

> 做妓女并没有持续很久，因为我不喜欢这份工作。这份工作简直和我的一切相违背。所以我成为一个老鸨。一年后，我记下了一本子的姓名与电话，足够我自己开张业务。于是我成立了自己的组织，有属于自己组织的房子。我当老鸨的这些年，通过聆听人们之间的交谈，学会了好多东西。

随着雪莉越来越"成功"，她更加深入地参与有组织的犯罪活动。在整个 20 世纪 60 年代，她策划实施了组织的"欺诈骗局"，欺骗不知情的人或机构，为她的组织提供大笔资金。在 1972 年，雪莉因自己的罪行被捕、被审判、被监禁。她听到监狱大门砰的一声关上的那一天，是她整个生命故事的最低谷。如今雪莉 40 出头，她决定是时候改变自己的生活了。她加入了一个名为"新希望"的组织，"这是一个过去的犯人帮助现在的犯人扭头向前好好生活的组织"。她也加入了一个基督教团体。当她在 1974 年离开监狱时，她开始为教会做志愿工作。她发誓要戒掉酒精、毒品和"花钱的习惯"。从 1974 年起，她"没有再做过违反法令或法律的事"。

出狱后，雪莉从事一系列有偿和无偿的工作，为弱势群体提供各种社会服务。她从零开始地组织并管理了一个教堂的食品储藏室；她为外侨提供咨询和教育；她举办了一个课后活动项目和一个儿童夏令营。在她丈夫微薄的帮助下，雪莉设法抚养了三个孩子，并把他们好好养育长大。

如今，雪莉在一个市中心的教会里担任兼职牧师。此外，她全职参与教派联盟的工作，协调所在城市所有的避寒中心[⊖]。雪莉做了大量帮助穷人的事。她做的大部分工作，在教堂看来，属于社会事工。社会事工所践行的关于世界的核心信念与价值观，都与雪莉在青少年时期就珍视的理念一模一样。履行事工使雪莉得以践行宽容与接纳的价值观。在雪莉看来，这些价值观是雪莉父母曾颂扬的，但父母自己没能很好地履行。通过不断地生活实践，雪莉自己的意识形态变得更加深刻，并得到了更充分的阐述。这份理念也在雪莉同前罪犯玛姬（Marge）的关系中得到强化，玛姬是"新希望"组织给雪莉安排的协调员，当雪莉还在监狱时，玛姬会在周末去看望雪莉的孩子们。教会的同事对雪莉来说也很重要。她特别重视艾伯特（Albert），他是一个黑人牧师与一名导师，他是一位"智慧的人与好的倾听者"。至此，在成年生活阶段，雪莉的价值观并没有发生改变。她的信仰成为身份认同中坚实的基础。

寻找意义的雅皮士

如果当今的身份认同比起过去更让人难以理解，部分原因是

⊖ 避寒中心，warming center，是一些城市设立的短期应急庇护所，预防低温、寒流对无家可归者造成严重伤害和死亡。——译者注

意识形态变得异常复杂和混乱。现代世俗社会并不是建立在中世纪和十七八世纪欧洲盛行的单一基督教世界观之上。

在过去的二百年中，基督教的力量被大大削弱了。科学和技术的胜利、工业革命的兴起、城市化的扩散、资本主义的增殖、工人与工作的异化、潜意识的发现、两次世界大战、原子弹的制造、大众媒体的出现、越来越多人拥有的全球化意识以及许多其他的发展，塑造了我们的现代与后现代意识。如今，我们面临着各种各样的、彼此斗争的意识形态框架，人们也普遍对任何传统的、制度化的信仰体系持怀疑的态度。

泰德·比利兹（Ted Belize）在密苏里州圣路易斯市郊外的一个社区长大，生长在中产阶级家庭，是四个孩子中年龄最大的一个。他的父亲是一个商人，他的母亲留在家里养孩子。泰德和一个只有一岁半的弟弟很亲近，他们花了很多时间在一起玩。他早期的记忆围绕着户外活动、家庭和教会：

> 我在户外度过了很多时间。我们长大的地方，那时候还在发展中，所以周围有很多森林和树木或是其他更荒凉的区域。在树林里有很多事情是你在城市里做不了的。我记得自己在在建房屋周围花了很多时间，爬上屋子、拿走木头，把它们带回家筑起堡垒，把它们带到森林里去筑堡垒，诸如此类的。去位于伊利诺伊州南部的祖父母家给我带来了真正美好的回忆。他们有一个农场，我记得看到猪和大豆，还把大豆放到鼻子里，这些记忆依然非常强烈。我想我当时在农场

里发展出了对土地、对地球很强的依恋，而我如今依恋依然。另外，在我童年里还有一部分强烈的回忆，是我的父母对教会活动非常积极，所以我和我的弟弟也跟着他们。我们在教会度过了很多时光。⌐

泰德的父母积极参与密苏里路德会。历史上，密苏里路德会是一个相对保守的教会机构，源于德国。就像20世纪五六十年代其他密苏里地区的教会一样，泰德参加的教会强调要从字面出发、对《圣经》严格地释义。路德会一般不是普适教会，相对而言不是很宽容相异的观点。在20世纪70年代，密苏里路德教派发生了教义内乱，一个更自由的教派从主体教派中分裂出来。泰德在儿童和青少年时期，就接受了路德教派的教义，并在高中时代与教会之间没什么紧张和分歧。宗教在大部分时间里只是他生活的背景，甚至刚成年时，他都很少思考有关终极关怀的问题。他平日里的思想围绕着户外活动和体育、围绕在课业上，而当他到二十多岁时，他的思想里"对工作和成功的欲望压倒一切"。

而从高中起，泰德已开始不信任自己对个人成功的痴迷。泰德认为，对个人成功的迷恋使他的生活"失衡"。寻找平衡的斗争是泰德的个人神话中反复出现的主题，它表达的是个体与群体之间的冲突。在描述他在高中和大学的运动时，泰德反复指出除了大学曲棍球外，他擅长个人运动，而不是团队运动。他详细地记录了漫长而孤独的训练时间。他一生中最生动的故事是他在高中时跑了一英里的赛跑：

> 我想赢。我知道我能赢。所以我蹿出去了，我出发了，我跑在第一位。我的步伐很快。一英里比赛要跑四圈，到了第四圈的最后一个转角时，我的腿肌供氧不足，我的肺没法得到足够的氧气，于是我的腿直接停止工作了。我迈不动腿，而我还在试着向前，于是我摔倒了。当时我依然是第一名，但之后我的同学超过了我。我记得我当时躺在地上，我记得我的教练尖叫着：站起来！站起来！我记得我的同学超过我身边然后赢得了比赛，而其他一个学校的一个参赛者也超过了我。但我还是想方设法让自己跑完了最后一段。我不清楚自己是如何做到的，我想这可能是一种高峰体验。我记得这件事，我不断地回想它。我会梦见它，一直梦见它。～

这段记忆表达了泰德对追求个人成就的深层矛盾心理。他想要赢得比赛，就像他曾经想过的一样。经过无数小时的训练和三圈半的完美发挥，他理当能赢。然而，在最后一刻，他的身体放弃了。他的个人追求是徒劳的。有趣的是，他自己的队友赢得了比赛。这象征了即使个人失败，但集体团队取得了胜利。这次关键的记忆与泰德参加学院长曲棍球队的经历形成了鲜明的对比。虽然他不是长曲棍球队的明星，但是他与队友一起玩这项运动的经历，以及去其他大学和别的队伍比赛的经历是他一生中最积极的回忆。

泰德意识形态中的一部分认为"不加限制的个人主义会导

致不平衡的生活"。泰德觉得：平衡不仅对他自己有益，对所有生命都是有益的。大学毕业后，泰德在一家大型会计师事务所工作了三年。他非常成功，投入了很长时间，赚了很多钱。他的大部分时间都花在出差上。他为公司做的快节奏和不断变化的工作很有趣，但很耗力。这是一个令人振奋但"艰苦和勤劳的生活方式，我称之为不平衡的生活。在这样的生活中，你完全投入工作，并牺牲一切"。在接下来的三年中，他在私人咨询公司工作，他在市中心摩天大楼的 50 层有自己的办公室，受人尊敬。后来，泰德和一个同事创造了自己的创业公司。泰德又一次获得了成功，在之后八年中，他的公司已经有了长足的发展。在这段时间里，泰德与一个同样在商界打拼的女性结了婚。他们买了一个舒适的家，并养育了两个年幼的儿子。

1983 年到 1988 年间的那几年，跟泰德高中比赛的前三圈半差不多，泰德在那时候处于领先地位，保持快速而自由的状态。但在 1988 年，他的精神开始放弃。他感到当时让自己离开前两份工作的不安感又回来了。此外，他妻子的父母突然开始生病。在几个月的时间里，她每个星期四都回父母家照顾他们，等周一早上再回来，留下两个孩子（其中一个是婴儿）和泰德独自在家。在那之前，泰德并没有主动参与过育儿，所以这半个星期里，适应做一个全职父亲的新角色让泰德很劳累。泰德说，这是他婚姻中的一个非常困难的时刻，并暗示了当时他与他的妻子考虑离婚。他妻子的父母最终去世了，于是两人的婚姻幸存下来，并最终变得更加美满。

在这段时间里，关于平衡的老问题再次浮出水面。泰德被迫花更少的时间在工作上，花更多的时间和家人在一起。尽管家庭里的紧张程度有所增加，泰德还是在照顾儿子和帮助妻子应对父母的死亡方面找到了新的满足感。他更多地参与了当地的路德教会，甚至教了一些教会周日学校的课程。随着他的生活越来越平衡，他对自己的专业工作越来越不满意了。现在他想辞职，但他不知道下一步该怎么办。

平衡的理念与泰德另一个根深蒂固的想法相悖，即人们需要在生活中做出承诺。泰德对他的家庭很忠诚，但在家庭之外，他没有做出任何承诺。泰德觉得这样不对。泰德说，从高中起，他就一直在寻找一个可以全心投入的事物。"在高中之前，我就像是在随波逐流。我以前真的没有任何使命，也没有人生的目标——也许我迄今依然没有。"一部分泰德的问题与意识形态有关，因为人们不可能既做到保持平衡，又同时做到全心全意地给出承诺。对任何人或任何事做出彻底的承诺都意味着某种失衡。泰德的高中赛跑可能象征了：当他全心全意地致力于某件事时会发生什么。当时他一心想要赢得比赛，这使他的生活失去平衡，结果他没有赢得比赛。

如今，泰德感到他的两个个人意识形态的核心原则是矛盾的，一方面认为生活应该是平衡的，另一方面又认为人们应该做出承诺。泰德仍在寻找调和这两种核心信仰之间冲突的方法。他对意识形态的探索，与我们在雪莉·洛克生活中所看到的意识形态之旅形成了鲜明的对比。对雪莉来说，"平衡"并不是她的意识形态的一部分。她在街上、监狱里、教堂里、自己家里的行为一再表现得极端。泰德寻找中庸之道，寻求一种合理的方式成为一个好的家庭男人、一个好公民和一个好的工作者，而雪莉则疯狂地从一个100%的叛逆者变成100%的罪犯，又成为100%的牧师。她全身心投入她所做的每一件事，她坚信自己所相信的一切。

一方面，泰德正在寻找一条新的、更充实的工作道路。他考虑过许多替代方案，有些可能与农业和土地有关。然而，放弃现在的工作、放弃如今的稳定和充足的收入，要比没有结婚、没有孩子、没有贷款的时候更困难。尽管他对个人成就和物质上的成功感到迟疑，但很显然，泰德很享受现在自己的状态：一个有丰厚收入、美满家庭的成功人士。

另一方面，泰德近年来似乎越来越关心心灵问题。他对当地的社区组织投入金钱与时间，以扩大人文视野。尽管如此，他承认他仍然在寻找正确的信仰，以完善自己的身份认同。他会继续前进，心怀乐观而不失谨慎，寻求一个更平衡的真理，能让他愿意全心全意地投入他的生命与能量。

第 8 章

在中年，将一切整合起来

中年危机是一个好概念，只是被流行文化简化了。自 20 世纪 30 年代以来，像埃尔斯·弗伦克尔－布伦斯威克[1]、卡尔·荣格[2] 和埃利奥特·贾克斯（Elliott Jaques）[3] 这样的社会科学家，就缜密地描述过男性和女性在中年时期，如何经历重要的人生观转变并迈向心理成熟。在 20 世纪 70 年代，丹尼尔·莱文森通过对 40 个人的访谈，将中年危机作为他的新成人发展理论的核心。[4] 接着，流行作家，例如《人生的变迁》（*Passages*）的作者盖尔·希伊（Gail Sheehy），开始敦促成年人们去体验他们自己的中年危机，避免自己变得沉闷乏味。[5] 媒体瞄上了中年危机这个性感的理念，把婚姻不忠到代际冲突统统归结为中年危机。到了 20 世纪 80 年代中期，美国人开始拿自己的中年危机开起了玩笑，或是忍受着这种危机，或者希望他们的配偶能很快渡过中年危机难关，使生活早点恢复正常。

在流行文化中，中年危机被解释为：成年人在他们过了第40个生日后，要么发疯，要么变得极不负责任。温和守礼的银行家离开了妻子、投入异国女人的怀抱。中年母亲陷入忧郁，因为她们预见到孩子会离开家、离开她们，只剩下孤零零的"空巢"。原本坚强的男男女女一下子变得充满恐惧——害怕死亡、害怕变老；害怕自己一事无成，或是害怕自己在工作上成就太高却以亲情和友情作为代价；害怕自己有婚外情、害怕自己没有婚外情；害怕自己重复父母的错误。尽管中年危机可能带来个人成长，但人们普遍认为，这种成长通常是以牺牲他人为代价的。中年危机似乎有些自恋的特性，它差不多是美国中产阶级才能享受的奢侈品。

随着中年危机的概念变得流行，一些行为学家越来越怀疑这个观点。一些人认为，中年时期没有什么特别的创伤，许多人都轻松地度过了这个时期。大量的研究表明，大多数美国男性和女性在中年时期，并不因为孩子离家上大学或工作而过于沮丧和焦虑，"空巢综合征"似乎比较罕见。[6]

心理学家罗伯特·麦克雷（Robert McCrae）和小保罗·科斯塔（Paul Costa, Jr.）分析道，如果成年人在40出头的时候经历着一场危机，那么让这些人做问卷时，问卷上中年时期"情绪不安"一项的得分会很高。他们对近10 000名处于34~54岁的男女做了简短的人格问卷调查，并没发现人们会普遍地经历

　　　　　　　　　　　第三部分　成年时期的神话性挑战

中年危机。麦克雷和科斯塔认为，人们可能在发展的任何阶段都会经历危机，而不仅仅是在中年。他们认为有些人会经历大量的危机，而其他人则很少经历危机。两位心理学家收集了更多的数据，表明那些在中年时期报告危机的少数人往往在"神经质"人格特质上得分较高，这意味着他们在生活中的许多地方可能经历过危机，并会在未来继续经历危机。[7]

由于中年危机已经成为流行文化，并被科学工作者所轻视，我们已忽视了在中年时期经常发生的重要人格发展。这些变化并不一定会导致人们出现戏剧性的"情绪失调"并体现在短小的人格问卷上。这些变化比流行文化中通常说的"中年危机"要更微妙、更私密、更深刻，可能预示着个人神话的实质性发展。成人在四五十岁时就开始面对自己身份认同的冲突和矛盾，并根据自己生命故事的预想结局来调和个人神话中的对立与冲突。

中年生活

在当代美国社会中，中年时期大概指从 40 岁到 60 岁。在划分年龄阶段时，某些生理上的变化如更年期，会对划分起到部分作用。但一般中年阶段更像是一个社会学上的定义，基于大多数美国人对人类生命周期的假设而做出。中年阶段是根据杰出的社会科学家伯尼斯·纽加顿（Bernice Neugarten）所谓的"社会时钟"来划定的。[8] 社会时钟定义了在不同的年龄阶段生活会发生什么变化，人们可以用社会时钟来评估自己的生活事件是不是"按时"发生。比如，人们在二十几岁从大学毕业，二三十岁的时候组成家庭，四十几岁看着孩子离家，五六十岁时父母身亡，在 65 岁或 70 岁左右退休——这些是当代中产阶级社会所认为会"按时"发生的生命事件。许多美国人预计自己能在七八十岁时过上美好的生活。中年阶段在人们看来，是处于成年早期与退休之间的那段时期。

对于很多人来说，四十多岁期间会"按时"发生的事是复兴与衰落的奇妙结合。一方面，四十多岁的人可能在事业、家庭或社区生活中占据高位或握有权力。特别是对于职业生涯中的男性来说，可能是赚钱潜力最大、知名度和声望提高的时期。对艺术家、科学家和其他有创造力的成年人的研究表明，这些人的创造力产出通常在 35 岁至 45 岁达到巅峰。[9]另一方面，四十多岁的人已经开始表现出一些不可否认的衰老迹象。即使是运动能力最强的成年人，身体力量和速度也明显下降。对于大多数男性来说，头发开始变少。女性通常在四十多岁经历更年期。孩子们在长大，开始更有力地争夺在家庭中的权力和影响力。而中年人的父母在进入 70 岁阶段后，已经成为老年人。

认为自己正处于人生的"中点"，就会意识到人生剩下的时间与自己之前经历过的时间一样多。这就是为什么有些成年人会用"走下坡路（over-the-hill）派对"来"庆祝"他们的第 40 个生日。意识到自己正处于人生的中间点，可能会使得人们提高对死亡的关注，因为死亡变得更"迫近"。[10]中年感也可能影响代与代之间的关系。中年人可能会感到更多的责任，去关爱和支持上一代（他们的退休父母）和下一代（他们的孩子）。

丹尼尔·莱文森认为，四十多岁的成年人既看向未来也回首过去，并开始重新评估人生。在经历了最激烈的重新评估后，成年人会度过中年危机：

> 在重新评估的过程中，人们开始质疑自己生活的方方面面。他们被暴露出来的事情吓坏了。他们充满了对自己和他人的指责。他们不能像以前那样继续生活下去，但需要时间来选择新的人生道路或修正旧的道路……这种深刻的、智性的重评过程不会很酷。它必然涉及情绪上的动荡、绝望、不知道该往何处去的感觉，或是感到处于停滞不前的状态……每一次真正的重新评估，一定是痛苦的，因为它颠覆了原有的幻想，也颠覆了现有生活基础之上的既得利益。[11]

莱文森把中年阶段的感受夸大了，强调了它的"危机"特征。他也过度泛化地假定几乎所有中年人都会经历重新评估的时期。然而，他所提出的观点在一个更温和、更合适的语境下是有效的。对于很多（虽然不是全部）的成年人来说，40岁时期可能是重新评估和修改生命故事的时候。这种修改不会像一场"危机"那么严重，但是它使得人们在自我认识上发生重大的改变，进而深远地影响到对个人神话的创造。

埃利奥特·贾克斯在他绝妙的论文《死亡与中年危机》（*Death*

and the Mid-life Crisis）中写道：中年阶段代表着人们在创造上会发生巨大的改变。贾克斯研究了 310 位"毫无疑问的伟大或天才的"画家、作曲家、诗人、作家和雕塑家的传记信息与艺术创作，包括莫扎特、米开朗琪罗，巴赫、高更、拉斐尔和莎士比亚等人。[12] 贾克斯发现，在中年之前，艺术家们更偏向于以快速和激情的方式创作，诞生出"热情似火"作品。他们的作品往往体现出作者的高度乐观和理想主义，充满了纯粹的欲望和浪漫的主题。

然而，在 40 岁左右之后，天才艺术家们似乎更加刻意地工作，意图创作出精致而考究的杰作。随着中年人对死亡的日益关注，年轻的理想主义让位于一种更深沉的悲观主义，并"承认和接受内心存在美善的同时，也存在着仇恨和破坏力量"。[13] 由于艺术家自身对抗着邪恶与死亡，创造出的作品里会表现出作者更哲学性和清醒的认识。莎士比亚在 35 岁之前创作了大部分的抒情喜剧，而一系列悲剧和罗马剧作——如《凯撒大帝》（*Julius Caesar*）、《哈姆雷特》（*Hamlet*）、《奥赛罗》（*Othello*）、《李尔王》（*King Lear*）和《麦克白》（*Macbeth*）——则是在他 30 岁将结束、40 岁出头的时间段完成的。查尔斯·狄更斯（Charles Dickens）的著作中也表现出类似变化，他 37 岁时发表的小说《大卫·科波菲尔》（*David Copperfield*）比他之前的作品更加悲惨和现实。

罗杰·古尔德认为人们 40 岁后会察觉：自己过去人生里最大的幻觉是"世上没有邪恶"。[14] 在访谈了 20 世纪二三十年代欧洲人的生活史后，埃尔斯·弗伦克尔断定人们过了40岁会变得更哲学化、更关心生与死的终极意义。[15]40岁可能标志着人们从青春期开始培养的青春激情的视角，会变得更温和、更精致和哲学化。曾经，激情激励着我们热情地投入工作、投入世界和爱情；现在，激情升华，变得更加精致。我们可能会更挑剔地使用自己的精神能量。这并不意味着艺术家、作家、医生、商人和家庭主妇们在中年时变得不再热情，只是个人神话的叙事基调往往会加入更多的悲剧和反讽元素。这个转变是微妙的。一个乐观的成年人到40岁时不会变成悲苦的悲观主义者。但及至人生中点，人们体验过重大丧失、经历过无数妥协，并预计这些痛苦的事在将来还会经历更多，这些人生中按时发生的事逐渐改变了我们身份认同的底色。成年期的前半部分充满大胆的原色与柔和的色彩，而到中年后生活成为暗沉的混合物，代表了世界的模糊、矛盾、复杂和不确定性。

心理学家研究中年人的思维模式后，发现中年阶段同时存在着激情的升华与思维模式的微妙转变。回想一下，随着青少年的思维水平达到形式运算阶段，青少年能够以抽象的方式做出推理。在青春期后期与青年时期，人们为自己生命故事建立的意识形态背景中，往往包含着对真和善的抽象假设和命题。而一些认知心理学家认为，当我们进入中年时，我们中的一些人超越了形式运算阶段，达到了"后形式"水平。[16]后形式阶段思维否认了形式运算阶段构想的绝对真理，转向了情境型真理。后形式思维关注情境化的解决方案和逻辑推理，这些方案和推理与特定情境有关，随着情境变化而变化。

通过后形式阶段思维，我们认识到在生活的许多领域（诸如人际关系和自我认识的领域）都不可能客观地陈述一个适用于所有情境的永恒真理。相反，我们必须努力去找出适合当下特定情境的、有用的陈述和观点。我们对某些问题的思考变得更情境化、更主观，我们开始接受"情境化真理"而非普遍真理。我们越来越怀疑在这充满矛盾、多重意义的生活中，究竟有没有所谓普遍规律。由于知识信息是完全情境化的，所以如果我们要理解真相，就得检验每个情境。我们认识到每个情境都是一个独特的组织体系。我们必须努力去理解系统的每个部分如何直接或间接地影响其他部分。

在人类生命周期中，激情的升华和思想的情境化是远离绝对化的两种普遍表现。对于中年人来说，青年的热情和理性的力量不足以处理生活中的悖论、讽刺和矛盾，而这些都是身处中年、遥望暮年的人们会遭遇的生活情境。生活如今需要容纳不同，它要求一个人能同时接纳截然不同的关于生活的理念，即使这与抽象逻辑相违背。举个著名的例子，逻辑认为光不能既是粒子又是波，而物理学家则不得不违背逻辑，屈服于悖论来解释宇宙的性质。为此，物理学家们拒绝了论证逻辑，转而采纳了辩证思想，找到了互相对立的真理。[17] 辩证思想认为，一个论点与其对立论点即使彼此对立，它们有可能同时为真，就像"A"与"非A"

都可以为真。

　　随着激情的升华和思想的语境化，人们发现了生命中的种种对立。贾克斯指出艺术家到中年会意识到并接受"内心的良善也往往伴随着仇恨和破坏力量"——良善与仇恨彼此赤裸裸地对立。詹姆斯·福勒指出到中年阶段人们才会普遍拥有"整合式信仰"，此时人们能接受人生中必然存在的种种矛盾与悖论，即使他们还无法理解或在逻辑上调和这些矛盾。[18]卡尔·荣格认为，在中年，男人开始探索他们无意识的内在女性面——他们的"阿尼玛"（anima）——而女性开始探索隐藏的内在男性面——她们的"阿尼姆斯"（animus）。[19]通过面对意识自我（conscious ego）的对立面，中年人获得了更完整的自性（self），荣格称这个过程为"自性化"（individuation）。大卫·古特曼认为，因为四五十岁成年人已经把孩子养大，他们现在可以空出双手，探索起自我中异性的部分。度过了古特曼所说的"为人父母的紧急阶段"之后，男性就可以探索自己的阴性能量。比起刚成年那会儿，中年男性能更自由地参与共融性行为、更能表达自我。同样地，中年女性可能会变得更阳刚，有更多能动性行为。[20]莱文森也谈到：中年生活的主要挑战之一就是整合男性能量和女性能量。[21]

　　男性气质和女性气质的对立反映了我的个人神话理论中的核心议题：工作与家庭、能动性和共融性的对立。在人们的二三十岁阶段，青年人会探索与发展各式各样的角色，将对权力与爱、工作与家庭的矛盾的需求人格化。青年人会通过在个人神话中，将自我不同的方面变作不同的人格化角色，来解决"一个单一的人却有多种对立需求"的问题。然而，这种解决方案只能暂时起效。在中年阶段，我们察觉到个人神话中的根本冲突。随着故事的发展，故事的紧张感逐步增强。在40岁时，我们察觉出这些张力点，并开始着手解决。我们可以设法通过调和对立来缓解紧张；或者我们可以学习如何在紧张感的包围下生活，甚至把它变成我们生活中的一种优势，因为故事内的张力点也许能为我们提供更多的视角或更深的智慧；或者我们可能没有办法有效地缓和紧张，而因此感到绝望。无论如何，我们已经熟悉了这种紧张感，并且意识到这些张力源于我们的身份认同与生活中存在的种种对立和冲突。

最后，40岁阶段让人们越来越意识到：好的生活就像好的故事一样，需要好的结局。即使这些成年人只是处于生命周期的中途，但想到未来时日要少于已度过的岁月，可能使得男男女女更认真、更经常地思考人生结局。成年人试图创造自己留给世界的传承，这将哺育出新的开始。

激情的升华、思想的情境化、对立面的冲突，以及对人生结局的忧虑，是我们四十多岁时出现的中年四大基本特征。这些发展要求我们重新塑造自己的身份认同，增强我们人生的统一感与目的感。我们在40岁阶段能将四个挑战解决到何种程度，将会影响我们在五六十岁阶段的生活。

莱文森认为，40岁阶段发生的转变，在人们50岁和60岁也会发生，只是会成为更平和的"重构"过程。其他学者也认同莱文森的理论，认为人们到了50岁会更接纳真实的自我，人生在这个阶段会变得更柔和。在一个激动人心的跨文化研究中，大卫·古特曼认为，在50岁后，随着男性升华了自己的侵略性并担任了成熟的领导角色，年轻的武士们成了高级的和平首领。而女性则从相反的方向走向成熟，女性将离开家庭的共融性生活，并在家庭和整个社会中承担更多的能动性角色。此外，古特曼指出，男性和女性在五十多岁的时候都会享受一种有趣的、弥散的感官体验，像孩子一样欣赏日常生活中的感觉、气味和味道。[22]既然已获得"成功"，他们可以放松一下，享受自己奋斗的成果。

雪伦·梅里安（Sharan Merriam）在对现代小说里的中年男性形象研究中指出，一些美国小说里描绘的四五十岁男性形象是非常负面的。[23]主要主题包括痴迷于青春的逝去、寻找意义和职业困境。尽管如此，梅里安观察到随着中年阶段的过去，男性一般会走向"自我第二春"。他们恢复活力的一个手段是与年轻人建立指导关系：

> 中年男性在担任导师方面有着得天独厚的优势。到中年，大多数人通过经验获得年轻人渴望的地位和权力。几乎没有年轻人能成为导师。这就成为中年男性面对的困境：一个人不可能既年轻，又积累了足够用来指导他人的经验。担任年轻人的导师使得中年男子既能行使权威，同时间接地重温了年轻时的生活。[24]～

教学和指导对于男性和女性都是宝贵的经验。在教学和指导的过程中，我们能通过和年轻人的密切接触，行使年龄赋予我们的权威。另外，教学和指导可能是中年人生成性的表现，而生成性对于创造让人满意的人生结局而言很重要。教学和指导是一种理想的工具，来整合人们对能动性与共融性的对立需求。随着年龄的增长，我们越来越关注体现不同神话目的的不同叙事角色，关注它们之间的冲突与和解。我们的个人神话开始直面人生的基本对立，并试图容纳生命中的矛盾。

整合性意象原型：权力与爱

在成年早期和中期，男性和女性都有复杂的意象原型。这些角色同时将能动性和共融性给人格化了。对权力和爱的对立需求可以融合在教导者、治疗师、咨询师、裁决者和人道主义者等角色上。因为这些角色融合了彼此对立的特质，不像战士一样是纯粹的能动性意象原型，也不像爱者一样是纯粹的共融性意象原型，所以这些融合了对立面的角色更能代表中年人所面临的发展问题。

自小学时代起，38岁的律师理查德·克兰茨（Richard Krantz）就重视心智生活。多年来，智者一直是他生命中的核心意象原型。他认为开明的智者是一个能够清醒思考，以合理冷静的方式解决问题的人。理查德努力为复杂的问题提供精确而合乎理性的答案。为了向我说明自己的政治倾向，理查德甚至和我分享了他认同的每种立场在他心中所占的比例。

理查德是家庭中唯一一位重视教育的孩子。"我独自度过了大部分童年，我的同伴们不是其他孩子，而是书籍。"书籍帮助理查德发展出敏锐而精确的智能，让他重视精确和组织性胜过其他任何事。无论如何，理查德努力做到有组织和精确。他生命故事中的一个亮点就是他的婚礼。他和妻子自己组织了婚礼：

> 我和我的妻子完全规划自己的婚礼，从头到尾、方方面面。我们搬进了一个新的公寓。六个星期后，我们邀请了60个人，并在我们的公寓里举行了婚礼。我们安排了人们见证我们的婚礼。我们安排好了当天的食物。我们安排好了椅子。我们安排好了一切。是我们自己选择了举行哪种仪式，我们准备了仪式需要的一切。结婚很顺利，没有出任何差错。正式婚礼持续了十分钟。之后我们开了一个派对，我很享受这个派对，并没有感到紧张。我知道我想和我的妻子结婚。我将所有事情都已规划好了，那个时候是我们生活的高峰时刻，一切尽在我们的掌握，我们向别人展示自己，而且没有人对我们指手画脚……这就是结婚与举办一个不出错的婚礼的美好体验……

在理查德的生命故事中，他认为清晰而组织良好的心智是人类最有力的工具。这份心智也让智者成为社会中一个强大的力量。但解决事情的过程中不可能不出错，即使是智者来处理也一样。理查德有许多人生目标，其中最强烈的之一是"让世界变得更美好"。这个目标是他成为集体诉讼律师的主要动机。他为那些觉得被行业或政府欺骗或滥用的客户伸张权利。这也是他在当地食品储藏室做志愿者工作的主要动力。"你必须付出大大小小的努力，才能让世界在你死的时候变得比你出生那会儿要更好。"然而，理查德面临着问题，因为这些努力并不总是能通过理性思考来解决的，这使得理查德相当难过。理查德有想要做出积极社会贡献的愿望，他也想要一个完全理性的心智，但这两个目标并不能兼得。第一个目标促使理查德更多地参与社区工作，但是第二个目标却让他变得更加犬儒——他的理智告诉他，他的工作不会带来太大的社会益处。难以解决又不合理的人类问题让理性的智者倍感挫折。当理查德接近中年时，他感到这份冲突令他十分沮丧：

> 我很佩服克拉伦斯·达罗（Clarence Darrow，一位著名的民权律师，1925年参与著名的"学校是否可以教授进化论"审判，担任被告约翰·斯科普斯的辩护律师）。他对世事抱有一种十分犬儒的态度。有人问他，像他这样一个犬儒的人，如何能担任民权律师？达罗持续地参与民权案件，帮助那些绝望的、对抗政府的人们免遭监禁。为什么即使他在人性上的态度那么愤世嫉俗，为什么即使他不相信人性本善、也不相信人们做事都是出于善良的目的，他依然要做这

些事？达罗回答说："那是因为我的理智还没有追赶上我的情感。"这点我和达罗很像，我也非常犬儒——我从不真的乐观地认为，当我死的时候，世界真的会变得比我出生时要好一点……我不确定人类一定不会因为自己的愚蠢而把自己推向毁灭的边缘，我翻来覆去在想这些事，而我真的很怀疑这点会成真……有时我觉得自己太犬儒了，以至于想对这一切说"见鬼去吧我不管了"。～

如果一个人试图用精简的方式去解决复杂的人类问题，我们一点也不惊讶这个人会察觉自己的方法如此无望，从而难以持续地帮助他人。理查德承认，帮助他人和策划婚礼一点都不一样。如果只有智者主宰理查德的生命故事，那么理查德最终会对世界说"见鬼去吧"并退回他童年的书本世界。但理查德并不会退缩，因为在他内心中有太多太强烈的动机，迫使他创造出一个新的角色，能整合他充满能动性的思维与充满共融性的情感。理查德把马丁·路德·金（Martin Luther King, Jr.）当作一个伟大的英雄，而马丁·路德·金的信条是："为你相信的事物而战，终将让世界变得不同。"一个更重量级的动力来源可能是理查德的母亲。理查德认为母亲是他一生中最重要的人。"我从她身上学会了她的传统与价值观。"理查德说，"我的母亲是社会活动家，也是家里会组织事物的人，我想我继承了她的部分特质，我想这也可能是我想教给我儿子的东西，让这个传统能不断传递。"

理查德母亲是"有组织能力的活动家"这一角色的化身。也许她代表了理查德本人的一个潜在的整合意象原型，能在理查德的生命故事中帮助他解决自己的中年困境。但如果理查德想要在自己的生命故事中能创造出这样的角色，他至少得在一个方面上超越克拉伦斯·达罗——他得让自己的理性追上感性。也许他需要抛弃智者所珍视的绝对真理，取而代之的是发展一种更完善、更现实的解决问题的方法。在理查德对中年生活的规划中，我们发现了这种改变的迹象：

> 在我的余生中，我希望能成为一个好家人、好丈夫、好父亲，并试图对社会产生积极的影响。我想通过我在食品储藏室的志愿工作，以及我做的一些律师工作来努力达成目标……我对未来的计划能提升我的创造力，我有许多能力，但我过去并没有尽情地使用它们，而我对未来的计划则要求我锻炼这些能力。我认为自己在参与家庭生活和社会与政治工作时表现出很强的创造力。我需要更有创造性地运用我的智力和社交能力——我要激励人们去帮助挨饿者，或者解决其他需要种种技能的社会问题。有许多创意性的想法还等着人们去发现呢，社区管理需要方法，养育孩子也需要方法。我这人比较谦虚，但我直白地告诉你：我相对来说挺聪明的。而且我还有相应的能力，能将我的聪明才智发挥到工作上。有时我看着一些问题，我会想：哎呀，他们为啥不这么做呢。如果他们那么做，他们就可以解决芝加哥学校危机，或者他

们可以把废物赶出办公室，诸如此类的。我想这就是我能做的事。～

理查德所说的"有组织能力的活动家"是人道主义者意象原型的一个变种。普罗米修斯在古希腊神话中体现了人道主义者的某些特征。作为教导凡人如何使用火焰的惩罚，普罗米修斯在悬崖上被囚禁了 30 年。每一天，一只有翅膀的怪物都会啄食他的肝脏，但每天晚上肝脏都会复原。人们认为普罗米修斯是一个伟大而受苦的施助者，也是人道主义的倡导者。普罗米修斯是艺术与科学之父，他激励着人类做出最崇高的成就。普罗米修斯也是一个挑衅的叛逆者，支持弱者与那些压迫性制度的敌人。他的形象往往是理想主义的、乐于助人的、慷慨的、有创造力的、坚韧不拔的、直言不讳而有些叛逆的。[25]普罗米修斯的行为与特点体现在理查德担任集体诉讼律师的工作中，也体现在理查德心目中的英雄——他的母亲和马丁·路德·金——身上。这两人都积极地保存着人类身上最美好的传统，并不知疲倦地为了积极的社会变化而奋斗。

将能动性和共融性结合在一起的意象原型往往互相有重叠的部分，要清晰地把它们分开并不容易。人道主义者致力于改变社会和保存优良传统；教导者把知识和技能传给那些年轻或经验不足的人；咨询师提供个人指导、建议或治疗，以帮助解决人生中的情感和人际问题；治疗师治疗疾病，并试着让人保持健康；裁决者对是非做出重要判定。治疗师、教导者、咨询师、裁决者和人道主义者为了帮助他人而不断锻炼提升自己的力量。这些人物同时具有高度的能动性与共融性，是对立特质的混合体，像理查德所说的"有组织能力的活动家"那样辩证地存在着。

盖尔·沃什伯恩（Gail Washburn）是一名55岁的小学老师，教导者是她个人神话中的核心意象原型。最近，盖尔获得了优秀教师奖。她的教室里的访客无不惊叹于她如何巧妙地让孩子们参与各种各样的学习任务与课程。盖尔说道：

> 一位老师必须让她的学生相信：没有什么是不可能的。我已经学到了所有事情都是可能的，而学生也必须学会相信这一点。我想如果一个老师能让学生相信一切皆有可能，那么你已经为学生前方的黑暗道路提供了明灯……我喜欢教学。因为教学时总会有新的挑战，总有一种新的方式去做某件事。我倾向于不做重复的事。我可能会采取某些方法，并再次使用它们，但我尝试每次用不同的方式来完成。每个班级有自己的个性，就像每个学生也有自己的个性，而你知道，一种办法适用于一个人，未必适用于另外一个；或者某个人会回应你，但不代表其他人也会有一样的反应。当我用一种过去没有用过的方法时，我就可能更了解过去不了解的情况。我以跨学科的方式做事，也把这种教学方式变作我独特的风格。多年来，我的教学范围扩大了，而我仍在学习。 ✒

盖尔认为，良好教学的关键是找到适合每个独特的群体和个人的东西。我们又一次需要中年之前很少碰到的情境化知识。没有一个普适的真理来教人们如何做一个好老师，但是有许多因地制宜的法子。在盖尔的个人神话中，一个好老师同时是一个好的学习者。盖尔为自己的信念感到自豪，作为一个从小极度自立的孩子，她从小自学了许多极有价值的事物。现在她在继续学习新的技术，来满足学生的需求。她期待在退休后，自己还能继续学习新的方法来给人们带来积极影响，她想在退休后做一些志愿工作。显然，做一名教师对盖尔的意义超过了对一般人的意义。对她来说，教导者是对她自我的人格化与理想化，而且教导者在她的生命故事中占据着主角，活跃在她的家庭与工作生活中。盖尔在评论她的一些创造性爱好时说：

> 我认为除非你能和别人分享东西并能在分享中教会别人什么，不然你做有创意的东西是没有价值的。我喜欢做折纸，当我向孩子展示的时候，我尽量不多说话。我给孩子们看折纸，只是简单地说折纸要精确。我反复告诉他们："你必须做到这么好。""我为什么一直这么说呢？"我问学生，"有人知道吗？"我会得到若干回答，不过我一般会这么总结："你看，我这样教你，是因为有天你也要教别人。而如果我没有教好你，那你就没法把它传给别人。"这就是为什么我在开头那么说。～

盖尔的人生故事中有第二个意象原型，开始于她童年自学之前。我称之为幸存者。幸存者既不是能动性意象原型也不是共融性意象原型，而是一个原始角色，是盖尔与童年疾病斗争的人格化，也是她在人权运动开始之前教导白人儿童的经历的人格化。幸存者是盖尔生命故事中早期章节里的一个角色。但它现在仍然是她个人神话中不可或缺的一部分。幸存者出现在盖尔最早的记忆中：

> 当时我只有三岁。我拿起缝纫机的一个部件，当时缝纫机通着电。我把它捡起来，以为是个哨子，把它放进嘴里。我妈妈和我婶婶在一起，她们正在厨房烤馅饼。当时我妹妹会走来走去，嘴里发着嗡嗡声，她们听见了嗡嗡声，但没意识到那不是我妹妹发出来的。妈妈和婶婶过了段时间才意识到有事发生了。她们发现我躺在地上，也不知道我在那躺了多久。医生对我能活下来感到惊奇。～

电流把她的舌头烧出一个硬币大小的洞，使她的嘴严重变形。"我知道我的下嘴唇已经够到了下巴底端，而且我的舌头上还有一个很大的肿块，每当严寒时节，我就时不时地感到不舒服。"她在医院里待了三个多月。几年后，她接受了一场大手术来切除部分支气管。"在我成年之前，我必须密切关照自己，因为肺部的瘀伤可能导致肺结核。"在童年的第三次创伤性事件中，她被一辆汽车碾过，导致颅骨骨折。

从童年起的三个创伤事件是盖尔的神话性证明，证明她是一个幸存者。她能够克服威胁她生命的障碍。每一次与障碍的对抗都留下了伤痕。疤痕和毁容的意象原型再次出现在盖尔的生活中。盖尔是20世纪50年代初在中西部一所小型大学就读的唯一黑人学生。她乘火车去参加大一新生的迎新会。在迎新第一天，当她下了火车时，她发现自己对上了由美国退伍军人协会组织起来的一群愤怒的白人抗议者。

> 你下了火车，看到他们在那里。但看到他们那一刻的感觉并没有让我流泪。我只是感到紧张和害怕。而事情结束后我才哭了。在可怕的情况下你会被肾上腺素接管。你当时不会发抖，但等事情过去后，你才回想起来，意识到当时是什么情况，而你那时是多么脆弱。就这样，伤害导致伤疤，而伤疤如果能治愈，它在治愈之前会流脓。我的意思是伤疤将一直在那儿，你没法消除它。这真是件可怕的事情。～

在盖尔个人的神话中，幸存者是由受伤和被歧视来定义的。幸存者给人们遗留下来的是伤疤与痛苦。作为事故和残酷事件的受害者，幸存者的生命里没有留给爱与权力的空间。能活一天是一天。盖尔的生命故事是关于教导与幸存的故事，是一个关于幸存下来才能教导别人的故事。作为故事的两个主角，两个意象原型携手并存，在故事中讲述了个人如何获得胜利与如何成熟地为后人创造事物。

一般而言，幸存者是这样一类意象原型：它存在的最终目的，是让其他角色有机会得以在故事中登场。然而，在一些人的生命故事中，幸存者可能是唯一的主角。反复的虐待、绝对的贫困、慢性疾病、严重的精神疾病与其他事件可能反复地压制人们对爱和权力需求的表达，导致幸存者可能成为唯一一个自我的人格化角色。有时因为天灾，有时因为人祸，一个人原本巨大的潜能被浪费或压制。

一位女性的故事：卡伦·霍妮的演变

卡伦·霍妮（Karen Horney，1885—1952）是精神分析领域的一位先锋，由于她写下了关于神经症与人的心灵的革命性的著作，她享誉全球。[26] 作为弗洛伊德的早期门徒，霍妮在中年时脱离了精神分析学派，并阐述了新的人类行为理论。新理论强调人类社会关系和人际冲突。她是一名精神分析治疗师与培训师，她教授咨询师们咨询的理论与技术。作为三个女儿的母亲，霍妮对女性与男性之间截然不同的生活体验特别敏感。她是一个有趣的作家，能将难以理解的心理学概念生动有趣地讲解给她的读者，让专业人士与非专业人士都能读懂。由于她的想法并不符合20世纪40年代的美国精神分析的父权制正统观点，霍妮被纽约精神分析学会开除。她很快成立了一个自己的协会，与纽约精神分析学会相对。在她去世的前两年里，她对禅宗产生了兴趣，并希望将东方哲学的观点融入她不断演变的人格理论。

卡伦·霍妮出生时的名字是卡伦·丹尼尔森（Karen Danielson），

她出生于德国汉堡郊外，是一名船长和他妻子的第二个孩子，也是家中唯一的女儿。从小卡伦就是一个聪明而有活力的女孩，在功课上超过了她的哥哥。在19世纪90年代的汉堡，发生了很多社会思潮运动。卡伦见证了其中许多，包括支持妇女权利的强有力的社会运动。作为一个青少年，她为自己制定了一些同常规女性生活不一样的发展目标，可能从新兴的妇女运动中，卡伦感受到自己的目标被运动支持。当时她对未来已有初步设想：她打算在文理高中就读，并最终成为一名医生。

卡伦是一个充满激情、极度独立的青少年。她不喜欢父母的基督教信仰，她喜欢古希腊人在酒神节上"狂乱的感官盛宴"。[27] "激情，"她说，"永远令人心折。"[28] 卡伦关于性和女性的地位观点更接近现代人的观念，而不像她成长的维多利亚时代。她认为，如果男性能在职业上达成什么目标，那女性也可以做到；卡伦相信女性应该能公开地以肉欲的方式与世界接触，不应该为自己的性欲感到羞耻。卡伦在17岁时的日记里所写下的充满激情的篇章，充分体现了她的理想主义与对世界的浪漫看法。当你阅读它时，请密切注意反复出现的、强有力的关于运动与光的意象：

> 我内在的一切都在激荡和涌动，迫切需要光明来化解彷徨。我好像一位船长，从一艘安全的船上跳入海里，紧紧攀住浮木，任由喧嚣的海浪推动我随波逐流，去这里、去那里。但船长自己也不知道该去往哪里。

现在的我无家可归、

四处漂泊、无处藏身。

我曾享有安全与宁静，

住在古老砖石之间，

那是千年要塞，

为我而建。

气象阴沉，天色压身，

我渴求自由。

只有一点微弱光芒，只有一条渺小生命。

静静地，内心的渴望迫使我

开始挖掘。

指缝浸血，双手疲倦。

忍受他人的嘲笑与轻蔑，

无尽辛劳最终换来回报。

石块摇摇欲坠——

等我再次用力一抓，

它往我的脚边落下。

一道光线穿过开口，

亲切地向我问候，

它热情相邀、令人温暖，

激起我胸中一阵喜悦的颤抖。

但我还未来得及

把微光融入身体，

腐朽石块碎成片片坠落，

把我埋在废墟之间，

我长久地躺着，

没有思考，

没有感觉。

而我的力量在积聚，充满活力像饮下烈酒，

我用有力的臂膀举起碎石。

力量在发光，

如风暴绽放，

喜悦流淌过我，

我向外眺望。

我看到了世界，

我嗅到了生命。

光芒如此明亮，

几乎将我致盲——

但不久我就习惯了它的光彩，

我四处张望。

风景是如此宽广，

我的视线可漫游到无限远方。

世界的崭新与美丽把我侵入，

几乎将我压垮。

一种强大的渴求将我抓住，

几乎破开我的胸膛，

它驱使我游荡，

去看、去享受，

去了解这世间所有。

于是我到处流浪——

不曾停下脚步，

我四处漂泊，

像犯人从地牢里被解放，

我喜悦地唱起了欢乐的小调，

唱着歌颂生命的古老歌谣，

敬自由，敬光。

只有一个焦虑的问题徘徊我的心间：

到底哪里是我的终点？

一阵温柔的渴望，一声温和的叹息：

到底何时我才能休息？

但我已经知道答案，

树木把答案低声喃喃：

"休息只发生在高墙的背后，

而生命，从没有休息的时候。"

小心翼翼地搜寻，

从不怯懦地抱怨，

　　　　　　　第三部分　成年时期的神话性挑战

孜孜不倦地努力，

从没在筋疲力尽中绝望：

这就是生命——

要敢于承受。[29] ～

卡伦从青春期后期开始创造的个人神话大量地运用了运动与光的意象。卡伦的青春期日记，与她20出头时写给她未来的丈夫奥斯卡·霍恩维（Oskar Hornvieh）的信中充满了这两种意象。在与恩斯特·舒尔斯基（Ernst Schorschi）——一个仿佛闪着"阳光火花"的年轻人——两天的恋爱中，她发现自己"以各种形式追逐幸福"。[30] 几个月之后，当她回过头来思考恩斯特对她的拒绝时，她写道："在遭遇了重大损失后，我的血液曾因此放慢了流淌的速度，但如今它开始更快地流淌。"[31] 瑞典作家艾伦·基伊（Ellen Key）是卡伦早年心中的女英雄，卡伦认为她"为我点燃了热烈的圣火"，称她是"引导我灵魂的光明之星"，基伊的名字会一直在卡伦的上方"闪闪发光"。[32] 当卡伦在医学院有了新的爱人后，卡伦说："我们像两只狗一样嬉笑打闹。"[33] 相比之下，她未来的丈夫运动得更缓慢而笨拙，好像他天生不太善于运动，他像是"穿着一双笨重的橡胶靴子在生活中蹒跚"。[34]

一个传记作家写道，晚年卡伦·霍妮声称自己去南美洲旅行，活跃得像在她父亲蒸汽船上游玩的九岁女孩。[35] 传记作者怀疑故事的真实性。但就算霍妮的话是幻想，她在幻想中也运用了运动、旅行和冒险的意象。这位传记作者报道说，卡伦小时候幻想时最喜欢用的材料，是来自作家卡尔·弗里德里希·迈的故事（Karl Friedrich May）。卡伦心目中的英雄，就是卡尔故事中虚构的美国印第安人温内图（Winnetou）。温内图是"一个高尚的野蛮人，比其他人能更快地游泳、更轻柔地穿过树林，更加灵巧地掩藏自己的踪迹。"[36] 对于霍妮来说，快速地运动象征着青春、活力、激情，象征着毫无疑问、毫无畏惧地接受生命的挑战。当生活中遭遇不幸时，人们会变得呆滞，没有办法自然地运动，就像霍妮未来的丈夫奥斯卡那样穿着笨重的靴子。1911 年，霍妮怀上了她的第一个女儿，她一再抱怨自己感到倦怠、无法运动。她给分析师的信中写道："我拼了命想变得活跃起来。"[37] 如果要找到幸福和满足，人就必须一直在路上、在运动。如果偶尔必须休息，那最好是在阳光下休息。经过在厚厚积雪中两天的徒步旅行，卡伦和朋友们休息了一下：

> 中午我们躺在阳光下吃掉了我们的补给。昨天我们的休息处是一片松树林，坡上满满积着雪——当中有一块圆形的空地落满阳光，青苔覆盖在几块大岩石上。我唯一的愿望就是余生都躺在那里，停留在阳光下。[38]

在霍妮看来，光似乎象征着真理、理解与明晰。我们都会觉得这样的联系很熟悉，因为我们也常常说"阐明"（illuminating）或"启明"（enlightening）。但比起一般人，霍妮对光和运动的意象投入了更强烈的情感。她经常用它们来表达自己的想法和感受。她生命故事的主题、情节和角色都透露出她的个人意象。

卡伦·霍妮不断演变的个人神话的主线，在她青年时期开始显现出来。从文理高中毕业后，她在弗莱堡大学的医学院就读。当时她是少数参与医学研究的女性之一。1909年，她嫁给了奥斯卡，并且搬到了柏林。在柏林，奥斯卡开始了成功的商业生涯，而霍妮开始研究精神病学。当时，弗洛伊德的理论在欧洲与美国开始受到大量的认可，卡伦也沉迷于弗洛伊德的精神分析理论。她发现弗洛伊德关于神经症、无意识和儿童时期的性的想法是她曾听到的最激动人心的理念。这部分理念成了霍妮的研究方向，也成了她的意识形态背景。后来，她接受著名精神分析师卡尔·亚伯拉罕（Karl Abraham）的分析。1915年，她完成了精神科的训练，开始了对患者进行精神分析，并撰写关于他们治疗过程的论文。

与此同时，卡伦和奥斯卡正努力地养活家人。1911年，她的第一个女儿布里吉特（Brigitte）出生。在第一次世界大战期间的可怕日子里，卡伦又生下了玛丽安（Marianne）和雷娜特（Renate）两个女儿。战后，奥斯卡的事业中落，两人的婚姻也走到了尽头。卡伦和奥斯卡在婚姻期间都曾多次出轨。终于，婚姻在1926年结束。大约在这个时候，霍妮也开始偏离精神分析领域的主流思想。在1922年到1935年，她写了一系列有关女性心理学的论文，最终完全否定了弗洛伊德关于女性特质和女性俄狄浦斯情结的观点。1932年,她移居美国。到1940年,她在精神分析领域确立了自己强大而独立的地位。

卡伦在年轻时已表现出强烈的能动性动机与共融性动机。权力和爱她都想要,而且两者都要快速地得到。在卡伦的个人神话中,她可以向截然不同的两个方向运动,每种运动都与相应的动机相关。首先,她为了获得独立性与控制权,而做出自主的、扩展自我的运动。如果她要实现自己在学生时代的愿望,成为一名成就卓越的医生,她就得能理性地控制自己。要达到目的,她需要摆脱肉欲。在20岁时候,她写道:

> 一个女性如果能放下肉欲,就能获得巨大的力量。只有通过这一条路,她才能摆脱对男性的依赖。不然她就会一直渴求男性,甚至在对肉欲的极端追求下,她能把自己贬得一文不值。她成了一个婊子,在她被击打的时候依然不停下哀求——像个娼妓。[39]

年轻的卡伦担心她的冲动会失去控制——爱情会毁掉她的自由。为了加强控制,她仔细地观察自己。她培养了一种"持续不断的、更为精炼的自我观察,即使是在任何形式的沉醉中,都未曾停下这种观察"。[40] 但她也渴望从这个控制的状态中解脱出来,让自己能自由地屈服于"野蛮天性"的冲动。在她的个人神话中,霍妮相信女性是不可避免地被肉欲吸引的。她会向这股冲动一次又一次地投降。

投降是霍妮的个人神话里的第二类运动。它象征着霍妮的共融性需要，表明霍妮想要与他人缔结一段充满激情的、自我贬低式的关系。她的传记作家写道，霍妮"想体验放弃自我，让一个富有技巧、足以唤醒她的男性主导自己，在风暴海一般的激情中被抛却"。[41] 投降是霍妮体验情欲和亲密的典型模式。她认为通过投降，自己可以和他人建立她称为"更基本的"联结。她的精神分析师亚伯拉罕称霍妮有"被动倾向"，并且他认为这是霍妮爱情生活中的主导力量。霍妮在一系列非同寻常的性和情感的体验中一而再，再而三地投降。投降也是霍妮与精神分析的情感纠葛的主导模式，一开始霍妮全然不批判地接受了精神分析。霍妮认为投降意味着快速地运动，以免被"精炼的""自我观察"能力追上，为冲动套上理性的缰绳。霍妮觉得如果她没有一次次冲动地投降，那她根本活不下去。而就像她想要快速地获得控制力，她也想快速地投降。

在霍妮的生命故事中，还有第三条故事主线，即非能动性的控制，也非共融性的投降，而是辞别。在她生命中最艰难的时期——当她因为第一个女儿的出生而困在家里时、当她因为移居美国而感到被抛弃和切断联结时、当她被逐出纽约精神分析协会时——霍尼陷入了深深的抑郁之中，变得无精打采，陷入了她在著作中称为"基本焦虑"（basic anxiety）的状态。这些时期里，控制和投降不再成为她生活的主题。好在，这些时期相对较少且短暂。在生命的大部分时间中，她还是在移动。

1945 年时，霍妮在她的著作《我们内心的冲突》（*Our Inner Conflicts*）中写下了三个针对神经症冲突的解决方法，她称之为"反抗"（moving against）、"趋向"（moving toward）与"避开"（moving away from）他人。这三类解决方法分别对应她的控制、投降与辞别的个人神话主题。她身份认同中的三个动机主题变成了更一般化的分类方式，用来解读他人的行为与经验。她的精神分析理论脱胎于她的个人神话。

卡伦对她的三个女儿都非常自豪。布里吉特在纳粹德国时期成为一位魅力四射的电影演员；玛丽安成为一名精神病医生；雷娜特成了全职母亲。卡伦在晚年时期曾告诉朋友：她小时候曾希望能成为一名演员、医生或母亲——"你看，孩子们已经活出了我曾经的愿望"。[42] 而卡伦·霍妮通过创造意象原型，也自己设法体验了演员、医生与母亲的角色。在她二三十岁阶段，卡伦努力实现她在工作和家庭领域的控制和投降的需要。等她中年时，她已经创造出三个意象原型——演员、医生（或治疗师）以及母亲（照顾者）。

演员是发展程度最低的，她的根源是卡伦成为舞台明星的童年幻想。演员角色是卡伦不安分和艳丽的天性的化身，也是她童心的化身。演员能顺着自己的心意运动，也能快速地逃离现实和理性。演员可以屈服于扮演一时的角色，不必对什么做出长期的承诺。她满怀热情地表演一个角色，因为激情总是令人信服的。但在下个月，她可以换一个人引领自己，去出演另一个截然不同的角色。在她最后的著作中，霍妮提到了一种神经症倾向，即将部分经验从真实的自我中分离出来。[43] 这位演员角色似乎已从霍妮的自我中分离出来了。演员主要代表了霍妮持续终生的冲动性，主要出现在她的浪漫关系中。在霍妮为自己的一生制定的戏剧中，演员只出演了一个小小的角色。

在霍妮三十多岁的时候，医生与母亲的意象原型已融入了她的个人神话。在青春期时，她计划成为一名医生；等成年后，她实现了自己的计划。作为一名专业的精神科医生，她在自己的家中接待了来访者。同时霍妮支付高薪聘请保姆去照顾自己的孩子。霍妮有效地治愈了来访者破碎的生命和精神创伤。她改变了医生和母亲的角色的定义，也改变了人们在20世纪20年代对女性能做什么的看法。她扮演母亲的角色时，让母亲的角色超越了家庭的局限。一位陪同她到日本的年轻同伴说，卡伦·霍妮"对我来说就像一位母亲"。[44] 莱昂·索尔（Leon Saul）博士说："她完完全全像个母亲。"在美国的头几年里，他和霍妮有着某种亲密的关系。[45] 在20世纪二三十年代间，在与弗洛伊德分道扬镳之前，霍妮是精神分析领域的"母亲"。她是当时精神分析学派中为数不多的女性之一，培养和推动了芝加哥和纽约的许多年轻分析家的发展。

在霍妮的个人神话中，对霍妮的工作造成最有趣也最深刻的影响的意象原型是母亲。在成为母亲后，霍妮把母亲作为自己对精神分析理论思考的中心。通过向社会需求投降、成为一个母亲，霍妮最终决定要在自己的工作中做出改变。霍妮发现，具有共融性的照顾者同样有着极强的能动性！弗洛伊德认为分娩是女性们象征上的替代品，作为对自己没有阴茎的补偿。霍妮在精神分析领域里做出的第一个创造性突破，就是她对弗洛伊德的母性观的彻底批判。她的传记作者写道：

> 讽刺的是，就像许多在男性主导的领域里开拓的女性一样，卡伦·霍妮花了很大努力，试图让自己成为男性的一员。但在开始，她就感到这条路行不通，因为她无法否认怀孕这件事上表现出的女性特质。而因为霍妮有过生育的经验，她第一次感到自己在职业生涯中不得不采取一个与同僚们不同的立场。因为她的经验与当时的精神分析理论天差地别，以至于她不得不提出一种新的理论。分娩是多么重要的事，不可能只是阴茎的替代品或升华。由于霍妮是个求道者，所以她不能简单地否认自己的女性特质。正是她的女性特质使她得出了第一个原创的、重要的结论。[46]

霍妮将结论写在她的文章《逃离母性》（The Flight from Motherhood）中。这篇文章写于霍妮 41 岁的时候，它标志着霍妮进入了中年阶段，预示着她将成为一名富有创造力的精神分析理论家。在那个时期，她超越了弗洛伊德派惯例式、普遍化的精神分析理论思想，形成一套针对人类行为更细致的理论，表明了霍妮逐渐拥有人们中年时期会出现的更复杂化的思考方式。

这篇文章也象征着霍妮个人神话的演变。在中年阶段，霍妮的医生与母亲的对立意象合并，形成了一个更大、更有生成性的角色，我称之为高瞻远瞩的教师，它是最具综合性和影响力的意象原型，是卡伦在自己最早的日记中写下的一个预见性陈述的化身。1901年1月3日，当时霍妮只有15岁，她写道："学校是唯一真实的事物。"[47] 她的传记作者认为："霍妮对精神分析做出的最重要的贡献源于她的教学。"[48] 她接地气而充满共情的讲课风格，让每个学生觉得霍妮是专门在对他们说话、在倾听他们。当学生离开了其他男性分析师的课堂时，学生们会觉得自己遇到了一颗聪明的头脑或一场炫目的交锋。但"当他们离开霍妮的教室时，学生们觉得他们遇到了自己"，霍妮的传记作者写道。[49]

在中年时期，卡伦·霍尼似乎精炼了自己的身份认同，从而能在个人神话中注意到自己对周围的世界的影响越来越大。由于医生和母亲这两种对立的意象原型在中年时期整合在一起成为教师，霍妮把精力从直接照顾与治疗他人中移开，转移到向学生和她著作的读者们传递她新的思想。通过教学，她创造了有关精神分析的学术和实践的传承，它们直到今天还充满生命力。运动和光仍然是她最强烈的意象，因为她在中年阶段，仍然灵巧而有创造性地活动着，用自己的洞见去启示他人。控制、投降和辞别仍然是她个人神话的核心主题。在中年时期，她在新的角色出现之后，重新塑造了这些意象和主题。一些冲突得到解决，但其他冲突仍然存在。虽然故事顺利地演变，适应了新出现的"高瞻远瞩的教师"的角色，演员角色仍然从情节中割离。

在中年，我们努力把生命故事的碎片拼凑成一个更综合、更有生成性的整体。当我们抵达人生的中点时，我们的思想可能会变得更加微妙和细致，我们可能会开始面对我们自青春期以来拥有的身份认同中的根本冲突。在卡伦·霍妮的生活中，这个过程很明显。高瞻远瞩的教师在她个人神话中的出现，标志着霍妮的个人神话迈向整体性、整合性和生成性的重要一步。教师试图为下一代留下传承——霍妮新的中年角色的出现意味着她越来越迫切地担心生命的终结，并且认识到自己的终结会为她的孩子、学生和读者们生成新的开始。

第 9 章

生成新的开始

生物体存在的时间有限。他们的生命有开始、中间和结束。而 DNA——最自恋的分子——携带着生命的复杂代码的分子，能够不断地创造自己。因为生物体能繁殖，所以生物体的结局不像我们之前说的那样是毫不关联、独自死去的。旧的生命生成新的生命。下一代将上一代文化与基因的传承带入未来。因为有下一代开启新的开始，上一代的结束变得更有质量、更缓和、更不痛苦。

繁殖推动了自然世界的演化。生物学家理查德·道金森所说的"自私的基因"们所存在的意义，就是最大限度地传播自己、从上一代传给下一代。[1]基因通过个体生物携带。因此，从自然选择的观点来看，最适应自然的生物，是那些所携带的基因能直接或间接地传播和扩散自己的生物。在有着严酷而随机自然选择的世界里，最适应的物种就是那些最能够活到成熟和繁殖的物种。

作为人类，我们自身的繁殖欲望在养育孩子方面表现得最明显。亲生孩子是我们的肉中肉，是我们基因的携带者。我们开启了孩子的生命，而我们也衷心希望，在我们埋入地下之后，孩子们也能依然活着。他们是有血有肉的证明，证明我们可以留下一些东西，证明我们自己的死亡在某种程度上不是彻底的结束。这些我们留下的"东西"是以我们自己的形象创造的。

为什么人们要生孩子？我们可以找到很多合理的解释，来说明为什么男性和女性创造孩子。成为父母的一个生物学和心理学原因，可能是因为人们希望能产出一种东西，来延续自己又超越自己。同样的需求迫使我们去挑战故事的惯例——即故事的结束就意味着真的终结。我们希望结束时能有新的开始，能让我们得以继续存在下去。当我们面对自己生命的结束时，我们试图藐视它。就像基因试图复制自己、从一代传到下一代。尽管这种尝试看上去又绝望又自恋，但我们都使出浑身解数来寻求不朽。

为了不朽

在乔纳森·斯威夫特的诗《卡西努斯和彼得》（Cassinus and Peter）中，主人公讲述了人生中一个荒谬悖论。[2] 斯威夫特笔下的主人公认识到，不论自己的情人茜莉亚（Caelia）有多么美丽，

第三部分　成年时期的神话性挑战

她都要像其他地球上的动物一样，偶尔需要排泄。这个认识足以把主人公逼疯：

> 难怪我会失去理智；
>
> 啊！茜莉亚，茜莉亚，茜莉亚会拉屎！

普利策奖得主、在去世前不久发布了著作《死亡否认》（*The Denial of Death*）的厄内斯特·贝克尔（Ernest Becker）指出，困扰这位英雄的可不只是一个神经质的小麻烦。[3] 贝克尔坚称斯威夫特的主人公说出了人类存在的深层悖论。英雄的爱人茜莉亚与其他造物一样必须屈服于同样原始的冲动，这个事实说明人类既是超越一切的神，同时也是一头需排泄的动物。在人们的想象中，人可以去到自然界的任何地方，甚至能翱翔于自然之上。"人类无边无际的扩张、人类的灵巧能力、人类的超然性还有人类的自我意识，确立了人们在自然界中作为小小上帝的位置，文艺复兴时期的思想家是这么看待人类的。"但与此同时，

> 正如东方的智者所知，人是一只蛆虫，也是蛆虫的食物。这就是悖论所在：他超越了自然，却又无可救药地深陷其中；他是二重的存在，身在星辰之上，却寄宿在一个心脏跳动、呼吸急促的身体里；曾经也属于鱼类，仍然带有腮裂痕迹以证明这一点。人的身体是一个物质的、血肉的皮囊，从许多方面看都与自己的心智格格不入，最奇异且最令人厌恶的是，它会疼痛、流血，最终会腐烂和死亡。人实际上被

分为两半：人意识到自己的卓越独特之处，因为人以一种崇高的威严突出于自然之外，然而人也会在几英尺[⊖]深的地下盲目而无声地永远消失。身处这样的两难困境又不得不在其中生活，是很可怕的。[4]～

贝克尔写道，在潜意识中，人们的心智总觉得自己会灵魂不朽，能凌驾于自然之上，能逃离地球。而躯体则提醒我们血肉会死。心智代表理性，而躯体则是感性。心智是概括的，而躯体则是具体的。心智代表了天上的神，而躯体代表了大地之母。[5]这些对立的联系在神话和人们的梦境中出现。

人类是唯一能预见和恐惧死亡的动物。贝克尔认为，害怕死亡是人各种活动的根本动机。虽然我们是超越肉体束缚的超凡生命，但我们都知道，我们在这个世界存在的时间并不长久，蛆虫终将吞食我们的肉体。对于这种悖论，我们给出的反应是参与"逃避死亡宿命的活动，试图通过否认这一人类的宿命来战胜死亡"。[6]

我们的否认是通过贝克尔所说的"英雄主义"来实现的。英雄主义"首先是对死亡恐惧的反映"。[7]为了否认躯体不可避免会死亡，人类的心智发明了各种成为英雄的方法，并以此获得某种不朽。从这个角度来说，人类社会一直是作为培养和宽恕人们的英雄主义的象征体系而存在的。成年人"服务于"社会，为了感

⊖ 1 英尺 = 0.3048 米。

到自己"有首要的价值，是宇宙中的特殊存在，对众生来说有无限价值、有不可动摇的意义"。[8] 成为一个英雄，就是要在世界的巨大图景中做出一些重要的事——做一些即使躯体死亡也能长存的事：

> 人们通过开发自然，通过建造反映人的价值的庙宇、教堂、图腾柱和摩天大楼，以及通过组建三世同堂的家庭等，来换取英雄感。这么做的希望和信念在于：人类在社会中创造的事物有持续的价值和意义，它们超越了死亡和腐朽。人类与人类创造的事物有重要的意义。[9] ~

精神病学家罗伯特·杰伊·利夫顿（Robert Jay Lifton）进一步发展了贝克尔的理论，指出人们在追求不朽时有五个策略。[10] 第一个策略是生物性策略：生育孩子并传宗接代。第二是文化策略：我们通过艺术作品、科学、技术，以及用教授知识和技能来对我们周围人施加影响，来达到文化上的不朽。第三种策略是宗教性的。关于来世的信仰和宗教传统使得人类感到自己与永恒的神是一体的。第四种策略是崇拜那些永恒存在的自然秩序。第五种策略是人们在个人神秘主义活动与获得的狂喜启示中，体会到一种永恒感或是终极价值感。第五个策略可能和其他四种策略重叠，例如一个男人或女人可能在孩子出生，或产生一种文化遗产，或有宗教和自然的顿悟时，也同样感受到狂喜或是神圣的幸福。

通过这五种策略，人类参与着崇高和持久的事业。此外，在生物和文化策略中，个人会积极地生成某种比自己更长存的事物。但英雄主义还不止这些。贝克尔写道："如果你想成为一个英雄，你就必须有所贡献。"[11] 当贝克尔提到贡献时，他不是随便说说的。我们永远不知道自己能做出怎样的贡献，我们也永远不知道世界会不会接受我们的贡献。在生命的最后几年，贝克尔努力做出自己在文化上的贡献，那时他说，当人们试着创造传承、对世界做出贡献时，是充满恐惧和混乱的：

> 谁知道前方的生活会是什么模样？谁知道生活会把我们痛苦的探索作何用？我们每个人看来只能选择创造什么东西——一个物体或我们自己——再把这东西投入混乱，从而把它作为——这么说吧——对生命之力的献祭。[12]

这一切会如何结束？我们会提供什么样的新开始？这些问题没有客观的答案。我们是讲故事的人，但永远不确定故事最后会呈现出什么样的面貌。作为一个自我意识很强、想超越自然局限的成年人，我们所能做的最好的事就是满怀希望地继续生活下去，希望我们给世界留下的礼物，最终能配得上我们为之付出的心血。我们创造了它们，关心和培养它们，并最终放手。

一代人的礼物

如果要理解成年人如何在书写个人神话时塑造结尾与新的开

始，那我们应当将贝克尔的"英雄主义"概念与"生成性"这一理念相结合。[13] 心理学研究表明，在中年阶段人们对于死亡的忧虑逐渐减少，但"还剩多少时间"这一想法却随着年龄的增长更加频繁地闯入脑海。[14] 为了应对这种忧虑，中年阶段的我们不得不开始塑造所谓的"生成性脚本"。"生成性脚本"是一个成年人对于未来的计划，计划的最终目的是为了赠予下一代人一份具有英雄气概的礼物。我们反复修订、修改自己的生命故事，努力让过去看起来是为了孕育现在和将来，以至于故事的开头、过程、结尾都能够自圆其说。当我们人到中年，生成了个人传承并将它提供给他人时，我们终于明白，用埃里克·埃里克森的话说，那些在我死后依然存在的部分才是我。[15]

埃里克·埃里克森是第一位提出"生成性"概念的心理学家。他将其定义为"主要是对创造和指引下一代的关注"。[16] 在埃里克森的构想中，一旦一个成年人建立了稳固的身份认同并通过婚姻和／或友谊的方式建立了长期的亲密关系，那么他在心理层面上已做好了服务社会、延续（甚至提升）下一代人的准备。具有生成性的成年人培养、教育、领导并提拔下一代人，为优化和延续社会体系创造新事物和新理念。

从埃里克森的角度来看，生成性可以通过养育孩子的方式表达。但埃里克森同时强调，并非所有家长都具有生成性，生成性的表达也不局限于成为父母这一领域。人们能够在广阔的人生追求和一系列不同的人生处境中表现出生成性，例如，在工作和研究中，在志愿活动、宗教活动中，在参与政治、社会组织中，在友谊中，甚至在个人休闲娱乐中，人们都能体现出生成性。

美国的传统民间文学中充满了有关生成性的故事：溺爱孩子的犹太母亲含辛茹苦、望子成龙地教养他的孩子；白手起家的企业家将家族产业交由长子继承；在工厂工作的美洲大陆第一代移民靠收集配给票攒钱供孩子读书，更不用提那些惠及众生的科学家、艺术家、教师、传教士、护士和慈善家们。许多平凡人的平凡事迹也表达了同样的故事：在斯塔兹·特克尔（Studs Terkel）的著作《工作：人们整天讨论自己的行为以及对自己行为的感受》(*Working: People Talk About What They Do All Day and How They Feel About What They Do*)中，麦克·李费（Mike Lefevre），一位钢铁工人是这样解释他日常劳作的正当性和合法性的：

> 这可能听起来很乏味，但我的孩子是我的印记，是我的自由。海明威（Hemingway）的书里有这样一段文字，我想是在《丧钟为谁而鸣》(*For Whom the Bell Tolls*)这本书里的。他们当时在敌人的后方，在西班牙的某处，她当时已经怀孕了。她想要和他在一起，他告诉她不行。他说："如果你死了，那么我将随之而死。"他当时已经知道自己将要战死了。"但如果你逃出去了，那么我也随你获得自由。"你明白我的意思

了吗? 这就是我工作的动力。每次我看到一个穿着光鲜、西装革履的年轻人,我都告诉自己,我在看着我的孩子未来的样子。就是这样。[17]

埃里克森对于生成性最具有说服力的例子出现在他对马丁·路德(Martin Luther)[18] 和甘地(Mahatma Gandhi)[19] 生平的心理传记学研究中。马丁·路德和甘地在公共领域所表现出的生成性都远胜于他们在家庭生活、社交领域等私人领域所表现出的生成性。一段引用自埃里克森《甘地的真理》(*Gandhi's Truth*)的文字表明了这位领导人在中年时对于献身生成性行为的急切愿望:

> 从1915年1月甘地踏足孟买的贵宾预留码头的那一时刻起,他像是深知印度所受苦难的缘由和程度,以及他根本使命的全部意义。一个已届中年的人不仅对其在生命的各个阶段应当在意什么,不应当在意什么了然于胸,他也清楚地知道自己将要肩负的责任和能够承担的义务。他将自身无法妥协的原则作为底线,以此为基准迈向只有他能够做到,进而必须去做的事情。[20]

即便埃里克森的文字极具感染力,多数心理学家直到近期才注意到生成性这一概念。在过去的5~10年,一部分心理学家开始着手详细研究生成性这一概念并提出对于生成性这一概念更为精密的诠释。约翰·考特(John Kotre)的著作《超越自我的生命》（*Outliving the Self*）对生成性的讨论做出了卓越的贡献。阿比盖尔·斯图尔特（Abigail Stewart）和她在密歇根大学的同事对生成性问题做出了重要研究。[21] 除此以外，我和我的学生在过去几年中研究了生成性概念，专注于研究具有高度生成性的成年人是如何编织个人神话的。[22] 我们对生成性的理解日益深入，但随着新发现的不断涌现，我们的理解也在不断更新。下文是基于目前正在进行中的研究做出的描述，随着新研究的完成，我们的一些观点或许会改变。

我将生成性看作由七个方面组成的动态模式。这七个方面分别为愿望、需求、关心、信念、承诺、行为和叙事。个人和社会的生成性目标将这七个方面彼此串联起来。每个成年人都以自己独特的方式面对下一代人。为了理解生成性是如何在一个人的生命中运行的，我们必须检验上述七个方面的特质在人的一生中是如何互相影响的。

愿望

能动性和共融性是在人类生命中最普遍的两种心理愿望。生成性似乎同时受到能动性动机和共融性动机的驱使。正如贝克尔所认为的英雄一样，想成为具有生成性的人，人们必须从自身形象中孕育出一些新事物。这是一件非常需要力量的事情，对一个人身心有很高的要求。人们必须对所生成的事物投注关怀，但最终得放手，让其独立，正如贝克尔对"英雄的礼物"的描述。对所生成事物的关怀并最终放手使其独立的过程彰显了生成性中更具有共融性的部分。

在我和我的同事对生成性概念所做的第一次研究中，我们对50个年龄为35～50岁的成年人进行了一系列心理学测量和访谈。[23] 在访谈过程中，每个成年人都被要求详细描述他对未来的计划或远景。我们将访谈分为高生成性、中等生成性和低生成性三个维度。那些被列为具有高生成性的人表现出强烈的养育和引导下一代人的愿望，无论是以一种直接的方式（看护、教育、引导，成为他们的指导者等）或以一种间接的方式（奉献一些他们业已创造的东西）。那些被列为具有低生成性的人则显得对通过贡献成果、传授知识等方式来指引和孕育下一代缺乏兴趣。在一些具有低生成性的例子里，那些人似乎已完全被他们自己的事物占据了心神，以至于无法想象能够投入更多时间和精力在孕育下一代上。

我们的研究结果显示：那些对未来有强烈的生成性计划的成年人同时在权力型动机和亲密型动机上有很高的得分。换而言之，那些有强烈的能动性需求（去影响世界）且有强烈的共融性需求（需要与人建立亲密关系）的人，会在他们对未来的计划中，加上"为下一代做贡献"的内容。

在生成性方面，成年人的能动性愿望将最终表现为源自贝克尔所描述的对于永生的愿望。没有什么比对于永生不死、与神比肩的愿望更具有能动性的人类愿望了。约翰·考特认为生成性的第一要义是"将个人实质投入超越个人的生命和工作中去的愿望"。[24] 理查德·道金斯（Richard Dawkins）将永生的愿望理解为将个人的基因传递给下一代人，同时将"迷因"，即类似创造发明、艺术生就、奇思妙想、技术技能、至理名言等在创造者死后仍然能影响社会的东西，传递下去：

我们死后能够留下两样东西：基因和迷因。我们是由基因组成的有机体，我们被创造的目的是传承我们的基因。但这一层面的我们将在三代内被遗忘：你的孩子，甚至你的孙辈或许将遗传你的风姿——有你的外貌，有你对音乐的天赋，继承你头发的颜色。但随着代际传承的延续，你的基因的贡献每次都会减半，不多时你的基因的作用就将减少至可以忽略不计的比例。我们的基因或许是不朽的，但我们基因的集合体（即我们自己）注定将要灰飞烟灭。伊丽莎白二世（Elizabeth II）是征服者威廉（William the Conqueror）的直系后裔，但她极有可能并未传承老国王任何一点的基因，因此我们不应在生殖中寻求永生。然而，如果你能够为世界做出贡献，如果你有奇思妙想、能够谱写乐章、发明火花塞、写一首诗……这些创造或许将长久独立存在，甚至在你的基因溶解在尘世中后，它也将继续存在。正如乔治·C.威廉斯（G. C. Williams）所说，苏格拉底（Socrates）今天可能有或没有一个活着的基因，但是谁在乎呢？苏格拉底、列奥纳多·达·芬奇（Leonardo da Vinci）、哥白尼（Copernicus）和马可尼（Marconi）的迷因还在不断延续。[25]

道金斯的行文充满了能动性的自大。他骄傲地提出了人类永生的方法。道金斯认为，别指望能够通过你的孩子甚至孩子的孩子来获得永生。与其如此，不如以成就一番事业的方式获得永生。然而，我们必须承认，即便是达·芬奇和哥白尼也有可能被人遗忘，甚至整个人类族群也可能消亡。正如约翰·梅纳德·凯恩斯（John Maynard Keynes）所说，长远来说我们都将彻彻底底地死去。从更长远的角度看，地球也终将死去，太阳也将燃尽。不朽的愿望是对能动性最纯粹的追求形式，但在最纯粹的状态下它不知为何变得有些荒谬。能动性必须融入一些共融性来变得缓和、柔软、人性化。

共融性在生成性中表述为被他人需要的强烈渴望。埃里克森称之为"被需要的需求"——一种去培育、支持或成为他人重要需求的愿望。埃里克森认为，生成性的主要品质是"关怀"。即使我们的基因随着世代的传递不断稀释，我们的迷因也将在某一天被全然忘却，人们还是想要以不同的方式为下一代做出贡献。通过为我们的后世将世界变得更为美好，我们以一种积极的方式为一个比我们自身更大、更为永恒的事物贡献了力量。

最有生成性的成年人从对象征永生的能动性愿望和被需要的共融性需求中创造性地获取灵感。丹尼尔·韦伯斯特（Daniel Webster）用这句话很好地把握了这种能动性和共融性的生成性精神："让我们发展我们土地上的资源，发挥它的力量，建立它的制度，增进它的巨大利益。看看在我们这个时代，我们会不会创造出值得记住的东西。"[26]

需求

把生成性理解为人类生命周期中一个单独的阶段是错误的，即使埃里克·埃里克森也这么理解，他认为生成性阶段紧随着同一性阶段[⊖]和亲密阶段之后。这样的说法表示一个人在刚成年的时候获得身份认同，然后建立亲密关系，最后，在中年阶段才开始变成具有生成性。相对于现实而言，这太顺畅、太工整了。我不相信身份认同会在刚成年的阶段解决。相反，身份认同是一个不断演进的个人神话，我们在青春期后期和成年早期开始酝酿，在我们的整个成年阶段继续发展。

随着年龄的增长，我们变得越来越关心"生成性"的原因之一是社会要求我们这么做。在三四十岁的时候，我们被期望转变为父母、祖父母、老师、导师、领导者、组织者或与之类似的具有生成性的角色。我们对孩子、青少年或大多数二十多岁刚成年的人并没有这样的期许。也许有些孩子们会表现得"无私"或者

⊖ "同一性"即"身份认同"。同一性阶段指的是埃里克森人格发展理论中的第五阶段，即发生在青春期的"同一性对角色混乱"阶段。埃里克森认为人们在青春期的主要任务就是确认、找到自己的同一性（身份认同），才能顺利度过这个阶段。而本书作者则认为形成身份认同是终生的工作。——译者注

"亲社会"，但儿童即使做出了最无私奉献、乐于助人的行为，我们也不会将此类行为归类为儿童在表达生成性。孩子们尚未对下一代承担责任。在大部分情况下，它们是生成性的作用对象，而非主体。因此生成性是被社会期许所唤醒的。社会对于生成性的需求是规范性的并根据年龄分级的。社会认为一个人承担起具有社会角色的"适时"年龄是三十多岁、四十多岁或五十多岁。当一个人到达这个年龄阶段，如果此人不愿意或不能通过工作或家庭为下一代做出贡献、承担责任，那他或她将被认为没有跟上社会时钟。

关心

在人的内在愿望和社会需求的驱使下，人们越来越对下一代表达生成性关心。随着人们逐渐老去，他们越发意识到年轻一代需要年长者的关心和承诺。他们开始伺机做一些能产生长久影响的事。人们可能将生成性关心投注在不同领域。一些成年人广泛关心社会或社区问题。他们担忧环境，担心污染和自然资源的枯竭将会让后代陷入困境。或者他们可能会关心国家的"对毒品宣战"活动，关心社区里学校的质量，关心儿童和其他弱势群体的权利等。像甘地一样，这些成年人关心当今社会的大问题，关心公共领域的事件。其他成年人关心自己的家庭。他们花费大量的时间和资源来抚养子女，确保子女获得良好教育或取得成功。他们对家族企业或家族付出大量心血，努力提升亲属生活质量。

不同人在不同事件表现出的生成性关心的强度是不同的。为了评估人们对下一代关心的程度，同事与我设计了一套问卷，称为洛约拉生成性问卷（Loyola Generativity Scale），简称 LGS。[27] 问卷一共有 20 题，题干包括"如果我没有办法拥有自己的孩子，我会选择领养""我有责任提升我所居住的邻里环境""我试着将我经历中获得的知识传递给下一代"等等。受试者会给每题叙述内容打分，最高 3 分，代表"这句话很符合我的情况"，最低 0 分，代表"这句话一点也不符合我的情况"。如果问卷结果得分高，意味着这个人更关心后代、更有生成性、更会为下一代做贡献；而得分低则表明受试者的生成性关注较弱。

在最近的三次研究中，我们让差不多 500 名美国成年人回答了问卷，并获得了如下结果：

- 比起年轻人和老年人，中年人会对下一代表现出更多的生成性关心。我们将大约 50 名年龄介于 37 岁至 42 岁的男性和女性（中年组）的得分，与 50 位青年人（22～27 岁）和 50 位老年人（67～72 岁）的得分做了比较。中年组的得分最高。而青年组与老年组的平均得分没有显著差异。

- 比起男性，女性有略微更强的生成性关心，特别是在青年组中差异更明显。女性有轻微的趋势，比男性在 LGS 上得分更高，但在中年组和老年组中，这个差异并不明显。

因此，女性似乎在成年早期开始有更强烈的生成性关心，但是到中年后减少了关心程度。

- 比起从未有孩子的男性，做了父亲的男性表现出更强的生成性关心。但在女性群体中，生成性关心的程度不随着女性有没有孩子而出现差异。因此，对许多男性而言，成为父亲会积极地促进他们拥有更强的生成性关心。而在女性群体中，成为母亲也不会导致生成性关心进一步发展，也许是因为女性从最开始时，就表现出了相对较强的生成性关心。

- 有更强烈的生成性关心的成年人会在日常生活中做出更多生成性行为。问卷上得分较高的人会更多地参与生成性行为，例如给孩子讲故事，或是把技能教给他人。不过，生成性更强的成年人并不会在所有领域都表现得更积极。他们只是会更多地参与与生成性有关的活动。

- 比起不那么关心下一代的成年人，表现出更多生成性关心的成年人会对生活更满意。我们发现问卷得分与生活满意度和幸福感之间呈现出较低但显著的正相关。

- 表现出更多生成性关心的成年人在描述他们的过去时，会谈到更多表现出生成性的内容，强调了一些活动，诸如创造新的产品、自己对他人的贡献，或是与其他年轻人有积极的互动。在个人神话方面，问卷得分高的人会强调自己过去中表现出生成性的主题。

信念

如果说生成性关心背后的动机是人们内心的愿望与社会期许，那么信念会进一步强化这种关心。谈及为什么有人会没办法成功拥有生成性，埃里克森写道：

> 原因往往可以在一个人幼年时期的表现中找到。这个人可能过分自爱又过分自负。最后——我们回到开头——这个人缺少一些信仰，缺少一些"对物种的信念"，而它们可以让一个孩子充满信任地接纳社会。[28]

埃里克森所说的"对物种的信念"指的是一个人相信人类生命根本上是好的，未来也是美好的。对物种有强烈的信念，意味着相信人类后代的生活会有进步和改善，即使面对着人类的破坏与堕落时也不改变这个信念。所以，如果一个人相信人类烂到根子里、地球上的生命恶劣得无药可救，而且即使时间过去，世界之丑恶也无法好转，那么，这个人可能很难对下一代有所关心。

唐娜·范·德·华特（Donna Van de Water）在芝加哥洛约拉大学的博士论文中，设计了生成性的测量工具和问卷，测试年龄从 22 岁到 72 岁的成年人的对物种的信念。[29] 她设计的问卷里的问题包括"人类有许多问题，而且他们最终没有办法将它们解决"等。范·德·华特发现生成性与信念之间存在一定程度的正相关，表明那些对人类未来有极强乐观心态的人，会更多地对后代表现出生成性关心。她也发现生成性关心与"对自我的信念"之间存在正相关。那些在回答问卷时体现出对自己更有自信的人——比如选择了"我认为我很有可能获得人生目标"选项——也会表达出更高水平的生成性关心。

范·德·华特指出了有两类不同的信念可以让成年人更关注后代。理想状态下，有生成性的成年人会表现出较强的对物种的信念与对自己的信念。对人类未来的乐观态度以及相信人类未来值得被关注的信心，会增强生成性关心。同样，坚信自己的价值和能力，相信自己可以成为一个有生成性的行动者，也会加强人们的生成性关心。

承诺

理想情况下，对不朽的需求和对被人需要的渴求、要求人们在年长时表现出生成性的社会期许、对下一代持续增长的关心、对物种良善一面的坚信与对自身价值的信念，共同孕育出承诺。承诺是生成性的第五个方面，它意味着成年人下定决心、制定目标或是制订计划以将自己的欲望、需求、关心和信念落实在生成性行为中。关心是一回事，而承诺付出行动又是另一回事。

最具生成性的成人是那些会发展一套生成性行为方案的人，他们会制定一系列目标和具体的计划。对下一代的承诺会主导他们的生活，他们生命故事的主题也会转向为未来做出生成性的贡献。生成性高的成年人期望社会也做出彼此互惠的承诺。理想情况下，无论是成年个体还是社会，都在努力实现一种隐性的社会契约，即成熟的个体会致力于"为了长远发展"的生成性付出，而社会则依照互惠原则来支持和增强人们的生成性努力。

行为

愿望、需要、关心和信念引领着人们走向承诺，而承诺则进一步导向了行为。生成性行为有三类，它们是创造、维护和奉献。

生成性行为的含义是创新性地、有生产力地、富有成效地创造和培育事物与人。这是对生成性最有能动性的解释，与人们想追求象征意义上的不朽的能动性愿望紧密相连。以自己的形象创造东西是最能体现能动性的行为。生育孩子、发明新产品、写书、制作衣物——这些都是有创造力、有生成性的行为表现。然而，即使是在最能体现自己能动性的创造行为中，造物者也依然有一种感觉：并非所有事都在创造者自己的掌控下。已故心理学家亨利·默里（Henry Murray）曾经这么描述创造者们，称他们"主持一个内幕交易，但换来的东西并不一定称心如意。"[30]默里主张创造的过程可能会超出创造者的控制。而我们也不能完全控制我们的造物，因为造物自有其生命。玛格丽特·阿特伍德（Margaret Atwood）所著小说《猫眼》（*Cat's Eye*）的主角感叹无法控制自己创造的艺术品："我再也不能控制这些画作，或是告诉它们该表达什么含义。不论他们从我这里获得了什么能量，现在的我只是被夺走能量后的残余物。"[31]

第二类生成性行为是把过去和现在的东西传递给未来。人们保存或维护传统与旧物，希望能在未来将其改善与提升。维护行为同时有能动性和生成性。精神病学家乔治·范伦特称中年男女为"意义的保管者"，这个称呼中就表现出了生成性。[32] 范伦特认为中年男女必须承担起责任，为了后代安全地保存最重要的文化传统和象征系统。多恩·布朗宁（Don Browning）[⊖]在《生成性的人》（*Generative Man*）中将保存传统的概念拓展到整个全球环境。[33] 布朗宁认为最有生成性的人是那些投身保护地球之美好的人。那些人是"有创造力的守礼者"，他们能以创新的形式采纳过去的传统，让传统变得能适应未来的挑战。拥有这种能力的、有生成性的人们，就成了世界与人类的监护人、受托人或管理者。

生成性维护可能表现为许多凄美的行为。其中最戏剧性也最基本的一种表现就是真正意义上地拯救他人的生命。在斯塔兹·特克尔的著作《工作》中，一位叫汤姆·帕特里克（Tom Patrick）的布鲁克林的消防员说出了一段令人难忘的话，描述了他眼中的生成性行为：

> 这混账世界已经没救了，这国家也没救了。但你看着消防员，你看得到他们是真的在做些什么。你看得到他们在救火，你看得到他们冲出火场、手里抱着婴儿。你看得到他们嘴

⊖ 原文此处是 Daniel Browning，但经查证后发现是 Don Browning 写了 *Generative Men* 一书，故在文中修改了人名。

对嘴人工呼吸、试图拯救濒死的人们。你不可能忽略这些场景，它们都是切实发生的。对我来说，这就是我想做的事……

我曾在银行工作。你知道的，就是和一堆纸打交道，一点都没有真实感。朝九晚五但一点意义都没有。你就是盯着一堆数字。但现在，我可以回首过去然后说："我有试着扑灭火灾，我有试着救人。"这工作证明了我在世上做过什么。[34]

第三类生成性行为是给予后代礼物、为后代做贡献，并对自己的创造物放手、任由造物自己开花结果。它是生成性行为中最具共融性的一类，与"渴望被人需要"的共融性需求紧密相关。奉献也同创造——即最有能动性的生成性行为——对立。养大自己的造物，然后放它们自由，也许是生成性中最艰难的一环。真正有生成性的家长是一位自我夸大的造物主的同时，也是一位自我牺牲的奉献者。家长依照自己的形象创造了孩子，努力工作来保障孩子的发展，将自己向往而美好的部分教给孩子。但到最后，家长必须尊重孩子的自主性，在正确的时刻放手，让孩子发展自己的身份认同，让孩子能做自己想做的决定、说自己想说的话。最终，是家长无私的付出成就了孩子，让孩子成为一个独特的人，而不只是一个家长为了生育而生育的产物。

从社会与个人的利益出发，我们认为最有意义、最有益的生成性承诺是实施结合了创造、维护与奉献的行为。最有生成性的人们得有足够的力量，才能以自己的形象留下传承；得有足够的智慧，才能保存住过去的美好，并将它们带向未来；得有足够的爱，才能把自己创造和维护的美好奉献给后代。

叙事

生成性还有一个方面是叙事。个人神话会不断随着人们的成长而演变。成年人构建生成性脚本并试着按照它生活，生成性脚本会指导他们未来该做什么才能留下自己的传承。生成性脚本是人们的内在叙事，代表成年人对自己的生成性应该在生命故事、现代社会和生活的公共区域中占据何种位置的认识。生成性脚本的功能是满足叙事需要，以获得一种结局感。人们因此感到拥有了满意的愿景或计划，这样即使自己的生命最终消亡，一部分的自己仍将继续存在。

人们有数不尽的叙事模式来叙述自己的生成性。而我们必须找到或是创造对自己来说最好的模式。人们有多种方式来表达自己的生成性，特别是可以通过职业生涯、创造性的活动与社区参与中表达。从个人神话的角度来看，我们能用很多方法理解这些活动，以及参与活动时表达的愿望、需求、关心、信念和承诺。让我们来看看一个案例，一个特别有生成性的人会怎么理解自己的生命故事。

我可以创造些什么来实现我的价值观

48岁的丹尼尔·卡辛格（Daniel Kessinger）是社区组织者

和一个精神健康机构的执行主任。他已经结婚25年了。他的妻子名叫丽奈特（Lynette），是一位社工。他们有一个小学二年级的女儿。卡辛格家住在芝加哥市中心的中等房子中，市中心变得更高档，随之而来的是房价的上涨。丹尼尔和丽奈特在1978年买下了他们的房子，之后，更多年轻人涌入这个地区，把该区域变成更时尚、更适合年轻人的地方。丹尼尔把他的购房形容为"防守行为"。在买房之前，他和他的妻子靠租房居住，但每次都以房东赔了钱，房屋最终被抛售或抛弃而告终。丹尼尔意识到能继续住在附近的唯一办法就是买房子。

尽管丹尼尔生活的地区变得高档化，但丹尼尔的邻里也聚集着劳工、贫困家庭、吸毒者和越来越多的流浪者。丹尼尔和丽奈特为这些人付出了许多。从早期参与美国民权运动，到参与志愿者活动两年时间，再到现在作为一个组织的设立者来"实现我的价值观"，丹尼尔发展出了以生成性脚本为主导的身份认同。在公众面前，丹尼尔平易近人；而私下里，他对自己的成就、承诺和愿望并不谦虚。他相信他所完成的大部分工作都是靠自己完成的。他认为自己与马丁·路德·金相似，但金不是他的英雄。"呃，对我来说，他更像是一个同事，"丹尼尔说，"我的人生主题是创造一个更美好的世界。"

丹尼尔个人神话的叙事基调融合了讽刺感与轻微的浪漫元素。丹尼尔从小是一个书呆子和孤独的孩子，他很早就学会了"依靠自己、照顾自己、为自己谋生"。丹尼尔的父亲出生于奥地

　　　　　　第三部分　成年时期的神话性挑战

利，于 1939 年在第二次世界大战前夕移民美国。丹尼尔的父亲是一位核物理学家，在美国一些主要大学出任过一系列的教职和研究职位。在 20 世纪四五十年代期间，这个家庭从一个大学城搬到另一个大学城。丹尼尔说："我们是一个由自由民主价值观塑造的阿德莱·史蒂文森（Adlai Stevenson）$^{\ominus}$式的家庭。"尽管与父母的关系充满矛盾，丹尼尔还是从父母身上学到了他们对美国的欣赏之情。

贯穿丹尼尔童年与青春期的生命故事的核心主题是能动性。丹尼尔是一个勤奋、自给自足和孤独的人。在丹尼尔的幼年时期，他就对善恶、自由和正义抱有强烈的信念。甚至在青春期之前，丹尼尔就似乎已经形成了一个非常强大而复杂的意识形态背景。六年级的时候，他决定不去当地的初中和他认识的孩子们一起上学，因为那所学校的孩子的出身都太富裕了，和他们一起上学"在某种程度上似乎是不道德的"。他选择去了另一所初中，在那里他不认识任何人，但那所学校的学生来自各式各样的阶层。在高中时，他抗议在强制晨祷时只阅读《新约》作为祷告内容，他认为这是对学校的许多犹太学生的冒犯：

> 我对此大为不满。我大概说了我拒绝这么做。我的观点是：我觉得在早上做点宗教有关的事没什么问题，我对此没有任何异议。我只是觉得，每个人都可以有自己的选择。我的班

$\ominus$　美国政治家，善于辩论。——译者注

主任就说，看，我只需要妈妈的一张便条就可以免除活动。所以我回到家里，我和母亲谈了这件事，她说不。她说："你必须做学校让你做的事。"所以她不支持我。这是我母亲和我之间的巨大裂痕。那年我父亲也去世了。～

这是丹尼尔生命故事的低谷。他的母亲敦促他做出信念上的妥协，来迎合学校的权威们。他拒绝了母亲的说法，对家人感到幻灭，并和家人切断了关系。在这次事件之前或之后不久——丹尼尔无法确切地回想起来——他的父亲心脏病发作。丹尼尔在半夜醒来，看到医护人员用担架把他的父亲抬出家门。那晚之前丹尼尔和父亲发生了很激烈的争吵。他们的关系从没有变好过。现在他的父亲死了，丹尼尔再也没有机会同父亲和解。

1960年，丹尼尔去阿默斯特学院就读，萦绕在心中的被排斥感和孤独感消失了。相反，他感到兴奋和振奋。丹尼尔从小就相信他会成为一名大学教授。他在大学时遇到的教授们恰恰是能动性的意象原型智者的化身，这令丹尼尔倍感鼓舞。阿默斯特学院强调批判性思维。"就像不存在所谓事实，"丹尼尔说，"一切都只是解释。所有课程都在教授批判性思维和你该如何思考，所以你第一年的物理课不是在教你物理，而是教给你一个物理学家如何思考。"

随着丹尼尔更加沉浸在智力思考中，他也越来越活跃地参与校园政治和社会问题。约翰·F. 肯尼迪（John F. Kennedy）成

第三部分　成年时期的神话性挑战

为新的美国总统，阿默斯特学院为年轻的总统感到兴奋。对丹尼尔这样年轻、自由派的白人知识分子来说，这是段相当愉快的日子。受到正在酝酿的社会运动的激励，年轻的知识分子希望能更进一步地推动社会平等和正义。尽管丹尼尔只是一个十几岁的少年，但时代的发展刚好契合了丹尼尔的生成性脚本。内心明亮且理想主义的年轻人应该创造一个更美好的世界——这是那个时代传递给人们的信息。于是，丹尼尔参与了一个名为"推动种族平等的学生"的组织。他与大学管理人员合作，为黑人青年制定入学招募计划。他为费城的少数族裔儿童组织了一些辅导项目。他在南方的小城镇里面对面地反抗3K党成员。随着越南战争的升温，丹尼尔从阿默斯特学院转到耶鲁大学攻读东亚研究专业。他很早就参与了反战运动。1966年，他与丽奈特成婚。

1966年是丹尼尔生命故事的转折点。随着越南战争走向灾难性的高潮，丹尼尔把国际服务视为避免战争以及实现自己"创造美好世界"的目标的方式。虽然在道德上反对战争，丹尼尔却觉得自己不能成为一个"良心拒服兵役者"（conscientious objector）。因为一个人如果要成为"良心拒服兵役者"，就得以"自己是一个宗教和平主义的人"为理由。但一旦宣称自己是因为宗教缘故而拒服兵役，就得承认"宇宙中存在一个上帝或造物者"。而丹尼尔拒绝承认这一点。而且，虽然丹尼尔认为自己在个人生活中是和平主义者，美国公谊服务委员会（American Friends

Service Committee）拒绝了丹尼尔的国际服务申请，因为他不能真诚地宣称自己是一个"良心拒服兵役者"。于是丹尼尔和丽奈特参与志愿者活动，去印度实施计划生育手术。

> 我和妻子在印度待了差不多两年，基本上和印度同事一起到村里去宣传、教育生殖节育等。我们为印度政府工作。我们分发避孕套。此外，我在输精管切除术小组工作，告诉人们这个手术是什么，招募人们去做手术。而丽奈特基本上是和女性一起工作，她们负责宫内节育器的放置。在工作期间我们遇到很多问题，所以她最终不再做母亲教育、天花防治、婴幼儿健康和节育工作等一系列事情。～

丹尼尔认为，自己与丽奈特在印度的时光"是我们生命中最重要的两个年头，基本上塑造了未来我们的方向"。这两年对于丹尼尔身份认同的发展来说是一个重大的飞跃。从童年开始，他就以自由派、知识分子、大学教授的身份塑造了自己的未来形象，这些形象化身为能动性的智者。在印度，智者开始与新人物分享生命故事的舞台，他们塑造了丹尼尔在健康和社区组织方面不断增长的才能和兴趣。智者让位于治疗师和人道主义者，后面两个意象更符合他已经形成的人道主义意识形态观。治疗师和人道主义者给能动性主导的个人神话中引入了共融性。丽奈特也为丹尼尔的生命故事带来了共融性。丹尼尔虽然自给自足、独立自主，但也开始将自己的生命历程与另一个人的生命历程相互融合。

　　在二十五六岁时，丹尼尔的生活与生命故事中，已经发生了一般在中年时期才会发生的变化。丹尼尔的激情在 20 世纪 60 年代初的社会抗议活动中曾大放光彩，现在被引导到一个规模较小、但更为持续而有成效的工作上。这种转变，令人联想到中年人身上会出现的激情的升华。从智者到治疗师和人文主义者的转变，标志着更复杂的思考。丹尼尔仍然被自由民主的抽象概念所感动。但是他在印度学到，要具体而现实地解决社会问题，需要的不是绝对的思想，人们应该根据现实、具体的情境去思考。随着新的意象原型的出现，丹尼尔首次面临了个人神话中的严酷对立。自己到底是一个思想家还是一个实干家？是知识分子还是活动家？他应该争取变得更加能动化还是共融化？

　　丹尼尔和丽奈特于 1968 年返回美国，发现整个国家被越南战争给急剧地分化了。20 世纪 60 年代初，自由派的白人与黑人之间的联盟结束了，演变成更激烈的黑人运动。大学校园已经激进化。市中心爆发暴力事件。一种新的逆主流文化传播了自由爱的理念。丹尼尔依然坚持自己的价值观，但对美国社会某些阶层的激进化感到越来越不舒服，也越来越担心来自保守派白人的反弹。美国的自由派和保守派都变得越发情绪化，而丹尼尔坚持的是理性和宽容。他一如既往地想要为更美好的世界而努力。他相信巨大的变化会发生，但他不认为改变能很容易地实现，或者很快地实现。

我从印度带回美国的是某种，有点，呃，保守的理念。我的意思是，当你花了两年时间，在印度这样的国家里，试图改变人们和其他事时。你会从那里深刻地认识到，社会变革是多么缓慢。我从不会去担忧世界末日，也不会去思考立刻就会发生的事。我的脑海中有个横跨千年的社会改变计划，但起步时充满着痛苦和错误。一步一步来。〜

丹尼尔和丽奈特搬到了芝加哥。在那里，丽奈特成了社会工作者，而丹尼尔同时做了好几份兼职并做着志愿工作。丹尼尔还就读了社会服务管理专业，获得了第二个硕士学位。这对夫妇收入很少，多年来一直住得很简朴。丹尼尔开始围绕健康、住房和就业等问题组织各种社区小组。有一段时间，他在残疾儿童领域工作：

> 在印度，我习惯与那些身体"怪异"的人一起工作。在印度的一些村庄，会有麻风病人向你走来，身体像树桩一样，问你要钱。当时觉得真的可怕。不知道为什么，看顾这些残疾孩子对我来说真是容易。你知道，因为我很聪明。我的意思是，我就读了四本书，然后便接管了这所学校所有的残疾儿童，接着我把项目运作了起来——并运作得很好。〜

经过多年与儿童、家庭和弱势群体的志愿工作后，丹尼尔终于在33岁时得到了第一份全职工作。他被任命为社区精神健康委员会的执行主任。最开始时，机构只有6.2万美元的预算，手下只有 4 名员工。15 年后，丹尼尔可以支配的机构预算超过 200 万美元，机构里有 55 名全职人员和 12 名兼职精神科医生。他是当地慈善食品储藏室的主要建筑师和组织者，向有需要的家庭分发免费食物。他仍然致力于创造一个更宽容和富有同情心的美国社会。

1983 年，随着女儿萨曼莎的诞生，丹尼尔的生命故事变得更温暖、更共融化。丹尼尔的一生由一系列生成性的项目交织而成，现在他宣布："我的历史性工程是萨曼莎。"人到中年，丹尼尔没有放弃他原本的目标，他继续努力去创造一个更美好的世界。但丹尼尔的生命故事变得明显更加柔和。"我试图重新整理我的生活，把重心转向家庭，想更多地和家人在一起。"他现在花更多的时间在"单纯玩乐"上。与女儿一同滑冰、弹吉他、听印度音乐、去动物园游玩——这些活动源于丹尼尔在中年阶段出现的新的意象原型——"萨曼莎的好父亲"。好父亲在他的个人神话中是一个更加共融的角色，有着与智者、治疗师与人道主义者轻微但鲜明的对比。同其他角色一样，好父亲也表现出生成性，但更加温和。

在丹尼尔·卡辛格的个人神话中，我们发现了高生成性者的神话里会出现的四个特征。过去两年来，我和我的同事做了一系列研究，发现在高生成性者的生命故事里至少会出现其中两三个特征，而生成性较低者的个人神话中通常不会出现这类特征，或只有一个。

第一个特征是在童年时感到"我是被选中的"。像丹尼尔这样的高生成性者，经常记得在童年时期感受到社会环境对他们的良好对待。当他们试着建立个人神话时，无论是一个热情而充满支持的家庭，还是一个强大的信仰和价值体系，都为他们建立自己的身份认同提供了一个安全基础。在丹尼尔的故事中，"阿德莱·史蒂文森式"的家庭是决定性因素。从丹尼尔的例子中我们看到，个人神话的第一章节未必要充满积极的情感。丹尼尔在童年时期常感到孤独，并缺乏社交技巧。但在像丹尼尔这样高生成性者的生命故事里，似乎有某种积极力量——可以是一个人、一种人际关系或是一种价值体系——将孩子挑出来并告诉他们："你是特别的，你身上有着独特的美好。"

第二个特征是坚定不移的信念。我发现高生成性者在讲述自己的生活时，很少提到自我怀疑的时期。他们很少会为善恶之间模糊的边界而挣扎。在刚上大学时，丹尼尔已经为自己的生命故事制定了清晰明确的意识形态背景。尽管从那之后，他经历了很多变化，但他从来没有怀疑过自己最基本的信仰。丹尼尔开放地面对各式各样的意识形态、生活方式和文化传统。他能接受许多不同的观点，但他知道自己在生活中所做的是正确的，并对支持自己行动的信念坚信不疑。

高生成性者在讲述了童年时的被选中感后，自然而然会提到坚定不移的信念。在两种特征的共同作用下，一个高生成性者会感到自己的命运是由一个更大、更深沉的东西所引导、支持、指导的。"为什么我要做我所做的事情？"一位特别有生成性的老师说，"因为这是我被选中要去做的事。是我被选中，不是别人。我想不出更多的解释了。"在访谈过程中，丹尼尔也无法回答同样的问题。他总结说，他不知道他为什么要做自己做过的事，"我不确定想做这些事的念头是从哪里来的"。

丹尼尔的个人神话里有许多把坏事变成好事的例子，这是高生成性者的生命故事的第三个特征。小时候孤独是不好的，但学会了自给自足的结果是好的。丹尼尔认为，他与自己的父亲关系不好，因此他投入众多、努力成为萨曼莎的好父亲。因为一场不好的战争，丹尼尔去了印度，发现了他的人生使命。从像丹尼尔这样的自由派民主党人的立场来看，里根会成为总统非常糟糕，但丹尼尔把他的个人神话变成了一件好事。由于20世纪80年代美国保守主义的兴起，丹尼尔加倍努力争取在当地推举出了自由派的候选人。当里根政府削减了丹尼尔发起的计划的资助时，他更努力地从私人基金会里获得资金。随着20世纪80年代越来越多的美国人在贫困线以下生活艰辛，丹尼尔建立了一个慈善食品储藏室。正是因为美国人的处境如此令人头疼，丹尼尔才能建立起那些实现他价值的组织。

像许多高生成性者一样，丹尼尔必须在个人神话中面对能动性和共融性之间不可避免的冲突。在丹尼尔的生命中，这场冲突是深刻而复杂的，其起源至少可以追溯到他在印度的时光。总体而言，丹尼尔的生命故事是从能动性逐渐转变成共融性的故事。

当智者让位于治疗者、人道主义者和善良的父亲时，丹尼尔的生命故事变得更为复杂，而且能动性与共融性以有趣的方式相互对抗。在丹尼尔照顾萨曼莎的过程中，两者冲突可能最明显。他将萨曼莎描述为一个聪明且非常有天赋的孩子，但并不像丹尼尔想象的自律。她不像丹尼尔那样，在童年时那么努力地学习。"我认识一些孩子，在能力上比不上萨曼莎，但最终会比萨曼莎成就更高，因为这些孩子会更加努力。"作为好父亲，他该怎么做？他应该多用力地迫使萨曼莎去实现成就？

> **我有点陷入两难，摇摆在两端之间。一端是对所有事都高标准严要求；另一端，几乎是一个无政府主义者，一个反主流者，对她放任自流。**～

在丹尼尔个人的神话中，养育冲突是有重要意义的。这场冲突揭示了生成性的一个普遍问题：对造物放手的问题。一个像丹尼尔一样建造事物来体现自己价值观的人，会很难理解贝克尔所说的英勇地"奉献"。能动性的生成性与共融性的生成性彼此冲突。创造者什么时候应该休息？创造者什么时候该减少控制力度？一个7岁的女儿当然需要指导。但给多少的指导？就像丹尼尔所说的，人们很难知道确切的答案。

能动性和共融性之间的冲突也与价值观和生活方式有关。丹尼尔说，他一直在政治上偏自由派，但个人生活非常保守。他对两类理念都很相信。两者也都适合他。而在丹尼尔的个人神话中，能动性与社会活动、社区组织、医治病人、为穷人发声有关。它与丹尼尔在高中的反抗、在那小小的南部城镇对抗3K党、在印度理性地解决问题、在阿默斯特批判性地思考有关。丹尼尔的公共行动体现了丹尼尔是一个勇敢而独立的人、一个找到自己在世界里的定位的强大行动者、一个选定了自己人生道路的人。

与20世纪60年代后期的嬉皮士和无政府主义者不同，丹尼尔从来不喜欢肆无忌惮地表达人类个性。毕竟，他已经和一位女性在一起25年。他拥有一个家，且正在养家。他为萨曼莎的大学教育节省了资金。他希望能给女儿提供美国中产阶级能够提供的所有机会。在丹尼尔的个人神话中，能动和共融之间的冲突，表现在丹尼尔性格的双重性。

选择能动还是共融？工作还是家庭？对立总是存在。在丹尼尔的个人神话中，能动与共融之间的紧张关系推动了情节发展。随着时间的流逝，他的身份认同变得越来越丰富、越来越融合。丹尼尔发现，在越来越复杂的层面上，能动与共融一次又一次地互相对抗。每个高生成性者都会以自己独特的方式面对两者的冲突。在那些为下一代做出最好、最持久的贡献的那些人身上，我们目睹了创造和奉献之间、控制和放弃之间、独自一人和与人共处之间的最重大冲突。而正是在有英雄气概的生命故事中，人们才能最好地证明自己在世上的意义，那些成熟的人们可以将自己生命的终结，看作一个更美好世界的开端。

第 10 章

探索你的个人神话

在访谈了许多人的个人神话后，我的一位研究生告诉我，我必须去看电影《性、谎言和录像带》(*Sex, Lies, and Videotape*)。作为一名访谈者，她感到自己的经历与这部电影的主角有惊人的相似。影片中主角为女性录制录影带，而女性会将自己的性幻想告诉他。我感到她的想法很奇怪，因为我不相信受访者会把自己的性幻想说给我们听。性的话题也不包含在我们访谈时的标准流程中。

看完电影后，我不得不同意她的观点。在电影中，主角鼓励女性尽可能详细地描述自己最想要的性想象。在访谈过程中，她们可能按照自己的心意自我暴露。主角只是倾听，偶尔会问一些问题，以帮助女性继续说下去。但是他从来不干涉女性的倾诉。

他不说出自己的任何判断，也没有提供任何建议。他会给予肯定，从来不会批判。即使两者发展出一种陌生而强烈的亲密感，这段亲密时间也不会超过录像时间。录像结束后，他很可能再也见不到这位女性了。但是，在她被录像的那段时间，在她披露她以前从未说过的话时，他专心地倾听。在这个过程中，受访者可以被密切地聆听，被他人充满关心地、无条件地接纳，即使时间非常短暂——这就是为什么女性会被访谈所吸引。这也是为什么她们会分享自己的故事，会与一个陌生人分享最私密的东西。

主角的动机呢？他也想要亲密。随着女性袒露自己的心声，他体会到对她们深切的关怀和喜爱。事实上，我们很容易得出这样的结论，即录像带只不过是对生活的庸俗模仿，为他提供了情感慰藉，使得主人公不必与其他人建立健康、真诚的关系。但是我认为这个结论太简单了，而且忽略了录像这件事的关键意义。录像的过程中，女性并没有在表演，她们尽可能地真实地表达自我。他们真实的自我披露创造了倾听者和倾诉者之间情感上的链接。在现代社会中，真情的自我暴露是那么的稀少、那么的奇怪，实在令人难过。但在录像的过程中，人们通过录像获得了真情流露的机会。真实的人们通过讲故事来说出真相，而充满关怀的倾听者听进了对方的话。

我就像电影里满怀同情的倾听者一样，我引领着人们回答一系列关于生命故事的问题。我不做评判。我不提供建议、治疗或咨询。我试图尽可能地同受访者确认，帮助受访者阐明和澄清他们的故事，让真实的个人神话被记录在磁带上。当然，我的动机与电影中主角的不同。我采访人们是为了收集关于个人神话的数据。我客观地询问人们、了解真实的人的现实生活都是为了科学研究的目的。当我重放访谈磁带时，我分析性地倾听人们生命故事中的主题、意象、象征等，以便构建一幅描绘受访者生命特征的个人神话的全貌。

然而，我和我的学生们情不自禁地对受访者产生强烈的慈爱感与亲密感，而受访者似乎也对我们有强烈的感情。在访谈结束时，大多数受访者报告说，即使他们在倾诉过程中哭泣，倾诉故事的经历也让他们非常愉快和满意。他们经常拒绝接受我们支付的访谈费用，因为他们觉得自己已经从倾诉的经历中获得了回报。他们似乎很困惑：为什么我，一个倾听者，要感谢他们的参与。他们认为应该感谢我，因为我花费时间倾听他们。他们深深地希望自己的故事没有让我感到厌倦。事实上，我从未感到厌倦，我的学生也没有。相反，倾听者如此真诚地自我暴露，是给予我和学生的一个亲密而珍贵的礼物，我们感到自己受之有愧。我觉得我与他人的日常互动中，很少感受到访谈里的真实与真挚。

访谈结束后，人们常常反馈说，他们发现讲故事的过程给他们带来很大启发。他们可能会说："我对自己有了更多了解。"或者说："它让我思考了我通常不会思考的事。"虽然访谈的预期功能是收集数据，但我们的生命故事访谈也可能帮助人们识别自己的个人神话。如果有人想要改变自己的个人神话，这样的识别有助于做出改变。在这最后一章中，我将谈一谈①识别，②实践，③改变塑造和赋予我们生活意义的个人神话。我的目标不是像一本流行心理学的自助书那样，给读者提供关于人类幸福和理解的简单指南。我真诚地相信，世界上很少有人有资格通过写一本书，来告诉你（或我）如何生活。但是我也相信，如果你想把书中的观点运用到自己的生活与生命故事中，那么这本书也能给你提供有用的指导。你也可以创作自己的个人神话指南。

识别个人神话

在现代生活中，两种最常用来识别个人神话的工具是心理治疗和撰写自传。在某些形式的心理治疗中，咨询师和来访者可以共同探索来访者生活里有意识和无意识的领域，以增强自我理解和促进人格的改变。

心理治疗有多种形式，但那些称为"谈话治疗"或"深度心理"的流派——典型的比如精神分析、心理动力或是认知-情感导向的治疗——也许是最适合用来自我探索的，能帮助你识别自己的个人神话。而在撰写自传（以及写日志等个人回忆录）时，人们能有意识地找到一个叙事框架来叙述生活。关注生活并将生活写成文字的过程，有助于作者识别或建构一个连贯的对自我的看法，就像第1章中的圣奥古斯丁与小说家菲利普·罗斯一样。

除了这两种有价值的方法之外，还有更简单和更便宜的方法，来增强自我理解和促进对个人神话的发掘。比如记录自己的梦、探索自己的幻想、思考核心问题和冲突、在心中与你的众多"自我"对话、密切关注你的身体节律等。[1] 除了用这些极其有用的方法外，我的研究结果显示与他人的对话对自我探索非常重要。像某些心理治疗一样，向满怀感情的听众讲述自己的故事能给你带来更多启发。不过，与心理治疗不同，倾听你的人不一定是训练有素的专业人员。倾听者也不该给你建议，或是对你的倾诉指手画脚。相反，倾听者应该像我研究中的访谈者一样。倾听者应当是一个有共情能力、鼓舞人心的引导者，以及一个不断同你确认你的意思的共鸣板。

谁来担任倾听者呢？理想的情况下，倾听者应该是你的朋友，而且这位朋友并不是塑造了你生活的人。在你探索自我的过程中，你们之间的关系可能会变得紧张，你和朋友都应该为此做好准备。与电影里的情形和我的访谈不同，在访谈结束后，你和这位朋友可能在未来的几周和几年中继续你们的关系。因此，在探索之前，你需要对和朋友的关系做评估。自我探索会对友谊造成什么影响？你们对彼此的感觉会发生怎样的改变？在某些情况下，你的自我探索也将帮助朋友，让朋友对自己个人神话有更丰富的认识。有时你们可能希望改变角色：你的朋友变成讲故事的人，而你成为倾听者。当你们互换身份时，把这个过程录下来也是很有帮助的，这样你可以在对话结束后重听，反思一下对话的含义与意义。如果你希望在未来采取行动改变个人神话，那么录音是非常有用的。在开始尝试改变之前，你需要记录你想改变的内容。

你也可以选择配偶、兄弟姐妹、恋人、父母甚至是成年子女作为倾听者。但所有这些关系往往比上述的朋友关系更复杂。与这些关系的人做自我探索可能会更加危险，因为这些人过去可能已经亲密地参与了你的身份认同塑造。比起和好友交流，与丈夫或妻子交流时你可能更难做到坦诚。但很多时候，探索自我带来的价值会超过损失。探索自我的过程不仅可以促进自己对身份的理解，还可以增进与情人、配偶或家庭成员的关系。

因此，在考虑找谁做倾听者时，两条最重要的标准是①你与对方的关系的性质，以及②对方是不是适合做一个倾听者。要满足第一条标准，你和倾听者必须觉得，对于你们俩目前的关系状态而言，你们探索式的交流能让你俩都感到合适与舒服。要满足第二条标准，则倾听者应该能做到热情、反复确认和不评判。另外，倾听者应该熟悉个人神话的概念。在为交流做准备时，你和倾听者可以就书中的一些核心概念进行讨论，比如文学和生活中的故事的含义、叙事基调、原型故事形式（如喜剧，悲剧，浪漫故事，讽刺故事）、故事意象、权力与爱的主题、青春期个人寓言、本体论策略、意识形态背景、意象原型、中年阶段的生活变化、生成性脚本与故事的终结感。

倾听者应该做些什么？随着叙事的深入，你（讲故事的人）

和倾听者可以制定你自己的对话和探索的指导方针。但是，刚起步时，我建议你遵循我在研究个人神话时所采用的访谈协议。一次访谈通常需要 1.5～3 个小时才能完成。访谈可能一次完成，也可能分成两次完成。你可以使用我做访谈时的提问，并根据自己情况修改问题。如果你觉得某些问题和你自己的情况不相关，你可以跳过这个问题。当你做访谈时，你应该把访谈当作了解自我的工具，而不是结果。理想情况下，访谈应该会促使你在将来和倾听者的对话中继续自我探索。你应当注意这次对话中挖掘出的素材，并在以后和倾听者的对话中与对方讨论。

（如果你不愿意与别人分享你的故事，你可以成为自己的倾听者。虽然这种方法不会像你和其他人倾诉那样，给你带来亲密的感受，也缺乏他人来协助你自我暴露。但这方法仍然适合于两类人——那些感到很难和他人谈论自己事情的人，以及那些生活中缺乏合适听众的人。如果你觉得自己就属于这两类，我仍然鼓励你去试着尽可能地在和他人的对话中探索自我。）

访谈最开始时，我们会问关于生命章节的问题：

我希望你把自己的人生看作一本书。你生命的不同部分就会成为书里的不同章节。虽然这本书目前还没写完，但它可能已经包含了一些有趣和精巧的章节。请把你的生命分成几个主要章节，并简要描述每一章。你当然可以想多少章就分多少章，但我还是建议最少两三章，最多也别超过七八章。生命之书有了章节还得有目录。要有目录，你就得给每个章节起名，并得简要概述每章的内容。简单地谈一下每一章该如何过渡到下一章。第一次访谈的内容可以发散到无边无际，但我建议你尽量简短地叙述你的章节，花费 30～45 分钟时间。总之，你不必告诉我"整个故事"，你只需要告诉我故事的纲要——你生命中的主要章节。～

在第一次访谈中，倾听者可能会在任意时刻都想同倾诉者确认他们的意思，但这样可能会过多地打断倾诉。倾听者应当注意，在帮助对方设计生命之书的目录时，不要建议对方怎么起章节名。访谈的第一部分应当是让倾诉者最放开倾诉的部分。如果时间允许，有些倾诉者会在这部分讲述几个小时；有人则五分钟内解决倾诉。我们发现，25～60 分钟的访谈可以带来最有启发性、最有力的成果，所以我们通常建议（如上文所说）第一次访谈时常为 30～45 分钟。倾诉者的任务是为更细致的材料先提供一个综述的背景。在第一次访谈中，如果叙述的故事里冒出有关重要主题和事件的细节，可能会对探索自我比较有用，但倾诉者应该注意不要过分沉迷在细节中。

生命章节为倾诉者提供了一个有组织的叙述方式，来叙述他们的生活。大多数人按照时间顺序组织他们的生命章节，最早的章节是童年时期。也有人喜欢用主题式的方式分割章节，比如关于亲密关系的章节、关于学校生活与职业生涯的章节等。你可以试着使用不同的组织形式，然后选择一个适合自己的。怎么划分你的人生，也会揭示出你看待人生的方式与你的成长趋势。此外，用开放式的问题询问生命章节，能让倾诉者有机会表达个人神话中众多不同的元素。最值得注意的是倾诉者的叙事基调和意象。一个人在重构过去的过程中，是采取乐观还是悲观的叙事基调——倾诉者遵循喜剧、悲剧、浪漫故事和／或讽刺故事的形式——在开始组织生命章节时就会显现出来。倾听者和倾诉者都应该仔细关注故事开篇使用的语言，其中暗藏着对倾诉者有意义的意象、象征、隐喻的线索。

访谈的第二部分，会从对故事的笼统叙述，转变为讲述故事的细节。倾听者需要让倾诉者详细地描述八个关键事件：

> 我会问你八个关键事件。关键事件指的是一个特定的、重要的事件，也可以是在一个特定时间与特定地点发生的重要经历，或者是因为种种原因与其他平凡日子有所区别的特殊时刻。所以，你12岁时与你母亲进行的一次特别对话，或者你去年夏天做了一个特别的决定，都可以称得上你生命故事中的关键事件。这些是发生在特定时间和地点的特殊时刻，具有特定的人物、行为、思想和感觉。而一整个暑假——无论在其中你是多高兴或多难过，或者这个暑假有多么重要——又或者高中生涯中非常艰难的一年，都不会成为关键事件。因为这些事情会持续很长一段时间。（他们更像是生命章节。）在描述关键事件时，要详细描述发生了什么、地点在哪儿、哪些人参与其中、你做了什么，以及你在事件中的想法和感觉。此外，试着说清楚这个关键事件在你的生命故事中所产生的影响，以及这

个事件体现出现在或当时的你是一个怎样的人。这个事件是否改变了你？如果真的改变了，那么是以哪种方式改变了你？请具体地描述它们。

这八个关键事件是：

- 高峰体验：生命故事中的巅峰时刻，你一生中最棒的时候。
- 低谷体验：生命故事中最低点，一生中最糟糕的时刻。
- 转折点：你对自己的理解发生了重大的变化的时刻。在事件发生时，你可能并没有意识到这是你生命的转折点，但这不重要。重要的是现在你回头看，你把这一时刻当作你的转折点，或至少是你生命中发生了重大转变的一刻。
- 最早的记忆：你能记得的最早的一件事，要能记得住它的背景、场景、人物、感受和想法。这件事不一定有多重大，它很重要是因为它是你最早的记忆。
- 重要的童年记忆：你童年时印象深刻的记忆，是积极、消极都没关系。
- 重要的青春期记忆：青少年时期醒目的记忆。和重要的童年记忆一样，这段记忆无所谓是积极还是消极。
- 重要的成年期记忆：从21岁往后的人生里，或积极或消极的一段重要记忆。
- 其他重要记忆：追加一段过去重要的记忆。这件消极或积极的事可以在很早之前发生，也可以是最近发生。

我用核心情节这一短语来描述人们生命故事中的关键事件。它提供了关于你的个人神话中关于主要主题、意象和叙事基调的宝贵信息。事实上，如果让我只能问一个问题来迅速了解一个人，我会让那个人描述自己的一次高峰体验。我发现，当人们在谈论自己生活中特定的具体事件时，是说得最清楚、最有洞察力的。相比之下，当人们笼统或抽象地叙述往事时，很少能说得栩栩如生，或是从叙述中表现出人们的个性或身份认同。因此，你应该把大量的时间和精力放在回忆具体事件上，尽可能地回忆细节。努力领会这个特定时刻在你整个人生中的意义。准备好在同一个关键事件中发现彼此不同甚至冲突的多重意义。最重要的核心情节里蕴含着最丰富的、像网络一样交织的意义。

在第3章与附录1和附录2中，我指出人们重新组织关键事件的方式，揭露了他们个人神话的主题是能动性的还是共融性的（是围绕权力还是爱）。在解读这些关键事件时，你可以问问自己这些事件说明了你究竟想要什么？你在多大程度上被权力或爱驱使？更重要的是，你对于权力和爱的需求以什么特别的方式在故事中表现出来？你要记住，你对关键事件的叙述决定了你会写出怎样的自传。当你叙述时，你并不是像个秘书那样在死板地复述会议记录，你是在主观地选择强调一些事件，如生活中的最高处、最低谷、转折点等，同时你也选择了不叙述某些事。为什么你童年时期发生了那么多事，但偏偏一个老师简单的表扬让你如此重视？为什么你父亲的死并没有成为你生命中最糟糕的事？

接下来，访谈从关键事件部分过渡到重要人物部分：

> 每个人的生命故事都是由一些对故事有重大影响的重要人物组成的，包括但不限于父母、子女、兄弟姐妹、配偶、恋人、朋友、老师、同事和导师。我希望你能描述你生命中最重要的四个人。其中至少有一个人不是你的亲属。请说明你与每个人的关系，以及具体描述他们是怎么对你的生命故事产生影响。在描述完上述内容后，告诉我在你生命中是不是存在一个英雄。~

在访谈的第三部分中，你可以非常详细地描述你生命中的几个人。你可能之前在生活章节和关键事件中已经提起过他们。这些重要人物可能会成为你的个人神话中主要角色与意象原型的基础。父母、朋友、恋人等可能会是你核心意象原型的原型（理想模型），例如照顾者、治疗师、战士等。英雄特别适合这种叙事角色。此外，重要的人可能会促进或阻碍你生命故事中某个角色的发展。例如，高中的教练可能会鼓励你努力学习花样滑冰，帮助你发展运动员的意象原型；或者你的姐姐可能会在你成长过程中不断地嘲笑你的手工水平，阻碍了制造者意象原型的发展；再说一次，你对重要人物的描述代表了你决定写出怎样的自传，也表明了你是如何定义你自己的。你需要问自己为什么选择了这些人，为什么你会如此地记住他们。

之前我们在你的过往生命上花费了许多时间，接下来我们迈向未来脚本：

> 你已经告诉了我一些关于你的过去和现在的事情，我希望你能想一想未来。当你的生命故事继续发展、延伸到未来，你的生活中将会有怎样的剧本或计划？我希望你能谈一下关于未来的整体规划、草稿或梦想。我们大多数人都有计划或梦想，这些计划或梦想包含了我们想要从生活中获得什么，以及我们将来想要投入什么。这些梦想或计划也为我们的生活提供了目标、兴趣、希望、鼓舞和愿望。此外，我们的梦想或计划可能会随着时间的推移而变化，反映了我们的成长和变化。描述你当前的梦想、计划，或关于未来的草稿。另外，如果你有考虑过的话，请告诉我让你①在未来有创造力，②为别人做出贡献的规划或草稿。

在未来脚本中，你可以设想自己的生命故事的未来。这部分访谈提供了许多种类的、关于身份认同的信息。就像关键事件一样，未来脚本与生命故事的动机主题息息相关。因为你制定的未来目标，反映出你的基本欲望和需求。未来脚本也可以让你一瞥生命故事的结局。故事将走向何方？我们该如何走向那个目标？要成为好的故事，人们得能将一些似是而非的情节整合成有开头、中间和结尾的故事。因此，在创造个人神话时，保持时间连续性是一个重大挑战。正是在这个访谈中，你会发现你对未来自己的愿景，是否与你对现在和过去的自己的看法保持一致。将未来脚本结合生命章节和关键事件一同分析，能发现你用哪种策略来诠释自己的过往。你是不是采取了承继式策略，即相信过去的好时光会孕育出一个美好的现在和未来？还是说你采取了一种被逆转式策略，认为坏的过往能孕育出好的未来？你是不是觉得这些策略可行？这些策略有没有帮助你创造一个可信的、充满生气的个人神话？

在对未来脚本的访谈中，你能获得的第三种信息是关于自己生成性的特征。这部分访谈要求你考虑自己的未来计划如何使你有创造力并能为他人做出贡献。就像第9章所说，生成性就是自己培养（创造或生产）一个礼物，并将这个礼物给予下一代（做出贡献）。在那些关于人们30岁及以后生活的故事中，最好的故事都能鲜明地表现出生成性。成熟的成年人会有关于"为下一代做出创造性贡献"的具体计划。通常人们会在关于未来脚本的访谈中披露自己的具体计划。如果一个人没能讲出计划，表明他们需要做些工作努力追赶上他人的步伐，他们需要"改善"自己的个人神话来提升自己与他人的生活。

访谈的第五个部分谈论的是压力源与问题：

> 所有的生命故事都包括重大的冲突、未解决的困境、将来要解决的问题以及压力巨大的时期。我希望你能想一想这些问题。请描述你生活中目前遭受着以下问题的两个领域：

巨大压力、重大冲突，或者必须着手的难题或挑战。对于这两个领域，分别详细描述你面临的压力、问题或冲突的性质，概述问题的根源，简要的问题发展历史，以及你计划将来怎么处理这些问题（如果你有计划的话）。◂

访谈进行到这里，你可能已经触及生活中的一两个重大问题。这部分访谈将让你有机会谈论两个问题、压力或挑战，并概述解决这些困境的策略。访谈里谈到的困境有时是生命故事中两个不和谐角色的互相争斗。例如，起源于快乐童年的无忧无虑、不负责任的逃避者，可能难以与负责任的照顾者意象共同发展。因此，这部分访谈可能会让你在叙述中，发现在未来可以解决困境的方法，发现在对个人神话的逐次修改中需要解决的问题与冲突。然而，要小心，不要过分诠释身份认同上的问题，不要把微不足道的问题夸大得像神话那么严重。许多生活问题与身份认同本身没有多大关系，比如修理汽车、减肥或者与老板吵架等日常生活里的烦心事。这些与身份认同无关问题可能会对你的生活质量产生重大影响——它们可能会影响你的幸福和满意度，但与你的个人神话本身无关（也就是说和你人生的意义无关）。我将在本章后面解释幸福与意义的区别。

下个部分该谈论个人意识形态了：

现在我会问你几个关于你的基本信念和价值观的问题。请思考以下问题，并尽可能详细地回答每个问题。①请简要介绍一下你的宗教信仰。②你的信仰与你所认识的大多数人的信仰有什么不同（如果存在不同）？③请描述你的宗教信仰随着时间的推移如何变化。你有没有经历过一段宗教信仰快速变化的时期？请说明。请说明。④人类生活中最重要的价值是什么？请说明。⑤还有其他什么能帮助我理解你对生命和世界的基本信念和价值观吗？

在回答这些问题时，人们的反应差别很大。对一些特别热爱哲学的人来说，这是他们最喜欢的访谈部分，他们的回答可能会相当长。而另一些人会觉得这些问题特别难。他们的回应可能会更短、更犹豫。我发现，一旦人们意识到我们不是只在谈论传统的宗教，而是可以用精神性、终极意义、美好社会等词汇来替代那些表达，他们倾诉时会变得更舒适、更开放。作为倾诉者，你需要认识到你的基本信念与价值观，同其他人所珍视的信仰和价值观是怎样地相似又不同。很多人都不愿意谈论自己的信念中"不同于"他人的部分。他们太快地声称，他们自己的信仰与别人的信仰没什么不同。然而，当倾听者试着追问时，倾诉者常常说出自己意识形态中有别于他人的、独特的理解和观点。你应该努力阐明你意识形态中鲜明的特点，同时也不要忽视这个事实，即你的身份认同是建立在一个社会世界的基础之上的，在社会中总会有人和你的想法一致。

有关识别生命故事的访谈的最后一部分，是让你总结出自己的人生主题：

回顾你的生命故事之书，看看它的章节、情节与角色。

你能归纳出一个贯穿在书本中的核心主题、信息或思想吗？

你人生中的主要主题是什么？请说明。～

访谈做到这里，受访者一般已经有了很强的洞察力。在对自己的生命故事持续关注了 2 小时甚至更长时间后，他们往往能用一个短语或一句简短的表达来把握个人神话的部分本质或中心思想。在我们的研究中，这是唯一一次受访者被明确地要求去"分析"自己的话语。在我和同事回放访谈录音或重新浏览记录后，受访者在访谈快结束时迅速的自我分析，可以作为同事和我在之后更深层地分析受访者心理的跳板。而这个部分对你的好处是，人生主题部分为你提供了初步地回顾一生的机会，同时促使你在与倾听者的未来交流中继续检查自己。

你应该将识别个人神话当作一种人生进程。你可能没办法在一次访谈中就实现这人生进程。我给出的问题应该能帮你起步，但不要止步于这些问题。与倾听者再约好下一次的访谈。循着第一次访谈中暴露出的有趣线索跟进。花时间去了解自己、与倾听者分享自己的过程本身是愉快的。它保证你能对自己赖以为生的故事有进一步了解。

实践个人神话

访谈应当能帮你挖掘出已无意识地存在于你生活中、你在日常意识不到的东西。我相信有意识地了解你个人神话的细节可以大大地丰富你的生活，帮助你更好地成为一个人。它也是在改变神话的过程中你需要迈出的第一步。但是，你不需要精确地识别自己的个人神话——事无巨细地认识它——才能实践你的个人神话。事实上，无论你有没有明确地审视过你的神话，你多年来都已经或多或少地为自己创造了一个神话，并依照自己建构的神话塑造了你的一部分生活。你已经创造并将继续创造了一个故事，而且你一直以来都与它相伴而生。

那么，让我们从心理和社会的角度来考虑如何实践你的神话。实践你的神话对你造成了什么影响？它对社会造成了什么影响？站在个人心理的角度，实践你的个人神话更多是让你活得有意义——而不是活得幸福。这并不是说有个人神话就会让你不快乐，而是说个人神话的功能首先是为你提供意义感、一致感与目的感。拥有了这些后，幸福可能会随之而来，但也有可能不来。站在社会的角度，你有义务创造一个承诺为人类贡献的神话，并按照这个神话生活。如果没有对人类的承诺，你的身份认同中就会毫无社会责任感的痕迹，只有鸡毛蒜皮的小事或自恋感。

流行心理学里常常声称好事会一起来，像挖到一个金矿，里面堆满了一模一样的金子。那按照流行心理学的说法，要找到生命的意义就是要快乐、生活满意、功能良好、自我实现、志得意满、适应良好、成熟、毫无焦虑、自由、开悟、自性化并有安全感。确实，上述定义之间存在很大的重叠。但是我们也应该意识它们之间有重要的区别。事实上，实证研究揭示了人们对这些术语的理解上的细微差别，并且表明对于那些重叠的定义，人们倾向于从许多不同的维度去评估自己的生活。[2] 没有任何一个单一的概念可以涵盖人类生活里的所有美好。每个概念是有限的、有条件的，没有任何心理过程或产物可以做到"一刀切"。

个人神话也是一样。这里需要强调个人神话有两个条件。首先，你的个人神话并不和你的所有方面都有关系。你的日常行为很大程度上与你的个人神话毫无关系。你上班时穿什么衣服、早餐时的谈话、按时完成项目的动力、与配偶的争吵。在大学聚会中喝得太多——这些数不清的行为同你的生命故事无关。换句话说，按照你的生命故事生活，不代表生命故事就涵盖你所有的生活。

心理学家对"人格"（personality）和"身份认同"做出了重要的区分。你的人格是一套动机、态度和行为的系统，表现了你适应世界的特征。人格是由特质、价值观、动机和其他许多心理进程和结构组成的。（从我的角度来看）身份认同是人格的一个子集，是人们创造的、用来定义自己是谁的个人神话。你做出的所有的行为都和你的人格有某种程度的关联，它们是你的特质、动机等（你的内在人格特征）与环境（外部情境）相互作用的产物。但只有那些能用来诠释"我是谁"这个问题的重要行为，才和你的个人神话有关。

以我自己的生活为例，今天早上开车上班与我的身份认同无关。这不是一个定义自我的行为。上周末参加的晚宴也和我的身份认同无关，即使我在晚宴上过得很开心。但写这本书就与我身份认同有关。它是我个人神话的一部分，因为它与我的意识形态背景、我的生成性脚本以及我的一个重要的意象原型（我简单地称这个意象原型为教授）联系在一起。在我写这本书时，我非常真实地定义着自己。因为我写书的行为符合我的身份认同与个人神话。这个行为部分是由我的个人神话塑造的；反过来，它也将部分地塑造我在未来创造的个人神话。我很确信，读者在自己的生活中也可以分清楚不同行为的差别。

人们可以疯狂地在自己做的所有事中寻找神话含义。但生活太复杂，不可能生活中的所有事都和你的身份认同有关。虽然你独特的人格特征会影响你的日常活动，但你的身份认同只和能让你更进一步定义自我的时刻或行为有关。当然，有时我们很难知道这些行为是什么。事后回想起来，与朋友的一次看似微不足道的对话，可能会成为你个人神话中的一个重要组成部分，在日后被你重新构建为生命故事的一个转折点。总之，你应该意识到，生活会为你实践个人神话、创造新的个人神话提供许多机会。你应当做好准备。开放地对待日常生活中为你创造个人神话提供的机会。但不要过于警觉了。如果你不好好生活，那你没有办法凭空创造任何意义。

第二个条件则是关于意义感和幸福的区别。罗伊·鲍迈斯特在他的书《生命的意义》(*Meaning of Life*)中写道：

生活得幸福与生活得有意义是不一样的，尽管有时可以两者兼得。实质上，两者的关系是，过得有意义是过得幸福的必要非充分条件。有可能你活得很有意义却并不幸福。游击队员或革命者的生活往往是充满激情而有意义的，但很少会幸福。反过来的情况则较少发生，因为如果一个人的生活空虚而毫无意义，很少有人能够开心。[3]

研究证实了鲍迈斯特的说法。研究发现，那些说自己过得比较幸福的人，也有些倾向于认为自己的生活也非常有意义。[4]但这只是种弱相关，我们没有在"活得幸福"和"活得有意义"之间发现强有力的联系。有些认为自己生活很有意义的人并不感到幸福。而在更少的情况下，有些生活幸福的人并不认为自己活得有意义。后一种情况会存在，可能是因为有些人不觉得生活需要有意义。他们可能满足于生活在一个满足他们物欲、却不必叫他们追求意义的世界。无论如何，创作个人神话是使生活有意义的主要机制。身份认同即一个人存活的意义。实践神话才能让你的生活有意义、有统一感和目的感，从而让你更有可能活得幸福和满意。但有意义不能保证你的生活一定幸福。幸福是由许多不同的力量和因素决定的，其中有些是人的内在因素（人格）决定的，有些是环境决定的。

更进一步地说，幸福只是人生中许多目标的其中一个。作为美国人，我们倾向于把幸福视为终极人生目标。但我们一味强调幸福，就有可能贬低其他值得追求的人生目标，比如自由。当然，人们可能会问，如果一个目标不能使我们开心，那么追求它有什么好处呢？如果追求意义不能保证我们会获得幸福，为什么还要追求意义呢？对这些问题，其中一种回答就是要记住鲍迈斯特的话：追求意义可能不保证给你幸福，但它增加了你得到幸福的可能性。第二个答案则是，即使意义感不能直接帮你获得幸福，意义感本身也是好的。一味追求幸福感，那人和其他动物活得有啥区别。既然追求意义是人类独有的特征，那么我们就该考虑到意义本身的好处。而要活得有意义，我们就该实践我们的个人神话。我们的神话越好（也就是说，我们的生命故事越是有活力和有意义），我们就会活得越好。因此，意义感丰富和提升了我们的存在。它赋予人生独特的价值是幸福感无法赋予的。我们应该希望并努力在个人神话里创造的意义感中找到幸福，但不要天真地指望努力就会换来回报。

流行心理学普遍强调自我，将自我凌驾于社会之上，或是把自我与社会对立。书店的书架上摆满了自助书籍，它们暗含的意思是我们自己需要被帮助，因为外部世界和社会对我们来说太难以承受。作为个人，我们需要获得支持、鼓舞、治疗、救赎等。与之相对的，有关"帮助社会"的书通常被认为是"政策研究"类书籍，属于社会学和经济学领域。它们大多数并不卖座。实验心理学与理论心理学的著作同样明显把自我放在首要位置。一些批评者认为，心理学鼓励自私，而忽视了对社会的责任。在影响力深远的著作《心理学对自私的制裁》(*Psychology's Sanction for Selfishness*) 一书中，作者迈克尔·瓦拉赫和丽丝·瓦拉赫 (Michael and Lise Wallach) 指出了心理学理论与心理治疗里的"利己主义的谬误"(the error of egoism)。他们质疑：心理学家把这么多的精力和思想投入个人的荣耀和实现是否道德。他们问："难道我们应该永远把自己的利益放在第一位？"[5]

这是一本关于自我的书，内容关于如何通过叙事来创造自己。然而，这本书也强调了：自我是在社会背景下塑造的。我们相伴而生的故事里包含的资源，源于我们自己的想象和个人经验，也源于我们生在其中、长在其中的社会。社会与我们创造的故事休戚相关。社会不仅为我们提供了用来创造神话的素材，而且当我们按个人神话生活时，社会也会成为我们个人神话的受益者和受害者。从社会乃至整个地球的角度来看，我们每个人都有责任实践一个能让我们世界变得更美好的神话。在个人神话里，我们必须向我们所认识和爱的人做出承诺，也要向那些我们永远不认识、但此时此刻与我们生活在同一个星球上的人们做出承诺，还要向我们未来的后人做出承诺，承诺我们将通过生成性的努力来创造利于人类集体的传承。

站在社会的角度，一个有生成性的个人神话是一个好的个人神话。在第9章，我指出人们通过创造和实践自己的生成性脚本，来为我们的个人神话寻求一个有意义的结束。生成性脚本叙述着我们渴望不朽的能动性与热爱培育的共融性。我们想永生

　　　　　　　第三部分　成年时期的神话性挑战

不死，而我们也想被人需要。一个健康而人道的社会，必须要能使得人们把自己内在的愿望转化为实际有利于社会的行动与承诺。像丹尼尔·卡辛格（社区活动家）、雪莉·洛克（事工的老鸨）和贝蒂·斯万森（T恤女士）这样的人，就是在按照有利于社会的方式实践了自己的神话。他们创造了美好的故事，并依照故事生活。他们将对生命统一感与目的感的个人追求与更大的为人类抗争结合在一起。他们为他人争取自由与平等、正义与启蒙，去争取后代的进步与穷人的温饱。当我们面对一个充斥着无耻的不平等而资源日益减少的世界时，我们最好多看看像丹尼尔·卡辛格、雪莉·洛克和贝蒂·斯万森这样的人。并不是为了抄袭他们的生命故事，而是参考他们如何做出承诺并创造出一个故事，既能满足自己人生的意义感，又能为满目疮痍的世界带来希望。

改变个人神话

人们要如何改变？已经有数千本心理书讨论了这个问题。[6]其中，许多书讨论的是如何改变身份认同，在我看来，就是如何改变我们的个人神话。当我提出"身份认同是人们在社会背景下创造的个人神话"时，我并没想过要将自己的理论用在心理治疗、咨询或者其他人们用来改变自己的领域里。我相信，许多不同流派的治疗师和咨询师，在采用本书中提出的文学隐喻和叙事视角后，可能会有所受益。我相信那些希望改变自己生活的人也会受益，但不是因为我提供了具体的改变方案，而是因为这本书能帮助人们加深自我理解。当我作为一个研究者在工作时，我更多地是在识别神话而不是在改变他们。这本书应该能帮你识别自己的神话，并看出你是怎么实践自己的神话的。你的个人神话本身就是一笔有价值的财富，识别个人神话更是能得到它给你带来的价值。你不必改变任何东西来丰富自己并获得开悟。但如果你想改变你的个人神话，那么识别它可能是必要的第一步。

第二步是什么？不幸的是，我和其他作者都不能告诉你答案。虽然某些自助书籍为改变你生活中的具体问题（例如，性功能障碍、酗酒、依赖共生、离婚）提供了宝贵的建议，但身份认同比这些更大、更包容、更个人化。因为不了解你的生命故事是什么以及你是如何生活的，我不能告诉你如何改善它。只能由你自己通过自己在世上的经历来解答这个问题。但是，我可以告诉你故事需要哪几种积极改变。总的来说，个人的神话有两种不同的渐进式变化。

第一种变化是发展式变化。发展一词意味着成长、成就、成熟、向前迈进。发展朝向未来。如果你觉得你的个人神话陷入瓶颈，或是觉得个人神话找不到发展的方向，又或是认为你在某种意义上落后于你身份认同的成长，那你需要的就是个人神话发展式的改变。在写这本书时，我用了一个发展式框架组织了本书的内容。个人神话中的每一个元素都与特定的发展时期相关联。例如，叙事基调源于婴幼儿依恋；个人意象源于学前游戏和想象；动机主题可以追溯到小学时代；意识形态背景是在青春期确定的；意象原型在成年初期开始形成；当我们进入中年时，生成性成了个人神话的重点；叙事性和解是人们在中年以后会遇到的挑战。为了搞清楚你个人神话中所需的发展变化，首先你必须确定你在发展式框架的哪个位置。

如果你是一个渴望在世界上找到自己位置的年轻人，那你需要设立自己的意识形态背景，以确定你最珍视的信仰和价值观究竟是什么，这样它们才能人格化，成为你的意象原型。如果你已经45岁，而且你的孩子即将离家上大学，那么你可能希望检查自己的生成性脚本。这样你能找到一个途径来留下利于后人的传承。在发展式变化中，你需要处理的问题应当与你的社会心理发展阶段相匹配。你需要在合适的时候探索与发展相对应的故事内容，这样你能迈向有意义与目的感的未来。

发展式变化一定要满足我在第4章中提到的六个叙事标准：一致性、开放性、分化性、和解性、生成性整合与可信性。理想的个人神话（也就是我们赖以生存的好故事）应当在六个方面都发展良好。但在不同的人生阶段，每个标准的发展优先级各有不同。

头两个标准（一致性与开放性）在身份认同中形成辩证的紧张关系。如果个人神话太遵循一致，就会缺乏开放性；如果开放性太高、什么事都能发生，又容易失去一致性。理想情况下，你应当能在一致性与开放性之间找到平衡，但是在不同的发展阶段中，这个平衡点可能会发生变化。比如说，在青春期和成年早期，开放性比一致性更可贵。不论是培养意识形态背景，还是形成早期的意象原型，都需要人们开放地接纳生活中的各种可能。埃里克·埃里克森指出，这一阶段的重要身份认同问题是过早闭合（premature foreclosure）——青少年／年轻人过早地停止探索和发展自己的身份认同，结果形成过于一致（狭隘保守）的生命故事。相反，在二三十岁阶段，你需要提炼和清楚地表达你的意象原型，这就需要注重一致性。在这一阶段，如果你过于开放地更换自己的意识形态、职业和人际关系，可能会没有办法专注于实现家庭和工作的人生目标，也就没办法通过它们来阐明你个人神话中的角色。因此，闭合可能是青少年时期的主要威胁；但到了二三十岁，如果你还是长时间无法做出承诺（哪怕暂时性地），去投身于实现计划和目标，那么你也无法完成这阶段的人生所需求的一致的个人神话。等人到中年，当你试图调和年轻时创造的意象原型们之间的冲突时，天平将再度向开放性这边倾斜。

类似的对立关系也存在于分化性与和解性之间。一个成熟的个人神话应该内容各式各样，能分成不同的部分。也就是说，个人神话应当是高度分化的。在你二三十岁阶段时，你看会关注自己个人神话中不同的角色。你会阐述生命神话中多种重要的意象原型，并且不断完善它们的细节和特性。在这一阶段，你可能并没有多考虑如何在生命故事中让彼此冲突的角色们和解。换言之，在这个阶段，你大可以发展各种各样的意象原型，即使它们之间并不和谐，因为这完全符合你所处的发展阶段。每个意象原型都会要求能最自由地、最大限度地表达自己。而到了中年，你会从关注分化性转变为更关注和解性。因为这一人生阶段要求你协调早年创造的彼此冲突的意象原型，想办法让它们变得统一、想办法整合它们。为了能在中年阶段在生命故事中实现辩证统一，你也需得重新塑造你的生命故事，要么让不同的角色们能走在一起，要么让它们的对立变得更加突出。

随着你从青春期一路成长直至中年，生成性整合在个人神话中变得越来越重要。不像"一致性和开放性""分化性与和解性"这两对冤家，生成性整合从来没有所谓的"对立面"。它只是随着人的成长变得越发重要。如果一个25岁的年轻人在个人神话中找不到生成性的蛛丝马迹，那也不是大问题；但到了35岁还这样，那问题就变得严重得多；到45岁还没有生成性，则意味着发展上的失败。

可信性在一生中的重要性是持续稳定的，并不会随着人的发展变得更重要或者更不重要。换句话说，无论你是青少年还是已退休，你的个人神话都应该充分地反映出你真实的生活和所处的世界。在生命的任何时刻，我们在心理层面和道德层面都不被允许创造一个欺骗性或满口谎言的个人神话。良好和成熟的个人神话是建立在社会和个人的现实之上的，是你用真实的素材创造出来的。成熟的身份认同不能越过它的资源限制，它必须在所处的情境下为真。如果我们要生活在一个可信的世界里，人们的个人神话与创造神话的人们就必须是可信的。

总而言之，你的人生发展推动着个人神话的发展，你需要建构、修改和重构你的个人神话，来适应新的发展问题和不断变化的生活环境。虽然我已经概述了在整个生命周期中对人们发展变化的规范性标准，但是你应该认识到，这些标准可能并不完全适用于你。每个人的发展都遵循一条独特的道路。你需要按照自己的发展轨迹来判断你的成长是不是"按时"发生。有些人在20岁出头的时候就考虑生成性问题。有些人不再年轻，但依然乐于开放地对待不同的意识形态。另外，计划外与异常的生活事件可能会对我们创造神话的过程产生重大影响。年轻丈夫的死亡使得年轻寡妇不得不走上一条与一般人不同的人生道路。赢得彩票也可能迫使你改变自己的身份认同。

个人神话的第二种变化是人格式变化。它指的是一种更深刻、更困难的身份认同转化，这种变化一般在强烈的、深度的心理治疗中发生。这种变化面向的是过去而非未来。它的目标不是向前发展，而是回到过去并（在某种意义上）重新开始。你的个人神话之所以需要这种变化，不是因为你的个人神话停滞不前，而是因为你的神话不好。它不起作用，或许它从来就没起过作用，又或许它压根不存在。你根本没有身份认同，也没有关于自我的意识。

在人格式变化中，你面临着重新创造自我的伟大任务。在弗洛伊德的时代，精神分析学家们已经敦促他们的病人去探索原始的、无意识的精神动力，这些动力根植于人们早期童年的经验和幻想。精神分析旨在创造一个新的自我。从我个人神话理论的角度来看，对无意识领域的精神分析性探索，就包括了寻找新的叙事材料。我曾经多次说过，在我们能用叙述的方式来概念化我们的生活之前（即使那时候我们只是婴幼儿），我们已经开始在为将来要构建的生命故事收集资料。在精神分析过程中，病人象征性地回归童年，为建构自我寻找新的原料、新的资源。世界上不存在隐藏起来的身份认同，也不存在一个隐藏的故事在表面之下等待我们发掘。我们永远不能回到童年去找到一个等待被我们发现的生命故事。我们赖以为生的故事是我们创造出来的，不是我们找来的。不过，在一个熟练的心理治疗师的帮助下，我们可能会发现一个更合适的基调、更好的意象和长久以来被我们遗忘的动机主题，来重新艰难地组织起我们的自我。

总之，你想寻求的身份认同的变化，多半是发展式变化，而非人格式变化。发展式变化不那么戏剧性，引起变化的问题相对来说也不那么严峻和复杂；而需要深刻人格式变化的人可能在生活中感到完全破碎、空洞、缺乏叙述形式。在帮助人们人格式变化的同时，心理治疗也有助于促进发展式变化。但是在很多情况下，人们不需要人格式变化。许多人在生活中能够自如地修改、调整和转换自己的身份认同，很好地适应了新的发展要求与不断变化的生活环境。他们能从朋友、情人、配偶、父母、孩子、神职人员、教师甚至书籍的作者那里获得帮助。

后 记

超越故事

那如幻的光辉逃去了何方？

如今都在哪儿，那光荣与梦想？

——威廉·华兹华斯

（William Wordsworth）

我们的人生大致分为三个阶段：前神话阶段、神话阶段和后神话阶段。本书关注前两部分。在婴幼儿时期的前神话阶段，我们收集资料，为将来创造生命故事做准备。叙述基调、个人意象和主题的起源可以追溯到这一时期，尽管这时我们还没能有意识地寻找人生的意义和目标。在我们拥有身份认同之前，我们就已不知不觉地为当时还没法理解的问题做准备。随着形式认知能力的发展和自我历史观的出现，人生在青少年时期开始染上神话的色彩。在青年时期，我们为自己的个人神话选定了意识形态，并努力塑造角色，让它们在神话中承担起能动性或共融性的职能。当我们人到中年并迈向老年时，我们越来越关心故事的结局。通过实现生成性，我们可以展望未来，设想我们的结局哺育出新的开始。它让关于我们身份认同的故事线能继续延伸，超越了我们在尘世短暂的滞留。

但接下来会发生什么呢？很多人在七八十岁时依然能身体健康、积极活跃。在中年结束后，个人神话和神话创作会发生什么？我们对自己的观念在整个人生中都会发生变化，到了老年，我们依然会改变对自我和自己人生的看法，直到生命的终结。正面和负面的经验、计划外的场景和偶然的遭遇，还是会强烈地影响我们对自身的理解。其中，同亲人分离或死亡而导致的健康与人际关系的变化，对我们的影响尤其大。上述提到的任一事件都可以被纳入我们的个人神话，我们能在神话基调、意象、主题、背景、角色和结局的改变中意识到这些事件带来的影响。我们的生命故事没有所谓最终版本可言，所有一切总在改变。

然而，对一些人来说，到了某个时刻，他们的个人神话视角会从"创造"神话变成"回首过去创造的神话"。这就是老年学家罗伯特·巴特勒（Robert Butler）所说的晚年"回顾人生"阶段。[1]巴特勒认为，许多老年人重视的心理活动是反思自己的一生，来让自己在死之前最后"清算"一下人生。埃里克·埃里克森提出：人们在进入老年阶段后会回首过去，并遇到人生发展阶段中最后的社会心理冲突，即"自我完整感对失望"的冲突。埃里克森认为自我完整感是"后自恋阶段对自我的爱"，也是人们对生命的"规则与意义"的"再次确认"。自我完整感意味着人们"接受自己独一无二的人生经历是必然会发生的，并且它不可取代"。[2]

在生命的晚年，当我们开始审视自己所创造的神话时，我们可能会停止创作神话。现在是评估已有故事的时候了。埃里克森所描述的"后自恋式"的生活方式，可能意味着（至少在某个层面上）我们会与自己的个人神话保持一定距离。要感到自我完整，意味着人们得最终接受自己的个人神话。正因如此，完整性与生成性形成了鲜明的对比。在生成性剧本中，我们试图创造一个礼物并将它交给下一代；而在后神话阶段里，要实现自我完整性，我们得接受"自己独一无二"的个人神话，把它当作一份礼物。在晚年，我们成了自己在青春期创造的神话的收件人。想要感受到自我完整性，就得怀着感恩之心接受了自己的个人神话；而会感受到失望，就意味着拒绝了这份礼物，认为自己的个人神话毫无价值。

威廉·华兹华斯所说的"光荣与梦想"包含在我们的个人神话中，给我们的人生带来了统一感、意义与目的。在华兹华斯的《颂诗：忆童年而悟不朽》（*Ode：Intimations of Immortality from Recollections of Early Childhood*）中，诗人在开头先感叹了青春快乐时光的消逝。整首诗描述了一种不可避免的变化：我们终将从人生的黄金时期坠落入萧瑟衰败的深冬。但诗歌的结尾依然存有希望、力量与恩典。尽管往昔已经离去，但它的美好将永远不会离开我们：

> 纵使找不回曾经
>
> 绿草如茵、繁花似锦的时光；
>
> 我们也不必悲伤
>
> 要从回忆中挖掘留存的力量；
>
> 力量就在原始的悲悯里
>
> 我们拥有，也将永远拥有。[3]

多年来，我们努力奋斗，通过神话来创造自己。这场奋斗既有必要也美好。它是人们的光荣与梦想。我们只有一次机会来创造自己和这个世界，充分利用这次机会既是我们的快乐也是我们的责任。我们满怀热忱接受了挑战，并最终在后神话的岁月里将它放手。最终我们接受了自己早先努力的产物。我们回顾并珍惜自己的个人神话，因为我们相信自己创造的是一份有价值的礼物。

附录 1

能动与共融

本书中，我将能动与共融作为个人神话中两则核心主题。大多数生命故事不是沿着能动性发展，就是沿着共融性发展。正如在第 3 章中所指出的，当人们在小学期间开始从关注意象转变为关注主题后，能动性与共融性的动机取向就开始在人格中浮现。能动性动机追求权力，共融性动机追求亲密，两者可以追溯到小学时期。而且，我们在青少年时期就开始建构意识形态背景，它可以解释为一个人在多大程度上珍视能动性价值观和信念（如权力、成就、独立、控制、追求正义等），或重视共融性的价值观和信念（如爱、亲密、相互依赖、责任、关怀等）。在第 6 章中，我们看到在个人神话里，能动性与共融性的意象原型分别是权力和爱的化身。第 9 章中我们讨论了能动性和共融性同生成性的关系，并描述了在高生成性者的个人神话中，这对彼此竞争的动机之间的动态张力。在附录1中，我将进一步补充关于能动性和共融性的信息。我会介绍有关能动性和共融性的学术研究，它们属于人格心理学中人类动机的范畴。

能动性：通往权力与成就之路

虽然每个人都或多或少地希望自己坚定又强大，但有部分人就是特别渴望权力、自主、掌控和成就。有的人表现出高水平的能动性人格特征。与其他大多数人相比，他们的行为风格显得特别强势和有力。他们希望自己在社交时成为万众瞩目的焦点，成为"派对里的核心人物"，能强有力地控制周围人和环境。另一些人持有能动性价值观和信念。他们珍视人类的勇气，认为勇气是终极美德。他们认为，所有的人应该关照自己，成为"不屈不挠的个人主义者"。这些人倾向于注重国防、支持人民独立。还有些人通过给自己赋予能动性的特质来表现出强烈的能动能力，表现出有些心理学家所称的自我图式（self-schema）或自我概念（self-concept）。一个能动性高的人可能会把自己描述成"特别爱支配、自我坚定、追求成就、独立、自律和有侵略性的人"。传统上，人们将这些能动性的品质同男性气质联系起来，而这是一种关于性别角色的刻板印象。[1]

一个高能动性者受到对权力和成就的持续性渴望所驱使。权力型动机指的是人们希望能变得更强、能对世界施加影响；而成就型动机指的是人们希望自己更有能力、比他人做得更好。尽管两种动机都是能动性动机，但它们之间截然不同。心理学家设计了一种精妙的方法，来测试一个人的权力型动机和成就型动机是"高"是"低"。这套测量方法记录下人们面对模糊照片时的联想性幻想，接着分析人们幻想中的内容主题，这套方法在心理研究中被称为"主题统觉测验"（Thematic Apperception Test，TAT）。[2] 在过去 40 年中，心理学家针对权力型动机和成就型动机做了大量研究，试着理解这两种高度能动性的特性在人们身上的表现、关联和起源。[3]

在权力型动机上得分较高的人倾向于有意无意地增强自己的影响力、对他人施加影响或是提高自己的威望。研究证明，高权力型动机与下面几种行为的发生率呈正相关：①在小组中显得积极而有威信；②积累代表威信的资产，如信用卡和跑车；③不惜冒巨大风险，就为了能让人们注意到自己；④和人争吵；⑤选择那些能引导他人行为的职业；⑥（仅在男性群体中发现这个行为变化）出现冲动性和轻度的攻击行为。[4]

大量的研究表明，在权力型动机方面得分较高的人经常在组织中担任强有力领导角色，或者在组织中具有较高的影响力。一些实验室研究仔细地考察了高权力型动机者如何在领导位置上施加自己的影响力。在一项研究中，研究人员调查了高权力型动机的商科学生是如何在小组讨论中引导他人行为的。[5] 研究者将受试者分成 40 个小组，每组 5 名学生，学生们就商业案例展开讨论，决定一家公司是否应该推销一种新的设备。在每个小组中都任命了一位领导者。其中，一半的领导者之前在 TAT 测验中被评估为"高权力型动机"，而另一半的领导者在权力型动机方面得分较低。对团体的观察显示，对比低权力型动机者领导的小组，在那些高权力型动机者领导的小组中，小组成员会提出更少的提案、更少讨论替代方案、更少关注公司决策是不是合乎道德。研究人员对这个现象的解释是：高权力型动机的领导者鼓励模糊了团队成员责任的仓促决策形式，这种形式不考虑长期后果，只是维护领导者的统治地位不受他人的挑战。

那些高权力型动机者的个人生活是怎么样的呢？在这个问题上，研究者发现了有趣的性别差异。也许会令人惊讶的是，在权力型动机的得分上，男性不总是会高于女性。高权力型动机似乎与人们亲密关系的不同模式有关。就男性而言，高权力型动机者会对婚姻或恋爱关系更不满意、恋爱关系更不稳定、容易有更多的性伴侣、离婚率也较高。然而，对于女性而言，上述的负面结果都没有在高权力型动机者身上出现。相反，一项研究表明，女性的权力型动机程度与婚姻满意度呈正相关。[6]此外，受过良好教育的高权力型动机女性倾向于嫁给成功的男性。[7]这可能是因为从童年开始，女性承担起照顾他人的责任。因此比起男性，一个高权力型动机女性可能会用仁慈的方式表达她的动机——而这种表达方式会促进而不是摧毁亲密关系。[8]

在友谊方面，高权力型动机型的男女都倾向于用高度能动性的方式理解自己的友情模式。在我和斯蒂芬·克劳斯（Steven Krause）、希拉·希利（Sheila Healy）的一项共同研究中，我们让大学生们记录自己在两周时间内所发生的"友谊事件"。[9]我们把友谊事件定义为"与朋友发生至少15分钟任意互动"。我们发现，高权力型动机者比其他学生记录了更多的友谊事件，他们会与一大群朋友（一次与五个或更多的朋友）互动。据推测，高权力型动机者找更多的朋友，是为了让更多人成为他们的观众，观看他们的强大行为和自我展示。高权力型动机者报告说，他们在友谊事件中往往是承担起积极、自我坚定或者有控制力的角色。与朋友们在一起时，高权力型动机者通常会有如下行为：负责处理情况、承担责任、提出论点或辩论、提出建议、制订计划、组织活动、企图说服别人、相当频繁地帮助别人。

"帮助自己的朋友"是高权力型动机者友谊关系中的主要活动。在一项研究中，我要求学生们详细回忆一下"你们曾经拥有过的最棒的友谊"，几乎所有高权力型动机者都提到他们和最好的朋友是如何通过帮助／被帮助来"拉近关系"。[10]对于高权力型动机者来说，要证明一段友谊是好的友谊，就是要能够拯救自己的朋友。作为世上强大而占统治位置的行动者们，朋友们应当互相为对方做事。朋友之间强大的举止，可以成为两人友谊故事中带主体性色彩的转折点。高权力型动机者们的友谊往往因为不恰当的权力争夺而解散。权力型动机强的学生表示，在友谊方面他们最害怕的，就是他们和朋友之间会屡屡发生冲突。因此，他们小心翼翼地避免冲突，以免自己对权力的渴求会破坏友谊。[11]

权力更关注影响力和威望，而成就则更关注能力、精通和"做得更好"。大量心理学研究表明，高成就型动机的人尤其关心工具性任务中的表现好不好（工具性任务指的是与"事物"而非与"人"打交道的任务）。成就型动机高的人往往喜欢、并在适度挑战中表现出色，他们也喜欢立刻获得挑战是成功还是失败的及时反馈。他们喜欢在不同的任务中都保持高效率，有时为了最大限度地提高产出而偷工减料。他们倾向于表现出高度的自我控制，并投入大量精力去规划未来。他们不安于室、热爱创新，喜欢变化和运动。[12]

对成就型动机最有趣的研究之一，是关注这个群体如何追求职业生涯和适应工作环境。许多学生参与职业生涯的出发点是大学，他们在大学里专门学习与职业道路有关的学术课程，为他们的职业道路做准备。研究表明，成就型动机高不代表学业成绩一样高。[13]然而，当课程被认为与他们未来的职业直接相关时，高成就型动机者的成绩会高于动机低的学生。而且，成就型动机高的学生似乎有更现实的职业期望，在职业的选择上更冷静、更务实，更倾向于选择挑战与风险最适度的职业道路——挑战和风险不要太多，也不要太少。[14]

一项针对美国成年人的全国性调查表明，成就型动机较高的男性会有更高的工作满意度，更觉得工作有趣，比起休息更喜欢工作。[15]（在女性群体中，则没有发现这些现象。）成就型动机较高的年轻男性倾向于进军商业领域。事实上，许多商业的工作领域都与成就型动机相匹配，因为它们要求人们承担适度的风险、为自己的业绩承担个人责任、密切关注成本和利润方面的反馈，并找到创新型的制造产品或提供服务的方式。企业和创业所看重的特点，恰恰"属于"高成就型动机者在研究中会表现出的性格与态度。在这方面，对成年商人的研究时常揭示出成就型动机与产出之间的积极联系。例如，一项研究发现，在英国的小针织品公司中，公司所有者或顶层管理者的成就型动机越强，那么随着时间推移，该公司的投资额、总产值和员工人数会越高。[16]另一项针对农业企业长达七年的研究发现，比起比动机较低的农民，那些高成就型动机的农民会有更多的产出和收益。[17]

总而言之，成就型动机在男女间的影响几乎没有差别。[18]少数研究考察了成就型动机与女性职业奋斗的关系，所获得的结果与对男性的研究结果相对比较一致。例如，比起成就型动机低的女性，那些成就型动机高的女性更喜欢选有挑战性的职业。[19]计划兼顾家庭与职业的女性，比那些没打算工作的女性要有更高的成就型动机。[20]然而，关于商业世界中女性的创业精神和成就型动机的研究却很少。

共融性：通往爱与亲密之路

共融性同能动性一样，也能体现在许多截然不同的方面。有的人有很强的共融性人格特质。比起其他多数人，他们行事更温暖友善。人们看重他们，因为他们是很好的朋友、照顾者、倾听者和提供咨询建议的人。另一些人坚信着共融性价值观和信念。这些人将爱与同情看作人类的终极美德。他们认为人们不单要为自己负责，也该为别人负责。同时，他们也认为人们应该表达无条件的爱和关怀。这些人也坚信着世界和平，人们之间彼此依靠，人人平等应当高于个人自由。还有一些人赋予了自己共融性特质，阐明了一种共融性的自我图式或自我概念。一个共融性强的人会把自己描述为"特别温暖、有关怀心、有责任感、充满爱、温和与热爱养育的人"。这些特质一般与社会刻板印象中女性性别角色相关联。[21]

到目前为止，最具体、最科学的有关人类共融性动机在个人生活中影响的研究，是我针对亲密型动机的研究，我将研究结果写成了书《亲密：渴望靠近的需求》（*Intimacy: The Need to Be Close*）。亲密型动机是人们对温暖、贴近和同其他人交往的持续渴望。就像权力型动机和成就型动机一样，不同人的亲密型动机程度可能不同，且可以通过分析人们在做 TAT 测试时发生的联想性幻想，得出每个人的亲密型动机。在过去 13 年中，我和同事做了大量研究，想弄清楚亲密型动机在个人生活中的表现与关联。研究结果支持一般假设，即在亲密型动机上得分较高的人，会在行为和体验上强烈地倾向于人际间的共融。

亲密型动机高的人，经常被朋友和熟人描述为"充满爱""真诚""自然"和"感恩"的人，而很少被形容为"自我中心"和

"霸道"。[22] 在小团体中，他们有时会牺牲个人声望和地位来促进友好关系、让团队变得更团结。[23] 他们喜欢在许多人际情境中交出控制权，做一个倾听者或幕后人物来维持人与人之间的和谐与友善。在日常生活中，高亲密型动机者会经常花费更多的时间来惦念他人、思考与他人的关系、和其他人聊天。并且，当高亲密型动机者被他人陪伴时，会更加快乐和幸福。[24] 在和他人的交谈时，他们会更多地大笑、微笑并和对方眼神相对——这些非言语行为都表现出他们情绪积极且想和别人保持温暖的关系。[25]

亲密型动机者的友谊都有高度的共融性。[26] 高亲密型动机的学生向我们报告了更多一对一的友谊事件：他们会和另外一个朋友共同消磨时光，一起交谈和分享故事。他们一般不参与多人的、大型的聚会。高亲密型动机的学生称他们的友谊事件一般是和他人大量地分享个人信息。他们对"最棒的友谊"的描述再次强调了这个说法。他们认为友谊中的高潮点，就是人们自我暴露的亲密场景，在这个场景中，一位朋友分享了他过去很少告诉别人的事。在高亲密型动机者眼中，理想的朋友是可以分享个人信息的人，并且知道这位朋友会倾听你、接纳你而不会背叛你的信任。因此，当一个朋友背叛信任、违背诺言、泄露秘密给第三方，或者没有展现出足够的温暖和理解时，友谊就会分崩离析。高亲密型动机者不怕冲突，怕的是分离。当人们彼此分开时，就没办法继续温暖而互帮互助地交往。高亲密型动机者心中认定了：友谊熬不过亲密感的恶化。

　　　　　　　　　　　　　附录 1　能动与共融

最近一些研究表明，亲密型动机可能与人们的生理健康和精神健康有关。许多人格理论和心理治疗理论认为，建立亲密关系的能力是一个人能良好适应生活和成熟的标志。同这个理论相一致，乔治·范伦特（George Vaillant）和我的一项研究表明，一个人 30 岁左右的亲密型动机程度，决定了这个人 17 年后（即中年时期）的整体心理适应能力。[27] 这项研究的对象是 20 世纪 40 年代从哈佛大学毕业的男学生，那些毕业十年后表现出高亲密型动机的人，在以后的日子里也会有更好的婚姻与职业满意度。换句话说，那些在 TAT 测试中表现出对温暖与亲密关系有强烈关注的人，能更成功、更快乐地应对他们婚姻和工作中所面临的挑战。

我和社会心理学家弗雷德·布莱恩特（Fred Bryant）在全国范围内对 1 200 多名成年人开展了一项调查研究，发现高亲密型动机的女性生活更幸福，也对她们承担的各类职责（担任妻子、妈妈或职业女性的角色）更满意。高亲密型动机的男性生活压力较小，更少地感到未来的模糊性和不确定性。[28]

与权力型动机和成就型动机不同的是，亲密型动机存在性别上的差异。总体来说，女性在亲密型动机上的得分要比男性高。[29] 虽然两者的差距并不大，但群体间的差异相当一致。也就是说，尽管也存在亲密型动机上得分较高的男性，也存在亲密型动机上得分较低的女性，但女性群体在亲密型动机上获得的平均分要高于男性群体的平均分。虽然我们并不确切地明白是什么导致了这个差异，但有几种解释或许说得通，比如两性之间存在生物学上的差异，或是因为社会文化使得人们对男女应该怎么行动、思考和感受有着不同的期待。[30]

亲密和爱之间是什么关系？虽然两者都是人类共融性的一部分，但它们之间截然不同。亲密指的是人际关系中的共享方面。要同一个人亲密，就要和对方分享自己的内心。通过分享，人们了解了彼此，也更加互相关心。亲密的理想模式是哲学家马丁·布伯（Martin Buber）所说的"我－你"（I-Thou）关系。在一次"我－你"体验中，两个人专注而坚定地关注着对方，彼此分享内心最深的想法和感受，但同时他们在过程中依然保持着各自的独立。在亲密的过程中，我们并没有"融入"他人，也没有同他人"合为一体"。相反，是"我"面对了"你"，并且，双方都因为面对彼此而丰富了自身。布伯很好地描述了这种"我－你"体验：

> 当我面对一个作为我的"你"的人，并向这个人说出基本词"我－你"时。那这个人就不再是无穷物中的普通一物，也不再是由物构成之物。这个人不再是"他"或"她"这样的茫茫众生，不再是时空坐标中的小小一点，不再是可被体验、被描述的状态，也不再是一团有定名的属性的聚合物。这个人是孤独又完美的"你"，是充满了天地的"你"。并不是说除了这个人外万物都不存在，而是说：万物都沐浴在此人的光辉中。[31]

亲密加深了爱，但它和爱不能混为一谈。爱比亲密更复杂。首先，世上存在各式各样的爱，但亲密似乎就一种。此外，爱的体验似乎包含了众多不同的元素，其中一些元素互相矛盾。而亲密往往是这众多元素之一。换句话说，一对相爱的伴侣应当能向彼此分享内心最深处的自我。但爱还不止这些。比如在情欲之爱中，情人们渴望彼此合二为一（"融合"），把彼此看作完美之人并把关系浪漫化、英雄化（"理想化"），并想彻底占有对方（"嫉妒"）。

　　亲密、融合、理想化和嫉妒是情欲之爱中四个重要组成部分。但四者也可能相互冲突。比如，情人们希望能占有对方（嫉妒），但他们也希望互相坦诚、彼此分享（亲密）。但这怎么能两全其美呢？要占有对方，就是把对方当个物品看待，那就会摧毁亲密。因为一个人没法同自己占有的物件平等相处。而理想化对象就是去无视对方身上众多不完美却真实的品质，这又会破坏亲密。而一个情人怎么可能既崇拜对方又想和对方合二为一？如果真的和对方"成为一体"，那么崇拜对方岂不就成了一种自恋？情欲之爱是由多种因素驱使的。也难怪诗人把它看作我们难以控制的"神圣的疯狂"。

　　除了情欲之外，还至少有另外三种爱，每一种爱都包含了亲密的元素。[32] 最不求回报，也最广泛存在的爱是亲情，或者是古希腊所说的"家人之爱"（storge）。亲情是父母对孩子的爱，也是我们对熟悉的人和事物表达的爱。亲情是一种特别温和、自然、从不招摇的爱，随着时间的推移而变得更加强烈。虽然亲密是亲情中的一个重要部分，但不一定每一次亲情的体验都会伴随亲密感。一个人可以对他人满怀慈爱，同时又不用向对方分享自己的内心。比如一位家长对刚出生的小婴儿怀着满腔亲情之爱，但孩子还太小了，家长根本不指望同孩子分享什么。

第二种类型的爱是友情，或是古希腊所说的朋友之爱（phil-ia）。理想情况下，这是平等的两个人之间理性、宁静的爱。朋友们因为共同的兴趣爱好或分享的真实信息而走在一起。亲密对友谊来说似乎格外重要，因为通过布伯所说的"我–你"形式的分享，朋友们才能更好地互相了解和彼此关怀。朋友之爱也包括对朋友的钦佩。好朋友会欣赏对方的品质，有时会在朋友身上看见自己，或是看见自己想成为的人。

最后，爱会以一种慈善的方式表达，这被古希腊人称为"神圣之爱"（agape）。神圣之爱是对人类无条件、无私的爱。它是四种爱中最不讲条件、不做选择、最不自然的爱。但它也是许多神学家和诗人赞颂的理想化与神圣的爱。对人类无私的爱，在理论上是共融性的终极形式。在神圣之爱里，自我就成了所有人的一部分，而所有人的福祉也就成了自己的福祉。能动性消失了，因为不用再在他人面前坚持、保护和扩大自我。在神圣之爱中，自我与他人成为一体。

The Stories
We Live by

附录 2

核心情节

在回忆一件事时，人们总是挑拣着内容回忆的，过程中还会把过去的事大大重构一番。不存在客观的记录人生的方法。经验本身就是主观的。作为成年人，我们回忆起的童年时光是一个复杂的产物，涉及当时真正发生的事件、事件发生时我们的心理状态、回忆起事件时我们的心理状态，还涉及我们站在成年人的角度赋予了这段童年事件怎样的意义。[1]

以一个特殊事件举例，如果你年纪超过 65 岁，你可能会清楚地记得这件事。事情发生在 1960 年初期，在当时已经上学或者年纪更大的人，应该记得 1963 年 11 月 22 日下午的一些事情。[2] 在我的记忆中，对于皮特曼广场小学四年级的学生们来说，那天一开始如同任何一个深秋普通的日子，天色灰暗又寒冷。早晨无事发生。我们念了《美国效忠誓词》，唱了《我的国家属于你》。大概在中午左右，我们在波特老师（Miss Porter）的带领下做起了手工。在上课上到一半时，我清楚地记得校长达马斯科斯先生（Mr. Damascos）走进教室并打开收音机。课程中断，我们听着来自达拉斯的消息，听到肯尼迪总统被枪杀了。我们坐着，一片静默，明白有些大事发生了。校长从来没有像那天这样匆忙打断课程。

因为停课，我们可以和邻桌的同学们自由交谈。我们兴奋地讨论谁可能会对总统开枪。我们想知道"病危"这个词是什么意思，它听上去很绝望。有几个孩子认为总统肯定会死亡，他们问老师，总统死了后会发生什么。老师告诉我们副总统将上任。我们不知道副总统是谁。有些孩子认为她指的是理查德·尼克松（Richard Nixon），因为尼克松在 1960 年的选举中获得第二名。由于不了解情况的严重性，我们大多数人都感到困惑和兴奋，过了段时间后才感到对失去总统的痛苦、愤怒和绝望。但是，有几个孩子似乎真的很难过，甚至在我们得知约翰·F. 肯尼迪去世之前就开始难过。玛丽·李·沃尔特斯（Mary Lee Walters）坐在我左边、离我有两排的距离。听到新闻时，她低下头，痛苦地哭了起来。她不停地说，她希望是自己而不是总统被枪杀了。

为什么这个记忆在我脑海里如此鲜活？认知心理学家罗杰·布朗（Roger Brown）和詹姆斯·库利克（James Kulik）在 20 世纪 70 年代中期的研究中提出了同样的问题。[3] 布朗和库利克询问了80位年龄在20岁到54岁之间的美国男性和女性，让他们描述对近代美国历史上重要事件的记忆。除了其中一人外，其他人都叙述了关于听到肯尼迪被刺杀时的"闪光灯记忆"。研究人员将闪光灯记忆定义为：对生命中特定事件的特别生动和详细的回忆。称之为"闪光灯"，是因为这类记忆仿佛摄像，在闪光灯熄灭的一瞬间捕捉到了发生事件的具体情境，以及记忆者当时的行为、思考和感觉。然而，与照片会呈现出整个画面中的情形不同，闪光灯记忆是有选择性的。我清楚地记得校长、波特老师和玛丽·李·沃尔特斯的状态，但我不记得在课堂上坐在我旁边的是谁、我穿什么衣服，或者在听到枪击和得知肯尼迪死亡之间隔了多久。

另一个心理学家对这类记忆做出了不同阐释。乌尔里奇·奈瑟尔（Ulric Neisser）认为肯尼迪遇刺事件不是一张人们脑海里的闪光灯照片，而且一个"生活 - 历史参照"。[4]奈瑟尔指出，这么些年过去，我和我这辈人了解到了1963年11月22日发生的事件的重大意义。我们一次又一次在脑海里重排和播放这个事件。随着时间的推移，我们将这件事铭记，"我们将自己的生活罗列在历史身旁——对照，然后指着一点说'那时我在这里'"。[5]

我同意奈瑟尔的说法。随着时间的推移，我们了解了过去的事对我们生命故事和所处时代的意义，于是这件事就有了非同寻常的意义。那么，从某种意义上说，我们目前的生活状况，以及我们预期中未来的模样，部分决定了我们会记住什么、怎么记住。所以，闪光灯的比喻是错的。人们没有客观、详尽地记录过去。人们是主观地重构了过去，而人类的确会回忆起"错误的"事实。例如，虽然我记得达马斯科斯先生闯入了教室，但达马斯科斯先生不可能在当时这么做，因为他是库尼学校（Kuny School）的校长（我在那里上了二、三年级），而不是皮特曼广场小学的校长（刺杀发生时，我在这所学校就读）。我不记得后一个学校的校长是谁。回忆那一天的细节时，我有些记忆是不准确的。那时没有所谓记忆闪光灯的熄灭。但当我们试图回想时，这个事件非常重要。于是我不自觉地把其他材料填入到当时的场景中，使得这个场景整体上和情感上或多或少是准确的，但实际上却存在一些谬误。

在我自己的生命故事中，肯尼迪遇刺是一个重要的象征，我的天真在那一刻结束了，我开始对世界的复杂性有了更多认识。肯尼迪的政权曾被美国人视作像卡梅洛特城堡[⊖]一样坚不可摧。而对我来说，小学开始的那几年也像卡梅洛特城堡一样，美好而不受伤害。直到四年级，我开始害怕教室里恶毒的恶霸同学，而且我痛苦地意识到，让我自己获得好成绩的天赋，正是我的同学们厌憎我的原因。在四年级时，第一次有女孩说我很自负。好像在那个时候，我开始有了第一个敌人，也有了第一个亲密的朋友。我的世界中开始出现更大、更危险的事——总统被枪杀，学

⊖ 卡梅洛特城堡（Camelot），是亚瑟王传说中坚固而恢宏的城堡。亚瑟王居住其中。——译者注

校男生们被殴打，不论大人还是小孩都在互相憎恨。

可以说 1963 年 11 月 22 日发生的事并没有直接改变我，但我相信这个事件象征了我生活中同样发生的改变。至少我现在是这么理解的。这就是我这段生命故事的内容。

当我们开始在青春期和青年期对自我采取历史视角的审视时，我们选择和重构了过去的生命故事中的高潮场景。我把这些场景称为核心情节。[6] 这些过去的情节代表了我们关于特定事件发生的时间与地点的主观记忆，这份记忆有着别样重要的意义，因为它帮助我们理解了我们过去是什么人、现在又是怎样的人。核心情节包括但不限于巅峰、低谷以及转折点。

有些核心情节表明了自我的延续，而另一些情节则意味着改变。表明连续性的核心事件可能会遵循特定的叙事规则，描述自我前后一致的特征。比如，一位女士认为自己终其一生都是一名忠诚的朋友，她可能会记得许多自己为他人提供忠告的事件。而特别鲜活深刻的事件会成为她个人神话中的核心情节。因此，一则核心情节可以作为"我就是我"的叙述性证明。或者，它可以为"人格特征何时开始表达和显现"提供叙述性的解释。例如，一名护理学的学生认为她对医疗环境的矛盾迷恋可以追溯到她充满恐惧的童年经历：

> 我最早的记忆就伴随着恐慌感。我正在我们家老房子的客厅玩，我偷听到我母亲打电话给医生，约定带我看他的时

间。我还记得我试图搞清楚具体是哪个日期，并试着想办法躲过去医院的命运（我正要躲进衣柜里）。我还记得当我母亲走出厨房时，我开始大哭并不肯告诉她为什么我要哭。我不太记得为什么我那么怕去看医生，但我一贯如此。有趣的是，我现在在读护理专业，会成为护士。有一天，有些小孩子会怕我。[7]

另一种核心事件象征着个人的变革或转型。许多人在谈起戏剧化的转折点时，称这个核心事件带给他们对自我的新的认识，或者经历了人生中重要的转变。以下是一位43岁的女性在被要求以书面形式描述她生活中的一个重大转折时所提供的答案：

几年前的一个新年夜，我和我的丈夫、两个女儿以及一个朋友/同事的女儿待在家里。我们几个大人被邀请参加一个派对。山姆（Sam）和芭芭拉（Barbara）把阿曼达（Amanda）留给我们照顾。我丈夫不想去参加派对，但他想让我去参加。我又累又孤独，还感到害怕。我希望感到自己被人渴望、被人需要和被爱。但丈夫开始对我生气。我们等着山姆和芭芭拉来接阿曼达回去，他们在凌晨四点左右到达。我的丈夫如此冷漠，如此愤怒和疏远。即使和我待在一个房间里，他也不跟我说话。我感到自己很失败，也觉得丈夫抛弃和拒绝了我。我觉得自己必须做点什么，或是和别人说话，因为这种生活太可怕了。就是这个时候，我决定寻求帮助——我要寻求专业帮助，不论这种帮助来自何时何地，因为我知道生活本该是更美好的。第二天，我和两位女性朋友谈论这件事，她们都劝我快点去找咨询师，不管我丈夫会不会陪我一起去。在她们的鼓励下，我做到了。这是我所做的最有利于健康的选择。如今已经过去好几年了。事情越来越好，虽然未来还是有些不可测。我觉得世界变得更好了，也感到自己能更健康、更快乐地生活。～

核心情节往往揭示身份认同中的核心主题。关于主体和共融的上级主题贯穿了许多连续型和变化型的核心情节。因此，对核心情节的叙述是表达人类欲望的窗口。在生命故事中许多有关人生巅峰、低谷和转折点的叙述中，都清楚地表达了对于权力和成就的能动性需求以及对爱和亲密关系的共融性需求。我和同事们过去十年的研究表明，那些对权力有强烈需求的人构建的生命故事中，能动主题会占据主导地位；而那些亲密型动机高的人则强调了共融主题。[8]

高权力型动机者更多会记住的关键事件，与以下四种能动性故事主题有关：

- **力量／影响**：努力去成为一名强大行动者。通过①获得或试图获得更强的身体上的、心理上的、情感上的或道德上的力量感；或②对其他人施加或试图施加强烈的影响。
- **地位／认可**：努力去获得较高的阶层或地位，寻求他人的赞扬或认可，为了名扬四海或被重视而行动。

- **自主／独立**：努力实现自主、独立、自足、独处、自由、解放或自律。

- **能力／成就**：努力实现目标、追求卓越，表现出竞争力，成为一个效率高、产出多、能力强的人。

高亲密型动机者更多会记住的关键事件，与以下四种共融性故事主题有关：

- **爱情／友谊**：通过建立人际关系而体验积极的情绪（如满怀爱意、喜欢、快乐、兴奋、平和等）。

- **对话／分享**：在高质量的对话里体验与他人的双向交流。

- **关爱／支持**：通过为他人提供救援、援助、帮助、安慰或治疗来关爱他人，或者通过接受来自他人的救援、援助、帮助、安慰或治疗来被他人关爱。

- **统一／团结**：体验到与他人乃至整个世界的统一、和谐、同步、团结或齐心。[9]

核心事件除了能揭示有关个人神话惯常主题的线索外，也能表明生命故事里特定角色的出现或发展。高权力型动机者可能会提及由战士角色参与的一系列核心事件。在这些事件中，这个人在比喻意义上（或在某些情况下是真实地）奔赴战争。他多次同各种力量和敌人战斗。他用军事术语来描述他的行为，包括战斗、冲突、武器、攻击、联盟、征讨、和平条约、非军事区、停战、囚犯、战役、战术、防御、战线、赢家和输家等。每个事件中的修辞、行动和表征都表明，在这些事件中，这个人是以战士的姿态在行事、思考、感受。这个人不需要真的成为一名战士，"战士"只不过是内在的意象原型之一。因此，战士存在（或曾经存在于）这个人的生命故事中，是个人神话里核心角色的其中之一。这个人的生命故事中也可能有其他核心角色。

注　释

想要了解更多注释内容，请扫描下方二维码。

积极人生

《大脑幸福密码：脑科学新知带给我们平静、自信、满足》

作者：[美] 里克·汉森 译者：杨宁 等

里克·汉森博士融合脑神经科学、积极心理学与进化生物学的跨界研究和实证表明：你所关注的东西便是你大脑的塑造者。如果你持续地让思维驻留于一些好的、积极的事件和体验，比如开心的感觉、身体上的愉悦、良好的品质等，那么久而久之，你的大脑就会被塑造成既坚定有力、复原力强，又积极乐观的大脑。

《理解人性》

作者：[奥] 阿尔弗雷德·阿德勒 译者：王俊兰

"自我启发之父"阿德勒逝世80周年焕新完整译本，名家导读。阿德勒给焦虑都市人的13堂人性课，不论你处在什么年龄，什么阶段，人性科学都是一门必修课，理解人性能使我们得到更好、更成熟的心理发展。

《盔甲骑士：为自己出征》

作者：[美] 罗伯特·费希尔 译者：温旻

从前有一位骑士，身披闪耀的盔甲，随时准备去铲除作恶多端的恶龙，拯救遇难的美丽少女……但久而久之，某天骑士蓦然惊觉生锈的盔甲已成为自我的累赘。从此，骑士开始了解脱盔甲，寻找自我的征程。

《成为更好的自己：许燕人格心理学30讲》

作者：许燕

北京师范大学心理学部许燕教授30年人格研究精华提炼，破译人格密码。心理学通识课，自我成长方法论。认识自我，了解自我，理解他人，塑造健康人格，展示人格力量，获得更佳成就。

《寻找内在的自我：马斯洛谈幸福》

作者：[美] 亚伯拉罕·马斯洛 等 译者：张登浩

豆瓣评分8.6，110个豆列推荐；人本主义心理学先驱马斯洛生前唯一未出版作品；重新认识幸福，支持儿童成长，促进亲密感，感受挚爱的存在。

更多>>>

《抗逆力养成指南：如何突破逆境，成为更强大的自己》 作者：[美] 阿尔·西伯特
《理解生活》 作者：[美] 阿尔弗雷德·阿德勒
《学会幸福：人生的10个基本问题》 作者：陈赛 主编

心理学大师经典作品

红书
原著：[瑞士] 荣格

寻找内在的自我：马斯洛谈幸福
作者：[美] 亚伯拉罕·马斯洛

抑郁症（原书第2版）
作者：[美] 阿伦·贝克

理性生活指南（原书第3版）
作者：[美] 阿尔伯特·埃利斯 罗伯特·A. 哈珀

当尼采哭泣
作者：[美] 欧文·D. 亚隆

多舛的生命：
正念疗愈帮你抚平压力、疼痛和创伤（原书第2版）
作者：[美] 乔恩·卡巴金

身体从未忘记：
心理创伤疗愈中的大脑、心智和身体
作者：[美] 巴塞尔·范德考克

部分心理学（原书第2版）
作者：[美] 理查德·C. 施瓦茨 玛莎·斯威齐

风格感觉：21世纪写作指南
作者：[美] 史蒂芬·平克

· 作者简介 ·

丹·P. 麦克亚当斯
（Dan P. McAdams）

人格心理学家，西北大学亨利·韦德·罗杰斯心理学教授，美国叙事心理学领域最重要的研究人员之一。他因提出关于人类身份认同的生命故事理论而闻名。麦克亚当斯是当今社会科学领域用叙事方法研究人类生活的领军人物，这种方法将故事和讲故事置于人类个性的中心。研究方向包含叙事心理学、人类身份认同的生命故事模型的发展、现代性与自我、心理传记等。

1989年，麦克亚当斯因对人格和生活的研究获得了美国心理学会颁发的亨利·A. 默里奖；2006年，因对理论和哲学心理学的贡献获得了西奥多·萨宾奖；2012年，因对人格心理学的职业贡献获得了人格与社会心理学学会颁发的杰克·布洛克奖。他曾是人格与社会心理学学会执行委员会成员，也是人格研究协会(ARP)的创始成员，他曾担任该协会的主席（2016~2017年）。

· 译者简介 ·

隋 真

精神健康工作者，持证社工。圣路易斯华盛顿大学社会工作硕士，精神健康及性教育方向。